"科学的力量"科普译丛
Power of science

第二辑

U0397777

"十三五"国家重点图书出版规划项目

本书由上海文化发展基金会图书出版专项基金资助出版

The Stem Cell Hope
How Stem Cell Medicine Can Change Our Lives

干细胞的希望

——干细胞如何改变我们的生活

修订版

[美]爱丽丝·帕克 著　　杨利民　杨学文 译

上海教育出版社
SHANGHAI EDUCATIONAL
PUBLISHING HOUSE

丛 书 编 委 会

主　任　方　成　卞毓麟

副主任　贾立群　王耀东

编　委（按笔画为序）

　　　　石云里　杨利民　杨学文　李　祥

　　　　李　晟　沈明玥　林　清　徐建飞

　　　　屠又新　章琢之

"科学的力量"科普译丛(第二辑)

序

　　科学是技术进步和社会发展的源泉,科学改变了我们的思维意识和生活方式;同时这些变化也彰显了科学的力量。科学技术飞速发展,知识内容迅速膨胀,新兴学科不断涌现。每一项科学发现或技术发明的后面,都深深地烙下了时代的特征,蕴藏着鲜为人知的故事。

　　近代,科学给全世界的发展带来了巨大的进步。哥白尼的"日心说"改变了千百年来人们对地球的认识,原来地球并非宇宙的中心,人类对宇宙的认识因此而发生了第一次飞跃;牛顿的经典力学让我们意识到,原来天地两个世界遵循着相同的运动规律,促进了自然科学的革命;麦克斯韦的电磁理论,和谐地统一了电和磁两大家族;戴维的尿素合成实验,成功地连接了看似毫无关联的有机和无机两个领域……

　　当前,科学又处在一个无比激动人心的时代。暗物质、暗能量的研究将搞清楚宇宙究竟由什么东西组成,进而改变我们对宇宙的根本理解;干细胞的研究将为我们提供前所未有的战胜疾病的方法,给我们提供新的健康细胞以代替病变的细胞;核聚变的研究可以从根本上解决人类能源短缺的问题,而且它是最清洁、最廉价和可再生的……

　　以上这些前沿研究工作正是上海教育出版社推出的"'科学的力量'科普译丛"(第二辑)所收入的部分作品要呈现给读者的。这些佳作将展现空间科学、生命科学、物质科学等领域研究的最新进展,以通俗易懂的语言、生动形象的例子,展示前沿科学对社会产生的巨大影响。这些佳作以独特的视角深入展现科学进步在各个方面的巨大力量，带领读者展开一次愉快的探索之旅。它将从纷繁复杂的科学技术发展史中，精心筛选有代表性的焦点或热点问题，以此为突破口，由点及面来展现科学技术对人、自然、社会的巨大作用和重要影响，让人们对科学有一个客观而公正的认识。相信书中讲述的科学家在探秘道路上的悲喜故事，一定会振奋人们的精神；书中阐述的科学道理，一定会启示人们的思想；书中描绘的科学成就，一定会鼓舞读者的奋进；书中的点点滴滴，更会给人们一把把对口的钥匙，去打开一个个闪光的宝库。

科学已经改变、并将继续改变我们人类及我们赖以生存的这个世界。当然，摆在人类面前的仍有很多的不解之谜，富有好奇精神的人们，也一直没有停止探索的步伐。每一个新理论的提出、每一项新技术的应用，都使得我们离谜底更近了一步。本丛书将向读者展示，科学和技术已经产生、正在产生及将要产生的乃至有待于我们去努力探索的这些巨大变化。

感谢中科院紫金山天文台的常进研究员在这套丛书的出版过程中给予的大力支持。同时感谢上海教育出版社组织了这套精彩的丛书的出版工作。也感谢本套丛书的各位译者对原著相得益彰的翻译。

是为序。

南京大学天文与空间科学学院教授
中国科学院院士
发展中国家科学院院士
法国巴黎天文台名誉博士

方成

2015 年 7 月

目　录

1

序　言

进步的艺术就是变化之中包含秩序,秩序之下包含变化。

——阿尔弗雷德·怀特海(Alfred North Whitehead)

在外行人看来,紧贴培养皿底部的那些细胞看上去与全美国实验室里数以千计的培养在培养板上的成千上万的这类细胞没有什么不同。这些细胞聚集在一起,使干干净净的塑料培养板看上去有东一摊西一片的污渍。有一种液体为这些存在于实验室里的细胞提供安身之处并赋予营养。这些细胞大多数时候或是处于保温的培养箱中,或是处于冷冻蛰伏时分,被放置于寻常的实验室的寻常的搁板架上。甚至在显微镜下,专家们也很难找出有任何不寻常或非凡之处。对于像我这样的新手,仅仅是试着去发现它们在培养皿底部像云雾那样的存在就是一件苦差事。

毕竟,我已阅读过,并且听说过关于胚胎干细胞(embryonic stem cell,简称 ES cell,即 ES 细胞)的种种事情,但我从来没有见识过它们——它们的尊容。是的,没有近距离看到过它们的活体,它们在培养基里打旋的那种样子。但是我很快就要见识到了。在哈佛大学(Harvard University)校园的一间狭小的组织培养室里,收音机里传来背景音乐,这是来自当地的流行音乐站的电台播放。西尼萨·哈瓦汀(Sinisa Hrvatin),一个三年级研究生,不禁偶尔唱了起来。

这是实验室首席研究员、领先的干细胞科学家道格拉斯·梅尔顿(Douglas Melton)唯一允许打开收音机的一间房间,因为这项工作是如此单调。哈瓦汀在这间步入式的房间里待过许多个小时,他已经记住了大部分歌曲的歌词。他正在培育人类胚胎干细胞。这是一份劳动密集型的耗费时间的工作,一年365天都得干,因为这些细胞需要日常照料。他每天要花上几个小时去喂养它们,或者挑出死亡和异常的细胞群落,或者在它们开始在培养皿里显得拥挤时,把它们分离到别的地方去。如此持续不能间断的工作,就意味着他不能去度假,除非他可以找到值得信赖的人来担负起这份照看他的细胞的责任。但他并不在乎,至少他说不在乎。他的目的是找出一种方法,把这些干细胞改变成为一种非常特异的细胞——能制造胰岛素的胰腺 β 细胞。

哈瓦汀转向放在地上的一个小型培养箱。这箱子不比一个家用冰箱大,他打开门,挑出一堆有盖的塑料盘,每个盘里都有一薄层带黄色的液体。他拿起一个盘子,放到深色的实验台上,指出附在盘子底部的云雾状的斑点。它们看起来像是未擦干净的玻璃上的水斑。他说,这就是他寻找的东西——胚胎干细胞。

像任何其他细胞一样,这些细胞生长着——分离,分裂,一遍又一遍地自我复制,生成一层活的复制品。它们代表一种状态,在生物学上存在一切可能。这是一个令人期待的阶段,之后,它们的发育之路便开始了,它们开始把自己变成机体内超过两百种不同类型的细胞的旅程。它们是人类的母细胞,是祖传的核心,人体从中发育成形的细胞谱系。

因此,就其本身而言,胚胎干细胞不像在它们之前的任何培养细胞那样,它们有能力维持自己处于无限可能性的孕育状态。只要有扩张的空间和保障生存的食物,干细胞能自我更新,负责地生成自身的两份复制品。其中一份子细胞随着分裂和发育会逐渐成熟,直到复制能力到达极限；另一份后裔则有不同的选择，顽固地拒绝成熟，而是保留其非凡的能力，让自身处于永葆青春的胚胎状态。

这就是干细胞与众不同的地方。这些自我更新指令使干细胞相当于细胞的青春之泉。这种永远年轻的状态所代表的分子财富，吸引人们去追求干细胞之梦。对病人来说，这些细胞代表的关键，不仅是治疗，而甚至是治愈那些现在折磨和困惑我们的疾病——诸如糖尿病、帕金森病、脊髓损伤和癌症。这些疾病现在只有很少的有效的治疗方法。对科学家来说，这些细胞是一个活的、尚未开挖的医学宝藏的矿脉，富含宝贵的信息，是窥视复杂的人类发育之谜的窗户。人体是怎么生成的？疾病是怎么发生的？是什么开关导致正常发育的细胞误入歧途从而导致疾病？对于伦理学家和神学家来说，干细胞代表终极诱因——上帝的力量，能重新定向人的发育，并最终改变人类的本性。

在科学上，虽然极少发生，但每次发生经常就是创造、创新、技术和技巧的融合，催生了进化的步伐，向着我们理解自然界，理解我们在宇宙里所处的位置，甚至理解我们人类自己以及这在生存若干年后必逝的身躯前行。疫苗、遗传工程、基因治疗和抗生素，所有这些都开辟了生物医学的新视野。在人与感染性疾病之间年深月久的战斗中，免疫接种和抗生素永远能克敌制胜，并最终为人类提供了对抗从细菌到病毒的看不见却狡猾的病原体的手段，但那已是在数十亿人死于黑死病、天花、流感，更不用说艾滋病之后的事了。基因时代又使基因测序、基因鉴定和基因操控成为可能，赠予我们另一份礼物——理解甚至改变业已预定的基因命运的机会，实现新的疾病治疗手段。

干细胞随时准备做同样的事情。它们有能力提供无限的、新的细胞源，替代受损的和失去功能的细胞，其前景是能更深入地控制人类疾病。从最早期发育阶段收集的胚胎干细胞具有诱人的前景，可以治疗数不胜数的不同的疾病。

最近分离出的诱导性多能干细胞(induced pluripotent stem cell,简称iPS cell,即iPS细胞)也是如此,这种读来冗长拗口、前景远大的干细胞,似乎具有胚胎干细胞的所有性质,却完全不是从胚胎生成出来的。相反,iPS细胞是从浸泡在特殊培养液中的皮肤细胞(或任何预先设定的其他成体细胞)生成的。培养液包含特殊的遗传物质,由仅仅4种早期发育因子(由于这一发现,山中伸弥在2012年获得了日本的第一个诺贝尔生理学或医学奖)混合而成。这个过程删除了皮肤细胞之前的经历,让它返回到胚胎状态。由此,它不仅仅能再次成为皮肤细胞,而且能成为机体的任何细胞。

科学家们正在努力比较这两种干细胞,评估两者到底有多少相似之处。他们能肯定的一点是:两组细胞都是比成体干细胞更灵活的、更强大的生物资源。在骨髓和其他组织中可以见到的成体干细胞,其转化①能力极为有限。如骨髓干细胞,特别擅长生成更多的血液和免疫细胞,但很难生成其他组织。

从第一批人类胚胎干细胞在威斯康星州的一间小型实验室生成以来,仅仅经过了10年,但是干细胞已经改变了研究人员思考疾病的方式。临床医生思考着治疗他们的病人,甚至制药公司思考着如何开发能引起大轰动的下一代治疗药物。现在研究人员可能在实验室的培养皿里生成引发疾病的细胞。如有缺陷的神经,它无法刺激肌萎缩性侧索硬化症②(amyotrophic lateral sclerosis,简称 ALS)

---

① 这里的转化是指成体干细胞转化为体细胞。——译者注

② 肌萎缩性侧索硬化症,又称渐冻人症,是运动神经元病的一种,是累及上运动神经元(大脑、脑干、脊髓),又影响到下运动神经元(颅神经核、脊髓前角细胞)及其支配的躯干、四肢和头面部肌肉的一种慢性进行性变性疾病。临床上常表现为上、下运动神经元合并受损的混合性瘫痪。本病病理学改变是中枢神经系统内控制骨骼肌的运动神经元(motor neuron)退化,所以除非再生这类神经元,否则就无法治愈。著名英国理论物理学家史蒂芬·霍金(Stephen Hawking)即患此症。——译者注

患者的肌肉;或者视网膜弱感光细胞,导致黄斑变性性失明。在培养皿中这样再现疾病,最终会揭露治疗这些疾病的新途径,并可能比以往任何时候都更有效地筛选新药。

合理地推想到极限,这些干细胞的发育可以道破在我们身体的每一个细胞里发生的事,在这个分子的和细胞的宇宙里,诞生、发育、死亡和更新的过程一遍又一遍精准地发生。

这不是海市蜃楼,而是已经在全美国实验室和生物技术公司正在进行的工作。利用 iPS 技术,另一个在哈佛的团队成功地培育并观察了来自肌萎缩性侧索硬化症患者的运动神经元,并且已经确定了运动神经元死亡的原因可能是神经胶质细胞释放的有毒化合物。神经胶质细胞是一种与神经细胞相邻的细胞,通常提供营养和对运动神经元的分子支持。但 ALS 患者的神经胶质细胞的一种突变形式最终做出了相反的事——破坏肌肉-神经的联系。原因确定之后没过多久,研究人员就开始筛选药物,观察神经胶质细胞的损害效应是否能被药物治疗所抵消。

这些前景就像迷人的希望之歌,勾画出越来越多的科学家、政治家、议员、病人、家庭,甚至普通公民对于干细胞的希望。他们全都可以想象未来医生不再需要如破译黑匣子般猜测疾病,糖尿病患者的 β 细胞危害人们的过程不再是一个谜,或者患帕金森病的病人大脑神经元的正常链接造成古怪的震颤的过程真相大白。这是他们看到的未来。这是他们希望的未来。

正是这个前景和潜力,继续推动着干细胞研究,即使面对道德和伦理的强烈反对,仍然向前发展。胚胎干细胞取自几天大的胚胎,提取了干细胞,胚胎无法生存。就因为如此,这一领域存在的意义已经被卷入关于堕胎的冲突之中,并在国会、白宫甚至法庭成为一个有争议的问题。对许多人来说,毁灭胚胎的道德代价太高,所以不管研究它们有多大好处,都不能证明是正当的。1996 年,美国国会立法禁止政府资助任何会伤害或破坏胚胎的研究，从而阻碍了干细胞研究的进展。美国总统乔治·布什(George W. Bush)还采取了行动，在2001年发布行政命令，允许政府支持这一领域的某些研究，但实际上在长达八年的时间里阻碍了任何向前发展的势头。甚至在2009年奥巴马(Obama)总统取消这些限制后，以道德为名的反对派再次出头，这一次是在法院起诉政府，声称把任何联邦资金用于胚胎干细胞研究违法。

这些行为在很大程度上是由政治而不是道德和哲学问题驱动，继而引起公众的、政治的和科学的激烈辩论。但事实是，在人类干细胞研究的短暂历史中，科学最终还是取得了胜利。新披露的有关早期发育的秘密推翻了长期以来关于生物学研究方法的规律。对于形成干细胞的多能性的内部机制的探索导致了iPS细胞的发现，从而从根本上改写了生物学的规则。iPS细胞证明，细胞并不局限于单向从诞生到发育和死亡，这一过程实际上可以成为双向的旅程——这一途径无论在科学上还是伦理上都比生成胚胎干细胞更为简单。

正是认识到这一无可阻挡的科学发展，才迫使奥巴马总统在2009年3月解除了限制联邦资金用于在美国进行胚胎干细胞研究的禁令。联邦政府现在可以投资扩大人类胚胎干细胞系的数量，从几十株达到潜在的数百株。奥巴马指出，"它提供的潜力是巨大的"，并且"科学没有终点。竞争总是伴随我们。必须加紧研究，以提供有希望的治疗药物和回应许许多多的病床边的祈祷，寻求有朝一日让'临终期'和'无法治愈'这样的词汇退出我们的词汇表"。

我们是如何到达科学发展进程的这一点的？甚至在面对公众和政治的阻力时，如此带根本性的、意义深远的生物学原则的改变是怎样发生的？从此，我们会走向何方？我们如何把这些新发现的知识安全有效地转化成为治疗和治愈方法？这个问题的答案是研究人员感到迫在眉睫,众多患者在迫切等待的。

故事的核心,是人的激情和献身精神,两者必有其一。一门新学科——现在许多人称之为"再生医学"——诞生的背后是一系列非凡的突破和同样惊人的种种障碍,而不仅仅是技术成就的记录、深刻的哲学辩论,以及政治说辞。本书叙述的是人,那些科学家、政治家、病人、普通民众的故事,以及鼓舞和迫使他们奋斗的激情和信念。在本书中,我特别着力描写的只是在确立新兴的干细胞科学领域中作出了贡献的几十个人中的几个人,挂一漏万,远非完备。但我希望,本书最终能唤起干细胞研究的热情。书里描述的这些人正是怀着这样的热情从事他们的工作,不管他们是如何与干细胞联系在一起的。从研究分子机制的科学家,到推动人们更广泛地接受和投资这一领域的病人,这是他们的故事。

鸣　谢

当我在 2009 年为《时代》(*Time*)杂志撰写关于干细胞研究的封面故事时,我经常因为从我采访的科学家身上感受到的创造力和意志力而感到惭愧。这些研究人员不仅对科学满怀敬业精神,对知识孜孜求索,而且,他们是在不可否认的社会和政治的乌云之下这么做的。在某些情况下,他们让他们的实验室处于保密状态,只在需要的时候披露他们的位置,目的是保护他们的学生、他们的设备和他们的发现。本书不可能没有这些开拓者的合作。在无数次的讨论之中,他们热切地和毫不犹豫地与我共享时间和见解。来自美国、英国、日本和韩国的几十位研究人员为这本书谈论他们的工作和经验,没有半点迟疑。虽然书中并未提到他们所有人的姓名,但没有他们,就不会有干细胞,也就没有关于干细胞的故事。

我尤其想要提一提道格拉斯·梅尔顿,是他周复一周地向我开放他的实验室,耗费他宝贵的时间,让我不仅仅分享到他对干细胞的热情,还有他如此痴迷于干细胞领域和这一领域里的所有可能性的个人和私秘的原因。

在我们许多次的交谈之中,有一次,梅尔顿同我谈起他对于病人倡导团体的力量的信念,以及这些组织如何在捍卫和资助干细胞研究中发挥了主导作用。瓦莱丽·埃斯蒂斯(Valerie Estess)、罗伯特·克莱恩(Robert Klein)、苏珊·所罗门(Susan Solomon)和杰里·佐克(Jerry Zucker)谈起他们的经历都绝无保留。在公众倡导圈子

1

里,正是他们和其他像他们那样的人的奉献精神,在联邦政府限制支持干细胞研究的近十年的时间里,维持了胚胎干细胞研究的存续。没有这些团体的经济支持,许多项为干细胞技术带来接近于治疗病人的突破本来会再延误许多年,或许是几十年,甚至更久。

B.D.科伦(B.D.Colen)、保罗·科斯特洛(Paul Costello)、唐·吉本斯(Don Gibbons)和珍妮弗·奥布莱恩(Jennifer O'Brien)为我叩开了无数扇大门,向我介绍各院校领先的干细胞专家。他们对干细胞领域的历史和最新发展的熟稔程度令人鼓舞。

我非常感谢《时代》杂志的本书编辑,感谢他们出版这个故事,并意识到干细胞科学的重要性及改变我们对疾病的认识的潜力。执行编辑里克·斯坦格尔(Rick Stengel)不仅支持本书的选题,而且就本书内容的取舍提出了很好的建议。

哈德逊街出版社(Hudson Street Press)的编辑卡罗琳·萨顿(Caroline Sutton)为我,也为这个有争议的科学课题,赌上了这部书。为此,我永远深怀感激。我充分意识到了出版一部书可能会困难重重,但是从我们最初的会面起,她让整个过程顺顺当当,并极大地改善了文字。

我感谢我的朋友《波士顿环球报》(Boston Globe)的约翰·鲍尔斯(John Powers),感谢他在我的整个写作过程中提供了极具价值的建议和鼓励,并感谢他作为检验读者可以接受多少科学方面细节的试金石。他耐心通读了全书的初稿,并作为唯一的一位真正具有丰富经验的记者提出了专业的建议。

最后,对我的家人说声感谢,你们甚至在我写作这部书之前就知道这部书在我心中。你们一直是我的依靠,一直鼓舞着我,话语无法表达我是多么珍惜你们的爱和支持。

导　读

杨利民

1. 引言

本书全名"干细胞的希望——干细胞如何改变我们的生活"。干细胞,也许还是个新名词,可能有人以为"干"就是"干"和"湿"的"干"。干细胞怎么改变了我们的生活?

其实,干细胞的"干",是树干的"干",读作"gàn",而不是干湿的"干"(读作"gān")。在英语里,干细胞称为"stem cell",意思就是形成机体的各种细胞的源头细胞、种子细胞、主干细胞。英语"stem"就是植物的"茎"、主干的"干"的意思,其他细胞都是从"干"里生发出来的。

就人体而言,人体有200多种各式各样的细胞,它们各有各的功能,又彼此协同,实现人体整体的生命和新陈代谢。但这些细胞,在胚胎早期,都源于同一种原始的细胞。这些原始细胞从胚胎发育的早期起,经过完整的胚胎发育过程,最后分化(differentiate)成不同的种类,执行不同的功能。这种原始细胞,就是胚胎干细胞。

但科学家对胚胎干细胞的认识来得很晚,真正从动物(小白鼠)分离出胚胎干细胞,还是在1981年。其前,20世纪60年代,加拿大的欧内斯特·迈克库罗奇(Ernset McCulloch)和詹姆斯·蒂尔(James Till)在小白鼠中鉴别出第一种成体干细胞,即造血干细胞。

干细胞的希望——干细胞如何改变我们的生活

胚胎干细胞存在于早期胚胎(原肠胚期之前)中,具有无限增殖、自我更新和多向分化的特性,无论在体外还是体内环境,它们都能被诱导分化为机体几乎所有的细胞类型。这些细胞一旦经过体外培养并诱导分化成需要的特异细胞(例如治疗糖尿病所需的β细胞、治疗帕金森病所需的运动神经元细胞等),就为彻底治愈人类一大批细胞损毁性疾病,例如糖尿病、帕金森病、阿尔茨海默病、脊髓损伤、心肌梗死等,带来了无限的遐想和无尽的希望。

但是,胚胎干细胞研究,必须破坏胚胎,因为从胚胎抽提了干细胞后,胚胎也就死亡了。而胚胎是人尚未成形时在子宫的生命形式,这就在伦理和道德上有了争议。

干细胞研究是一项十分艰难、也是新兴的科学研究工作,它受到不仅是科学的,而且是伦理的、宗教的和政治的挑战。令人欣慰的是,这门科学现在已经初露曙光,这就是本书书名所说的"干细胞的希望"。本书向读者介绍这门学科从起步到曙光初露所经过的包括科学和伦理政治两个方面的历程,以及有关科学家以至非专业的普通民众克服其中的千难万险的努力,甚至他们的生活。

"无限风光在险峰"。其实,攀登险峰的过程,其精神,其思路,其方法,其一步步的脚印,更值得有志后继者学习和借鉴。本书的意义,更在于此。

考虑到阅读本书尚需一些现代生物学、分子生物学、遗传学、基因工程和现代医学的基本知识,本文略予介绍,作为本书的导读。

2. 细胞

一切具有完整生命力的生命体,除了病毒之外,其最小的构成单位是细胞。细胞是生物体最基本的结构和功能单位(病毒仅由DNA/RNA组成,并由蛋白质和脂肪包裹其外)。细胞由罗伯特·胡克（Robert Hooke）于 1665 年发现。但当时他透过显微镜观察软木塞时看到的是一格一格的"小房子"，他于是把它命名为细胞，这个名词就此诞生。但其实当时罗伯特·胡克所看到的细胞只是植物的细胞壁，还不是我们现在所定义的细胞。

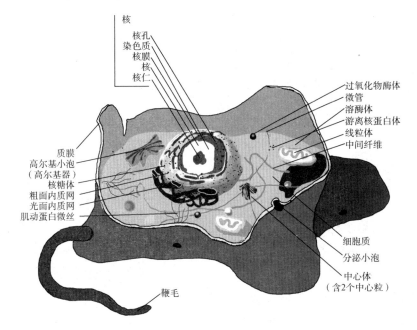

细胞结构示意图

　　细胞可分为两大类：原核细胞和真核细胞。在进化的历史上，原核细胞在真核细胞之前，是没有细胞核的细胞。真菌、植物、动物的细胞都是真核细胞，它们都有细胞膜、细胞质和细胞核三大组成部分，植物细胞还有细胞壁。

　　其中，细胞膜为细胞与环境之间，能够调节物质的进出。一些细胞器与细胞质之间的分隔膜也有类似的结构。细胞膜上的蛋白质有许多种类，功能也各有不同，有的可以适时协助物质进出，有的能够传递信息，有的则负责防御（免疫）的功能。

细胞膜又像一个塑胶袋,内装着满满的液状、胶体状的细胞质。细胞质含有维持生命现象所需要的基本物质,包括糖类、脂质、蛋白质、与蛋白质合成有关的核糖核酸等,因此也是整个细胞运作的主要场所。细胞质内还悬浮着多种细胞器,诸如核糖体(合成蛋白质的场所)等,都各有重要的作用,此处不一一介绍。

细胞核具有双层膜结构,是操控整个细胞的控制站。

如上所述,人体有200多种不同类型的细胞,它们组成各种各样的组织和器官,发挥各种不同的作用,并且相互协同,实现生命和新陈代谢的过程。

3. 生殖细胞和胚胎发育

人的细胞可以分为体细胞与生殖细胞两大类。男性的生殖细胞称为精子,女性的生殖细胞称为卵子。其他哺乳动物也是一样,雄性的也称为精子,雌性的也称为卵子。生殖细胞与体细胞不同,它有延存至下一代的机会。物种主要依靠生殖细胞而延续和繁衍。

对人类来说,生殖就是精子及卵子融合,形成受精卵。受精卵自动分裂形成胚胎,再进一步发育,直到胎儿娩出。从受精卵到胎儿娩出的整个时期就是胚胎期,其整个发育过程还可分为卵裂、囊胚、原肠胚和器官发生等阶段。在卵裂期,卵子会先分裂成两个细胞,之后细胞通常会逐次倍增,经过 7 次分裂,到了 128(即 2^7)个以上细胞数目的阶段,这些细胞组成一个中空球形体,称为囊胚(blastocyst),它通常形成于卵子受精后的第 5 天到第 7 天。细胞分裂成为囊胚之后,会经过一段称为原肠形成的形态发生过程,之后形成原肠胚。原肠胚期发育成 3 个胚层,即外胚层(ectoderm)、中胚层(mesoderm)和内胚层(endoderm),由此形成各种器官,例如外胚层发育成皮肤、指甲、鼻、口、肛门、眼球晶状体、视网膜以及神经系统;中胚层发育成身体的排泄系统、循环系统和运动系统;内胚层发育成内消化道、呼吸道、肝、胰及其他腺体。这一过程,称为器官发生。

4. 遗传、基因和 DNA

说到生殖,就必定连带到遗传。遗传就是基因从父母到子女的传递,从而后代获得亲代的特征。

1879 年,德国解剖学家瓦尔特·弗莱明(Walther Flemming)发现细胞核里有一些物质,这些物质平时散漫不均匀地分布在细胞核中,当细胞分裂时,便浓缩形成一定数目和一定形状的条状物,到分裂完成时,条状物又疏松为散漫状。这些物质易被碱性染料着色,他因而取名为染色体(染色质)。

人类每一个体细胞里都有 23 对染色体(因为一条来自父亲,一条来自母亲,故为一对),其中 22 对男女都一样,称为常染色体;另外一对为决定性别的染色体,男女不同,男性为 XY,女性为 XX,称为性染色体。但生殖细胞(精子和卵子)的染色体只有一半,即 23 条(注意,因此精子中的性染色体就可能是

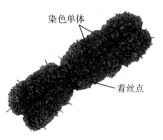

人类染色体示意图

X 或者 Y)。在卵子受精后,精子与卵子融合成为受精卵,双方各自的 23 条染色体并在了一起,所以受精卵还是 23 对染色体。如果精子的性染色体是 Y,则受精卵就成为 XY 型,最后发育成为男性;如果精子的性染色体是 X,则受精卵就成为 XX 型,最后就发育成为女性。所以决定男女性别的是父亲,而不是母亲。

染色体的化学本质是脱氧核糖核酸(DNA)和五种组蛋白的组

合。这是遗传信息的主要载体(但不是唯一载体,如细胞质内的线粒体也是)。

染色体怎么能承载遗传信息?这就涉及染色体里 DNA 的结构。1953 年,美国物理学家詹姆斯·沃森(James Watson)和英国物理学家弗朗西斯·克里克(Francis Crick)发现了 DNA 的双螺旋结构,从此开启了分子生物学时代,使遗传研究深入到分子层面。由此,人们清楚地了解到遗传信息的构成和传递的途径,"生命之谜"终于揭开。他们两人以及莫里斯·威尔金斯(Maurice Wilkins)因此而共同获得了 1962 年诺贝尔生理学或医学奖。

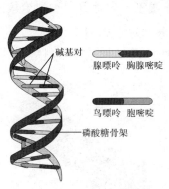

DNA 分子结构示意图

原来,脱氧核糖核酸在结构上是一种生物大分子长链聚合物,由两股长链以右螺旋方向相互缠绕,成为一种双螺旋结构。长链的基本组成单位是称为脱氧核苷酸的化学分子,分四种,即脱氧腺苷酸(dAMP)、脱氧胸苷酸(dTMP)、脱氧胞苷酸(dCMP)和脱氧鸟苷酸(dGMP)。每一个脱氧核苷酸分子又由一个分子含氮碱基、一个分子脱氧核糖和一个分子磷酸组成。四种核苷酸的不同仅在于它们的碱基,分别为腺嘌呤(A)、胸腺嘧啶(T)、胞嘧啶(C)和鸟嘌呤(G)。各核苷酸之间依靠磷酸键相互串联而成为长链。核苷酸分子的碱基则横向凸出,好像梳子的梳齿那样。依靠碱基的氢键,两条核苷酸长链的碱基相互配对联结,才使整个 DNA 的双股成为一体。这就是 DNA 的双螺旋结构。值得注意的是,DNA 两条长链的碱基配对是有固定规则的,即 A 一定与 T 配对,C 一定与 G 配对。因而,当一股长链的碱基排列次序确定后,另一股长链的碱基排列也就唯一确定。例如,一股长链的碱基次序是 ACGGCGTTAA,另一股的碱基次序一定就是 TGCCGCAATT。

现在大家都知道,决定遗传性状的是基因。那么,什么是基因?基因就是染色体上具有编码功能的 DNA 片段(有些 DNA 片段是没有编码功能的"垃圾 DNA"①)。一段 DNA 决定生物体的一个性状,就是一个基因。基因通过指导蛋白质的合成②来表达自己所携带的遗传信息,从而控制生物个体的性状表现。这里,所谓"基因携带的遗传信息",就是 DNA 序列里核苷酸的次序,即碱基的次序,也就是 ATCG 的次序,这就是所谓遗传密码,就像阿拉伯数字或英文字母的排列次序构成保险箱的密码一样。

一般来说,生物体中的每个细胞都含有相同的基因,但并不是每个细胞中的每个基因所携带的遗传信息都会被表达出来。不同部位和功能的细胞,表达出来的基因也不同。

人类约有两万至两万五千个基因,构成整个人类基因组。人类基因组计划(human genome project,简称 HGP)是一项规模宏大、跨国跨学科的科学探索工程。其宗旨在于测定组成人类染色体(指单倍体)中所包含的 30 亿个碱基对组成的核苷酸序列,从而绘制人类基因组图谱,并且辨识其载有的基因及其序列,达到破译人类遗传信息的最终目的。该计划起始于 1990 年,现在已基本确定了人类的所有基因。

5. 转基因

基因决定遗传性状。这些形状,从人类的角度看,有的对人类有利,有的对人类不利。例如番茄是广受欢迎的果蔬,但摘下后很

---

① "垃圾 DNA"不参与蛋白质的合成,但其实很可能包含重要的调节机制,能够控制基础的生化反应和发育进程。——本文作者注
② 有关蛋白质合成的详细过程,本文从略。——本文作者注

容易腐烂,这一性状当然是由番茄的某个基因决定的。能否把这一基因从番茄的基因组里剔除,而代之以导致保鲜的基因?这个工作,就是基因改造,或者现在称之为"转基因"。事实上,番茄转基因是世界上第一个人工实现的食品转基因的成功例子(更早的烟草不是食品),由美国孟山都公司(Monsanto Company)首先实现。1994年,美国食品药品监督管理局(Food and Drug Administration,简称FDA)允许转基因番茄上市销售。又如,玉米是主要食物或饲料来源,但是玉米生长容易受鳞翅目昆虫的威胁,造成大幅减产。为了抵御病虫害,科学家向玉米的基因组里转入一种来自苏云金杆菌的基因,它仅能导致鳞翅目昆虫死亡,因为只有鳞翅目昆虫有这种基因编码的蛋白质的特异受体,而人类及其他动物都没有这样的受体,所以培育出的抗虫玉米对人和其他动物无毒害作用,但能抗虫,这就大大提高了玉米的产量。

动物的转基因要比植物少得多,这是因为技术上很难。本书叙述了英国科学家伊恩·维尔穆特(Ian Wilmut)用转基因技术把生成α-1抗胰蛋白酶(alpha-1-antitrypsin,简称AAT)的基因转入绵羊的基因组,从而使绵羊特蕾西(Tracy)产出的奶含有大量AAT,用以治疗囊性纤维病或其他肺部疾病的患者。有说这种羊奶售价是6000美元/升,一只母羊就好比一座制药厂,而这种物质本来只能从人类血浆获得,更是昂贵和稀缺。

基因工程,也就是基因重组,有点类似电脑文档的剪切和粘贴操作,一般步骤包括以下四步:

(1)获得目的基因,即符合人们要求的DNA片段,也即具有所希望的遗传性状的基因。方法有三种:一是从基因库中获取(原核基因),二是利用聚合酶链式反应(polymerase chain reaction,简称PCR)扩增技术扩增,三是人工合成。

(2)构建基因的表达载体。这是为了使目的基因在受体细胞中稳定存在,能够表达和发挥作用,并且可以遗传至下一代。表达载体常用细菌质粒进行构建。质粒是存在于细菌体内环形的 DNA 小片段。构建过程中运用限制性内切酶切割出与目的基因相合的末端,采用 DNA 连接酶连接,导入生物体以实现表达。

表达载体由"目的基因+启动子+终止子+标记基因"组成。其中,启动子是一段有特殊结构的 DNA 片段,位于基因的首端,能驱动基因转录出信使核糖核酸(mRNA),最终获得所需的蛋白质。终止子也是一段有特殊结构的 DNA 片段,位于基因的尾端。标记基因可帮助识别质粒并检测目的基因是否成功整合到染色体 DNA 中。常用的标记基因是抗生素基因。

(3)将目的基因导入受体细胞。这是目的基因进入受体细胞内,并且在受体细胞内维持稳定表达的过程。目的基因可导入植物细胞、动物细胞和微生物细胞(最常用的是大肠杆菌,因其繁殖快,多为单细胞,并且遗传物质相对较少),具体方法则各有不同。

(4)对目的基因进行检测与鉴定,检验目的基因导入受体细胞后,是否可以稳定维持和表达其遗传特性。

这里特别介绍一下限制性内切酶、DNA 连接酶和 PCR 扩增技术。限制性内切酶是 20 世纪 60 年代末在细菌中发现的,靠着它们,人们就可以随心所欲地进行 DNA 分子长链的切割,所以堪称"分子剪刀"。请注意,一种这样的"分子剪刀"只能剪切一种特定的 DNA 片段,即限制性内切酶有特异性。自 20 世纪 70 年代以来,人们已经分离提取了约 2000 种"分子剪刀"。剪切之后的基因拼接,也是靠酶,称为 DNA 连接酶,于 1967 年发现。这种酶可以将两个 DNA 片段连接起来,并修复好 DNA 链的断裂口,做到"天衣无缝"。所以 DNA 连接酶堪称"缝合"基因的"分子针线"。只要在用同一种"分子剪刀"剪切的两种 DNA 碎片中加上"分子针线",就能把两种 DNA 片段重新连接起来,从而送入受体细胞。

　　PCR扩增技术是一种体外DNA扩增技术,基本原理类似于DNA的天然复制过程,是在模板DNA、引物和四种脱氧核苷酸存在的条件下,依赖DNA聚合酶的酶促反应,将待扩增的DNA片段与其两侧互补的寡核苷酸链引物经"高温变性—低温退火—引物延伸"三步反应的多次循环,使DNA片段在数量上呈指数级增加,从而在短时间内获得我们所需的大量的特定基因片段。

　　重组人胰岛素就是这样制造出来的。将大肠杆菌质粒(受体)和人类胰岛素基因(目的基因)利用限制性内切酶切开,接着利用DNA连接酶把人类胰岛素基因和大肠杆菌质粒基因连接起来,并送回大肠杆菌。这时,如果克隆大肠杆菌成功,大肠杆菌就可以产出人类的胰岛素,大肠杆菌成了制造胰岛素的"细菌工厂"。现在,用这种方法生产的重组人胰岛素已大量用于临床治疗糖尿病。

6. 克隆和核移植

　　注意上文中"克隆"一词。在转基因刚开始的时候,人们不知道经过这样的基因改造的生物,例如产出AAT的特蕾西和产生胰岛素的大肠杆菌,它们与正常的未经改造基因的同类生物繁殖的后代是否具有同样的基因特性,能否用人工方法大量"复制"一模一样的基因、细胞,甚至整个生物体,即所谓"克隆"(clone)。

　　克隆并非始于维尔穆特。早在1952年,美国罗伯特·布里格斯(Robert Briggs)和托马斯·金(Thomas King)把一个蛙细胞(供体)的细胞核移植到另一个已经被移去了自己的核的蛙卵子里,所得到的胚胎忠实地复制了推测是来自供体细胞的DNA(因为卵子不再包含核),并把新的遗传物质带进了最初的两个、后来是更多的新细胞之中,无论从哪点看,都是被摘除了核的胚胎就像正常发育的胚胎一样。这是一个史无前例的核移植(nuclear transfer)实验。

布里格斯和金转移到卵子里的细胞核来自一个囊胚,在受精几天后刚刚开始发育。他们当时认为,发育较为成熟的供体细胞不可能进行核移植。但仅仅6年之后,1958年,英国剑桥大学科学家约翰·格登(John Gurdon)推翻了只有早期胚胎细胞才能够克隆的观点,他用一个发育完全的蛙细胞,通过核移植克隆出了一只蛙。这是克隆技术的第一次飞跃,从胚胎细胞克隆到成体细胞克隆的飞跃。

维尔穆特实现的是克隆的第二次飞跃。直到多利(Dolly)于1996年7月出世前,科学家都确信,哺乳动物占据着进化阶梯的最高层级,其发育是单向的,极可能是一成不变的和不可逆的。就像一个运转的里程表那样,一旦发育的倒计时开始,生物钟不可能倒回来,基因密码不能重写,生物学没有返工。维尔穆特创造的多利羊彻底驳倒了以上观点。事实是,多利是第一个从成体细胞克隆的哺乳动物。供体取自一只6岁的绵羊,从它的一个乳腺细胞创造出多利。科学家分离出供体乳腺细胞的细胞核,把它移植到另外一只羊的卵子里(它自己的细胞核已被摘除)。然后又把这个卵子移植到第三只羊(代孕妈妈)的子宫里。结果,就像一个正常的胚胎发育一样,生长和发育成为多利。从非哺乳动物克隆到哺乳动物克隆,这是克隆的第二次飞跃。

这就表明,细胞成熟并不意味着基因的关闭或丧失,所有细胞,包括哺乳动物的细胞,仍然保留着它们的整套基因备份。所有细胞在理论上都可以返老还童,或者用生物学的术语说,就是再次胚胎化。

克隆的根本技术就是核移植,简单地说就是:先将含有遗传物质的供体细胞的核移植到去除了细胞核的卵细胞中,然后利用微电流刺激(也有用化学刺激法等方法)等使两者融合为一体,然后促使这一新细胞分裂繁殖,发育成胚胎。当胚胎发育到一定程度后,将它植入动物子宫中使动物怀孕,最后就可成为与提供细胞核的供体基因相同的动物。

核移植技术,是创造胚胎干细胞株的技术基础。

7. 培育人类胚胎干细胞

正常情况下,人类受精是在输卵管的上段完成的。当受精卵到达输卵管中段时,胚胎发育就开始了。受精卵一边进行卵裂,一边沿输卵管向子宫方向下行,第2天到第3天可达到子宫,成为囊胚。囊胚由三部分构成,即滋养层(trophectoderm)、囊胚腔和内细胞团(inner cell mass,简称ICM)。内细胞团就是最后将会发育成为胎儿的部位,其中的细胞,就是所谓的胚胎干细胞。

人类胚胎干细胞一般会在受精卵受精后第4天到第5天分化形成,它具有体外培养无限增殖、自我更新和多向分化的特性。无论在体外还是体内环境,胚胎干细胞都能被诱导分化为机体几乎所有的细胞类型,所以被称为是多能的。它可以先转化成为外胚层、中胚层及内胚层等三种胚层的成员,然后再转化成为人体的200多种细胞。

但当时还没有人能回答这样一个问题:能直接从胚胎中抽提出真正未分化的胚胎干细胞吗?

剑桥大学的遗传学家马丁·埃文斯(Martin Evans)和考夫曼(M.Kauffman)以及美国加利福尼亚大学(University of California,简称加州大学)旧金山(San Francisco)分校的盖尔·马丁(Gail Martin)花费了将近十年时间,于1981年同时提供了答案。他们在各自的地域分别进行研究。埃文斯、考夫曼和马丁(马丁后来还在埃文斯的实验室完成了博士论文)成功地从一个3天到5.5天大的小鼠胚胎里提取了干细胞,并让它们在用营养素、细胞等物质经特殊调配的培养基上生长。

　　他们的论文很快引发了洪水般的新研究高潮,为干细胞研究奠定了基础。美国威斯康星大学(University of Wisconsin)的詹姆斯·汤姆森①(James Thomson)受到这件事的启发,充分借助马丁和埃文斯的方法,从一只15岁的恒河猴体内切下一个6天大的囊胚。如前文所说,囊胚本质上是一个空心细胞球体,它包含两层原生层——滋养外胚层和内细胞团。前者最终发育成胎盘;后者是一团黏着于球体内部的细胞团。正是这内细胞团包含的细胞,即胚胎干细胞,最终转化成为多种细胞、发育成为胎儿。这些细胞也就是汤姆森追踪的对象。

　　为了移出内细胞团,汤姆森依靠一种20世纪70年代开发出来并应用于小鼠胚胎的技术,称为免疫外科学,其原理是:抗体具有像尼龙搭扣那样黏着于特异蛋白的能力。汤姆森利用抗体黏附滋养外胚层细胞,然后用细胞溶解剂杀灭这些附着的细胞。洗除残留物后,汤姆森得到的就是内细胞团。然后他仔细地把这些存活的细胞转移到一个专门准备的卵囊里,卵囊含有生长因子、营养剂和小鼠皮肤细胞(正如盖尔·马丁发现的,这种细胞能释放一些重要的因子,让胚胎细胞在培养皿的塑料基板上保持健康)。经过将近6个月之后,他终于得到了几片细胞聚集区,并且继续增殖而没有进一步形成成熟细胞,即仍然处于未分化状态。这些细胞,就是胚胎干细胞。到1995年8月,汤姆森宣布从恒河猴分离出胚胎干细胞,并使这些干细胞在培养皿中保持2年而没有分化。

　　进一步,到1998年11月6日,汤姆森终于在《科学》(Science)杂志上发表论文,宣布他利用体外受精诊所提供的多余的胚胎,分离

---

　　①　詹姆斯·汤姆森,美国科学家,他的研究终结了从人类胚胎分离胚胎干细胞的负罪感。——本文作者注

培育出了世界上第一株人类胚胎干细胞系,并保持5个月没有分化。汤姆森培养了5株这样的人类胚胎干细胞系。每一个系的所有细胞都是同一个前体细胞的后代,所以含有完全相同的基因。4天后,美国约翰·霍普金斯大学(Johns Hopkins University)的约翰·吉尔哈特(John Gearhart)宣布他由原始生殖细胞(精子和卵子的前体)也培育出了人类胚胎干细胞,原始生殖细胞来源是因医学原因流产的胎儿。

汤姆森的团队解决了两大问题,一是如何让从内细胞团提取的胚胎干细胞在培养皿里保持分裂,二是保证胚胎干细胞分裂而不分化,也就是保持它们作为干细胞的"干"性。第一个问题的解决是在培养皿底铺上一层小鼠皮肤细胞,称为"滋养层",以制造胚胎干细胞需要的生长因子和其他物质。第二个问题的解决是发现胚胎干细胞在培养皿里不能太密。太密了,胚胎干细胞太多就要彼此竞夺营养,就会发生分化。所以,要及时把长出的胚胎干细胞转移到另一个培养皿中。

培育出人类胚胎干细胞系,就为人胚胎干细胞研究提供了研究材料,并展示出其巨大的应用前景。正如本文开头所指出的,胚胎干细胞具有发育成为所有成体细胞类型的潜力。因此,特定类型的细胞衰竭所引起的疾病,其潜在的治疗手段是移植由胚胎干细胞分化而来的相应的细胞。同时,培育胚胎干细胞系,对于阐明和控制灵长类动物胚胎干细胞分化的基本机制,也有巨大的意义。

8. 胚胎干细胞研究的伦理问题

自从多利诞生以来,克隆和胚胎干细胞研究一直受到伦理和道德的困扰,也受到政治的干扰。多利羊是高等哺乳动物,既然多利能克隆,克隆人类可以说只是时间问题。这就必定要产生伦理道德的问题,并且也受到宗教团体的强烈反对。事实上,确实有组织(见本书第八章)声称他们可以克隆人。克隆人类是完全违反人类的伦理和道德的,当然为全世界绝大多数国家和政府所禁止。2005年2月18日,第59届联合国大会法律委员会通过了《联合国关于人的克隆的宣言》,要求联合国所有成员国禁止任何形式的克隆人。但这项宣言并无法律上的约束力。即使是治疗性克隆(therapeutic cloning),也引起了人们的广泛争议。治疗性克隆是现代医学发展的一个重要方向,一旦在生产移植器官和攻克疾病等方面获得突破,将给生物技术和医学技术带来革命性的变化。但反对治疗性克隆的人认为,胚胎作为一种生命形式,其本身也拥有一定的道德地位,享有作为人类的尊严。人类对早期人类胚胎无疑拥有尊重与保护的义务。而胚胎研究需要从胚胎中提取干细胞,这会导致胚胎死亡,因而这是不道德的,是必须禁止的。

　　环绕胚胎和干细胞研究,伦理、宗教和法律界争论的问题之一是:胚胎究竟有没有道德地位? 如果有,胚胎发育到什么时候才有了道德地位? 有主张胚胎从一开始起就有与人类同等的道德地位,破坏胚胎等同于杀害生命的。但也有认为胚胎在其不同发育时期其道德地位不同(见本书第三章),例如英国就认定以胚胎上原条[①]形成作为胚胎道德地位的起点。

　　争论问题之二是:治疗性克隆是否应该服从于一个更高的道德目的? 这个目的就是解除人类遭受病魔摧残的痛苦,挽救无数病人

---

　　① 　原条(streak)是发育生物学的概念,最先在鸟类胚胎发育中发现,是胚胎后端上胚层细胞向中间迁移加厚所致。原条在许多重要的胚胎发育时期扮演中线的角色,包括胚胎的两侧对称、胚胎原肠形成的位置以及各胚层分布方式等。往后的细胞重排(包含原肠形成、三胚层形成)也根据这条中线进行。原条对生物伦理学来说相当重要,因为它是伦理规定上一个重要依据,当一个胚胎产生原条时,由于已被认为已发生分化,这个胚胎就不能被拿来做实验。通常受精后14天的胚胎就开始产生原条。——本文作者注

宝贵的生命。美国前总统里根的夫人南希就持肯定观点。她目睹阿尔茨海默病对她的丈夫将近十年的毁灭性打击,坚定支持和呼吁为了研究目的的胚胎干细胞研究。她写信给布什总统敦促他支持干细胞研究。而里根恰恰是反对堕胎的,是反堕胎的保守主义者的一个偶像。

但事实上,政党政治也对克隆和胚胎干细胞研究有重大影响。就美国而言,里根和布什的共和党政府与克林顿(Clinton)和奥巴马的民主党政府采取的政策大有不同。布什政府不准联邦资金用于胚胎干细胞研究,大大阻抑了胚胎干细胞研究。奥巴马政府则相反。

但是,许多有识之士,特别是罹患细胞损毁性疾病的病人及其亲属,坚决要求开展胚胎干细胞研究。这种病人倡导团体的力量对于美国干细胞研究有重大的推动力。本书写到的道格拉斯·梅尔顿(第一章里的第一个父亲,他的一子一女都是 I 型糖尿病患者,这是由于体内胰腺 β 细胞损毁引起的严重疾病)、罗伯特·克莱恩(他的儿子也是 I 型糖尿病患者,见第一章和第七章)、埃斯蒂斯家族(其中的珍妮弗患有肌萎缩性侧索硬化症即"渐冻人症",这是机体运动神经元疾病)等,就是病人倡导者力量的重要人物。梅尔顿作为科学家,毅然改变专业方向,为干细胞研究、为糖尿病研究做出了重大贡献。他打破威斯康星校友研究基金会(Wisconsin Alumni Research Foundation,简称 WARF)的垄断,培养出人类胚胎干细胞,免费分发给需要的研究者(见本书第六章)。克莱恩致力于为加利福尼亚州(简称加州)发行债券、筹款资助胚胎干细胞研究,坚持不懈(见本书第七章)。瓦莱丽以其一家的绵薄之力,建立起一间一流的干细胞研究实验室,为干细胞研究者提供了一个安全港,并资助他们的研究(见本书第十章),等等。

私人资金对于美国的干细胞研究也发挥了巨大的作用。没有杰隆(Geron)公司,也就没有汤姆森的人类胚胎干细胞。没有霍华德·休斯医学研究所(Howard Hughes Medical Institute,简称 HHMI)的巨大支持和资助,梅尔顿也不可能培育人类胚胎干细胞。没有先进细胞技术公司(Advanced Cell Technology,简称 ACT),也就没有胚胎干细胞用于临床的首次研究。其中,尤其是霍华德·休斯医学研究所,是出于纯科学目的的无私行为。

显然,克隆和胚胎干细胞研究的伦理和道德争论,目前还难有定论。但就是靠着这些民间的力量,美国干细胞研究取得了一波接一波的重大成就,推动着干细胞科学的发展。

9. iPS 细胞

在人类胚胎干细胞培养成功之后,许多研究人员都试图诱导人类胚胎干细胞定向分化成为特异的细胞,以用于临床替换体内损毁的细胞,从而彻底治愈诸如糖尿病、肌萎缩性侧索硬化症等疾病。但日本京都大学(Kyoto University)科学家山中伸弥(Shinya Yamanaka)囿于研究经费却是反其道而行之,寻求很少人去从事的另一条相反的途径。他不做胚胎干细胞定向分化研究,而是研究如何让已经分化的成体体细胞"返老还童",生成类似胚胎干细胞的未分化、多能性的细胞,方向完全相反。在思维方法上,这是一种逆向思维方法。话要说回来,这事是在干细胞研究方面的两个途径,山中伸弥采用的途径一是采用的人少,二是可避免使用胚胎细胞。而胚胎细胞是可能成为一个个活生生的生命的。采用这个途径,正可以绕过这个法理、伦理障碍。

他的逆向途径并非没有缘由。在汤姆森首次生成人类胚胎干细胞的实验之后,很快就明确,因为胚胎干细胞的来源是人类胚胎,当涉及从人类胚胎生成病人专用的治疗药物时,就涉及机体对外来细胞的免疫排异问题，除非外来细胞与这些细胞来自同一供体。而胚胎干细胞的伦理道德问题始终没有完满解决。这两方面的问题都阻碍着胚胎干细胞的应用。

结果，山中伸弥真的是幸运，他成功了。他自己也没想到那么轻易就找到了让成体细胞"返老还童"的妙法。成功时，山中伸弥明确地说："我幸运的是，我没有拒绝我的学生高桥的建议。"他毫不掩饰他的学生高桥的贡献。2006 年，山中伸弥利用逆转录病毒载体将四个转录因子（Oct4/3、Sox2、Klf4 和 c-Myc 的组合）引入小鼠胚胎或皮肤成纤维细胞，使后者重编程而得到类似胚胎干细胞的一种细胞类型。山中把它命名为"诱导性多能干细胞"。之后，山中伸弥团队将该技术成功应用于人体细胞，并于 2007 年 11 月 20 日在《细胞》（cell）杂志上发表了该次研究成果。同日，美国威斯康星大学詹姆斯·汤姆森的团队在《科学》杂志上也发表了他们独立的、同样的把体细胞转变成"诱导性多能干细胞"的成果，他们使用慢病毒载体，转录因子是 Oct4、Sox2、Nanog 和 Lin28。一项破天荒的重大成果就此出现。2012 年 10 月 8 日，约翰·格登与山中伸弥因此共同获得诺贝尔生理学或医学奖。

这里所谓"转录因子"就是指能够结合在特定基因上游的特异核苷酸序列上的蛋白质分子。转录因子具有 DNA 序列的识别、结合以及控制基因表达的基本机能。

iPS 细胞建立的过程主要包括：

（1）分离和培养宿主细胞（例如山中伸弥实验里的小鼠胚胎或皮肤成纤维细胞）；

（2）通过病毒（例如山中伸弥使用的逆转录病毒）介导或者其他的方式将若干个多能性相关的基因（例如山中伸弥使用的四种转录因子）导入宿主细胞；

（3）将病毒感染后的细胞种植于滋养层细胞上，并在 ES 细胞

专用培养体系中培养,同时在培养中根据需要加入相应的小分子物质以促进重编程;

（4）出现 ES 样克隆后进行 iPS 细胞的鉴定（如,细胞形态、表观遗传学、体外分化潜能等方面）;

（5）非致死性外界刺激（如物理压缩,去除细胞膜上细菌毒素等）。

人类胚胎干细胞有两个最大的制约因素,一是缺乏人卵来生成它们,二是胚胎作为胚胎干细胞的唯一来源,引起对伦理和道德的挑战。而 iPS 技术的优势正是在这里。它不需要使用卵细胞或者胚胎,避开了伦理上的纠结,而且这项技术在操作上相对比较简单。这就使它无论在基础研究方面还是在实际应用方面（例如细胞替代性治疗、发病机理的研究以及新药筛选等）都具有巨大的潜在价值。例如,斯坦福大学（Stanford University）的研究人员已提取皮肤细胞,直接用山中的因子把它们转化成为神经细胞。在美国格拉德斯通研究所,一位心脏研究人员迪帕克·斯利瓦斯塔瓦（Deepak Srivastava）完成了类似的壮举,将人类皮肤细胞直接转化为心肌。

10. 成体干细胞

众所周知,机体的许多组织和器官,比如表皮和造血系统,具有修复和再生的能力。那是因为人体内还有一类干细胞,称为成体干细胞。成体干细胞不是存在于胚胎中,而是存在于一种已经分化组织中的未分化细胞,对它的研究始于 20 世纪 60 年代人们对造血干细胞（hematopoietic stem cell,简称 HSC）的研究。这种细胞也能够自我更新并且能够特化形成组成该类型组织的细胞。成体干细胞存在于机体的多种组织器官中,在正常情况下大多处于休眠状态,在病理状态或在外因诱导下才可以表现出不同程度的再生和更新能力。注意成体干细胞只能转化为该类型组织的细胞,不能像胚胎干细胞那样转化为任何类型的细胞,这是两者的区别所在。此外,成体干细胞数量非常少,随着年龄增大还越来越少。

11. 应用与展望

干细胞研究的最终目的是治疗疾病。理论上讲,干细胞治疗最适合的疾病是组织细胞坏死性疾病如缺血引起的心肌坏死,化学烧伤等引起的角膜缺失,退行性病变如黄斑变性(一种眼视网膜退化性疾病,可致盲),帕金森病,肌萎缩性侧索硬化症,阿尔茨海默病和自体免疫性疾病如Ⅰ型糖尿病等。现在,用干细胞治疗疾病已不再只是设想,成果已经初步展现。2001年,佛罗里达大学(University of Florida)病理学教授V.K.拉米亚(V.K.Ramiya)团队从尚未发病的糖尿病小鼠的胰腺导管中分离出胰岛干细胞,并在体外诱导分化为能够产生胰岛素的β细胞,然后将这些细胞移植入糖尿病鼠的肾被膜下。经过55天的研究观察,接受移植的糖尿病鼠血糖控制良好,而对照组死于糖尿病。这就为干细胞治疗糖尿病奠定了实验基础。2009年1月,汉斯·科斯泰特(Hans Keirstead)对瘫痪的老鼠施行脊髓注射疗法,成为批准第一例基于胚胎干细胞的治疗法的人体试验的基础。2011年7月12日,加州大学洛杉矶(Los Angeles)分校朱尔斯·施泰因眼科研究所(Jules Stein Eye Institute)的史蒂芬·施瓦茨(Steven Schwartz)首次尝试注入来自人类胚胎干细胞的视网膜色素上皮细胞治疗视网膜疾病,诸如黄斑变性和色素性视网膜炎,都有可喜的结果。这是ES细胞用于临床治疗的首批例子。视网膜是一个试验这种新型治疗的理想位置,因为它的空腔是一个封闭的空间,细胞很少转移,就像一堵墙与免疫系统隔离,所以与宿主在免疫性上不匹配的移植细胞是安全的,不会遭遇免疫攻击(见本书尾声)。其他如应用干细胞治疗急性心肌梗死、尿毒症、脑卒中等许多疾病的研究都在开展并取得了一定的进展。当然,这些还仅仅是初步的开端,并且实际应用中干细胞替代疗法还不能避免免疫排异,尚需进一步研究。

用 iPS 细胞开展临床治疗的研究也已取得成果。如之前提到的将人的皮肤细胞转化为神经细胞和心肌。日本的高桥政代利用从疑难眼疾"老年黄斑变性"患者皮肤所制成的 iPS 细胞,分化成视网膜组织后对患者实施了移植手术。这是自 iPS 细胞制成以来,世界首例实际应用于患者的治疗。

iPS 技术现在可用于药物开发过程的合理化和改进。这样的研究可以节省数百万美元的药物研究费用。诚如本书介绍的,哈佛干细胞研究所(Harvard Stem Cell Institute,简称 HSCI)的李·鲁宾(Lee Rubin)、梅尔顿和乔治·戴利(George Daley)共同努力,对从脊髓性肌肉萎缩症病人提取由 iPS 细胞生成的运动神经元使用 15 种到 20 种已获得批准可用于人体试验的化合物,测试它们对这种病的有效性。制药公司都加强投资进行研究。例如辉瑞(Pfizer)在再生医学部曾投资 1 亿美元,历时 3 年到 5 年。其他公司,包括默克(Merck)和葛兰素史克(GlaxoSmithKline)公司,也加入了进来,都在利用自己的基于干细胞的渠道开发新药(见本书第 12 章)。

成体干细胞的应用研究是再生医学的一个重要组成部分,是很多疾病可供选择的治疗手段,同时又是一个多学科交叉的领域,需要分子生物学家、细胞生物学家、胚胎学家、病理学家、临床医生、生物工程师和伦理学家等的共同参与。现在,也已分离出成体干细胞,在体外定向诱导分化为特定组织细胞,将这些细胞回输人体内,从而达到长期治疗的目的。

造血干细胞是目前研究得最为清楚、应用最为成熟的成体干细胞,在移植治疗血液系统及其他系统恶性肿瘤、自身免疫病和遗传性疾病等方面均取得了令人瞩目的进展,极大促进了这些疾病的治疗,同时也为其他类型成体干细胞的研究和应用奠定了坚实的基础。现在应用最多的是骨髓造血干细胞移植治疗白血病和再生障碍性贫血、多发性骨髓瘤、恶性淋巴瘤等。造血干细胞可来源于捐献的骨髓(需要进行配型,以免免疫排斥)或脐带血等方式,还有望从自体末梢血回收干细胞获取,后者还可克服免疫排斥的难题。

神经干细胞(neural stem cell,简称 NSC)也是一类具有广泛前景的成体干细胞。把人类神经干细胞作为脑移植的供体细胞以及基因治疗的载体用于临床治疗的设想,正在渐渐变为现实。

间充质干细胞(mesenchymal stem cell,简称 MSC)也是一类成体干细胞。目前,科学家已能从多种组织中分离出间充质细胞,如骨髓、骨骼肌、脂肪、脐血、胎盘等。间充质细胞在体内的移植是近年来临床应用的热点。并且,到目前为止,似乎尚未发现间充质细胞输注有显著的危害。所以,它在再生医学领域有广阔的应用前景。

当然,无论 ES 细胞、iPS 细胞还是成体干细胞用于临床,在目前还有许多问题有待进一步研究解决。ES 细胞的来源(胚胎)很少,技术复杂,还存在免疫排异的问题,而且伦理问题始终无法完全解决。iPS 细胞目前最主要的问题是有可能引发恶性肿瘤。此外,iPS 技术的转化率很低,远不到 1%。成体干细胞非常少,还非常难分离和纯化。但是,目前医学界一致认为,干细胞再生医学将是最有希望的医学突破口,由此必定会带来一场新的医学革命,造福全人类。

总而言之,干细胞研究,前景广阔,任重道远,希望在前头!愿有志于这一宏伟事业的青年读者,从阅读这部书开始,在这条希望的道路上勇猛精进,为人类,也为自己,创造光辉灿烂的前程!

第 *1* 章

两个父亲的故事

1991 年 11 月 4 日

萨姆·梅尔顿(Sam Melton)并不是一个幸福的婴儿。有好几天,这个 6 个月大的瘦弱身子都在告诉他和他的父母,他不那么正常。虽然一般说来,还是个健康、平和的婴儿,但老是喜欢躺在床上,无精打采的。他的母亲、父亲或姐姐想逗他或抱起他,但他几乎没什么反应。更令人不安的是,他连看都不看他们一眼。他的整个小屁屁都布满了红色的疹子,令人担忧。他吃得也不多。波士顿已经是冬天了,也许是感冒了吧,他的父母这样想。

今天早上,情况又有了变化。萨姆在绝望地自我挣扎了几天之后,终于撑不住了。

他开始呕吐。或者,更准确地说,是喷射样的呕吐,他胃里仅存的那点点东西喷得满房间都是。他的母亲盖尔·奥基弗(Gail O'Keefe)警觉了起来,立刻打电话给儿科医生。医生听了症状,觉得有必要确保患儿不脱水,所以建议补充电解质①。挂了电话后,奥基

---

① 这里是指钠、钾、氯等几种无机物,在机体中维持这些元素的适当浓度是生命的必需。而呕吐可导致这些电解质丢失。——译者注

弗想到,惊慌之中,她忘了提到萨姆的另一个症状:萨姆的呼吸变得越来越快,仿佛是在大口喘气。但她给儿子喂了一匙药,并把他抱在怀里轻轻摇着。

到了中午,喝下去的糖浆没见有什么效果。萨姆的面色变得晦暗,一脸的病容,已不是正常时那样粉红而有光泽。他依偎在母亲的怀里,不像正常时那样又踢又伸的。尽管母亲试图给儿子喂奶,但已经喂不进了。"我真的是紧张极了,"她说,"所以又给医生打了电话,说我忘了告诉他孩子呼吸很快。"她不愿意再等,又打电话告诉她的丈夫道格拉斯·梅尔顿,她现在要带萨姆去看医生。她请朋友照看她的女儿艾玛(Emma),急匆匆赶往儿科诊所。赶到医院,医生看了一眼孩子,叫奥基弗把她儿子送急诊——立刻送。萨姆的护士竟然哭了起来,这个护士从萨姆出生起,每次来诊都照护萨姆,这次她不能确定孩子还有救。

梅尔顿在波士顿儿童医院(Boston Children's Hospital)见到他的妻子和儿子。这是全美国领先的儿科医学研究所之一。但医生们不知道萨姆得的是什么病,开了一系列化验单,把越来越焦虑不安的梅尔顿直折腾到了凌晨。验血,用手指这里按按捏捏,那里点点戳戳,也没得出个结论。是肠道问题?是因为萨姆吃了什么东西?对触摸有反应吗?是流感的并发症?一度,他们还怀疑孩子肠道闭锁,给孩子做了灌肠,以清洁肠道。考虑到患儿数小时前有呕吐,关于这个6个月大的孩子得的是什么病,肠道闭锁是他们最好的猜测。

但是,灌肠后发现肠道干干净净,急诊组转向更可怕的可能性。情况变得越来越让人绝望,萨姆一直昏睡。奥基弗和梅尔顿快急疯了,他们的孩子可能活不过今天。"他快要断气了。"梅尔顿说。20年之后,梅尔顿仍然觉得那一天发生的种种事情不堪回首。生命似乎在从萨姆那里逃逸出来。有医生提出做脊髓穿刺以排除脑膜炎,但就像所有其他检查化验一样,他们折腾了8个小时,仍只是在猜测,而时光在飞逝。

不测终于来临。萨姆的病体迸发出最后一声呼救。他已经没有了战斗力,只有这个方法可让他的细胞获得拯救。

他撒尿了。

萨姆躺在诊查台上,撒了一泡尿。这可提供了比他那一天做过的任何一种高技术的化验检查的所得远为丰富的信息。尿液作为一种机体新陈代谢的液态副产品,通常只是排泄废物,没有太多的诊断价值。但因为尿液浓缩了机体的生化废物,也可以提示机体失去了平衡。萨姆的问题出在胰腺。一名护士在收拾、更换床单时注意到尿液散发出甜味,决定用测试纸沾点遗留在诊查台上的尿液,也只是以防万一。而她的发现改变了梅尔顿一家的生活,并且很可能改变了干细胞科学的进程。

萨姆的尿液富含酮体。有几个小时,甚至可能是几天,他的机体危险地接近于停止分泌胰岛素,机体却还在绝望地搜索胰岛素但一无所得,而这东西是维持机体全部代谢过程的必需。如果细胞完全不能获得胰岛素,机体就开始燃烧自己的脂肪储存,并释放出副产品——酸性的酮体。问题不是出在没有给孩子喂奶。是喂了,但机体还是饥饿着。孩子还是要消耗葡萄糖,以维持营养和生命,但他的胰腺不能制造足够的胰岛素来分解他喝的奶里的葡萄糖。

萨姆得的是糖尿病。

回想起来,这一诊断是如此显而易见。一家领先的儿童医院,本来就应该考虑到这一可能性,因为很早就发现萨姆血液里有酮体积聚。但通常情况下,那么小的婴儿不太会有糖尿病。事实上,萨姆是这家有 122 年历史的医院里有记录确诊为糖尿病的患者中最年幼的。

一旦确诊,医疗小组迅速采取行动。护士从患儿细小的上臂静脉注入胰岛素。奥基弗说:"不到 24 小时,重症监护室里,孩子双手

3

双膝着地,趴在地上,他又喝奶了,又是一个婴儿的样子了。这真是这世界上最神奇的事情——一点点胰岛素就能起死回生。这种病的表现就是如此大起大落,而我们对此却一无所知。"

但她和她的丈夫很快就明白:这一诊断必然使萨姆的一生与他父母原先设想的截然不同。他将永远依赖外源胰岛素,因为他自身机体不能制造胰岛素。他必须坚持仔细计算他的进食量和能量消耗,时刻确保机体恰好获得适量的葡萄糖。

这一诊断也改变了梅尔顿和奥基弗的生活。梅尔顿接受过成为一名生物学家的训练,他是一名科学家,但不是医生。他知道他的娇儿将会面临的情况:年复一年不断地手指穿刺,采血,检测血糖,还要一次次地重复注射胰岛素,以耗尽机体不再能处理的多余葡萄糖。

奥基弗实际上成了她儿子的胰腺。什么时候儿子需要注射胰岛素了——半夜里,或下午的一场筋疲力尽的足球训练之后[①];或者什么时候胰岛素水平又太高了,儿子需要一块糖以消耗多余的胰岛素。这几乎是她的第六感了。

在萨姆被确诊的那个星期里,梅尔顿搁下了他在实验室的研究工作,留在家里与他的妻子、女儿和儿子在一起。他说,萨姆确诊后的那些天"时间真是可怕,不堪回首"。作为哈佛大学的发育生物学教授,梅尔顿已是声望颇颇,以其在早期两栖动物发育上的研究而受人尊敬。他的专业是青蛙胚胎学,不是人类发育。但在萨姆出院回家后,梅尔顿受困于萨姆未来所需的经常不断的血液检测和胰岛素注射。最糟糕的时刻,他还警觉到儿子到了青春期和成年期有可

---

① I 型糖尿病患者常由于基础胰岛素分泌消失,会在凌晨与下午有两个很难控制的高血糖期,分别称为"黎明现象"与"黄昏现象"。剧烈运动会使机体处于应激状态,体内儿茶酚胺分泌增多,拮抗胰岛素的作用,同时又促进肝糖原及肌糖原的分解,所以造成血糖升高。——译者注

两个父亲的故事

能面临严重的健康问题。他知道,基础血糖触底反弹,会导致黑蒙、器官衰竭,甚至失明或截肢。他考虑到所有这一切,终于领悟到:"我不能坐等着无所作为。"在他从那痛苦的一天里解脱出来,坐在哈佛校园的办公室里同我说话时,他这样告诉我:"我要有所作为。"

梅尔顿和奥基弗下定决心,如果像萨姆那样的 I 型糖尿病患者还没有治愈的方法,那么梅尔顿就要找到一种,或者至少他要试一试。

虽然两栖动物和人类截然不同,但梅尔顿转换专业似乎并不像最初看起来那么荒谬。两者都涉及相似而复杂的发育编程过程,需要了解是什么驱使细胞开启某些基因而又关闭其他一些基因,从而由此决定其命运。梅尔顿认定,与改变儿子将面临的命运相比,专业转换不是一种牺牲。

β 细胞是负责生产胰岛素的工厂,存在于胰腺里。胰腺分泌胰岛素,以响应血液葡萄糖水平。在 I 型糖尿病患者的机体中,制造胰岛素的专门工厂 β 细胞受到破坏①而不再有这个功能。原因目前还不清楚,但主要的假说是机体自身的免疫机制不知什么原因把这些细胞看作是外来的东西,对这些受到怀疑的组织发动全面攻击。当罹患 I 型糖尿病时,机体没有内置的机制确保在需要时分泌胰岛素,需要从外部提供。所以,一切治疗企图和目的,就是要寻找胰腺的替代物。

萨姆的余生需要特殊的进食方式。每吃一口都需要计算其中卡路里和葡萄糖的含量,从而计算出需要注射多少胰岛素相抵。胰岛素的输入由一种称为胰岛素泵的设备完成。这种设备被置于腹部、臀部或大腿的皮下,可持续不断并更轻松地供应胰岛素。但这种设备尽管智能,还是无法像正常胰腺那样进行计算并为糖尿病病

---

① 原文"no longer function"(不再发挥作用)有误,应该是被毁坏,已作修正。——译者注

人实时提供适量的胰岛素。所以仍然要由使用者决定什么时候需要输入，以及需要输入多少剂量。

这不是梅尔顿所能为他儿子完全接受的未来。"我有能力可以做点事情。我训练有素，所以我可以改变我的专业道路。"他说，并决定放弃他所熟悉的专业，而转向他完全不懂的课题。有人说他的决定过于夸张，甚至异乎寻常，但他迅即力排众议。"记住大背景。我是全国最好的大学之一的大学的终身教授。我是霍华德·休斯医学研究所的研究员。"他说，"我不入地狱，谁入？而且我不是从记者切换到核物理学家。我研究的是动物发育，研究对象是蛙类，现在我是转而研究哺乳动物如何发育出胰腺。"

尽管关于胰腺解剖学的文献浩如烟海，奥基弗回忆说她丈夫还是从医学院的图书馆里把可能得到的每一本关于胰腺的教科书都往家里拖。但书里稀有论及胰腺发育的内容，更缺乏关于不同类型的胰腺细胞如何生成的细节介绍。梅尔顿似乎需要翻山越岭，艰难举步。

但是每天回到家，他都记起自己为何要走上这条道路。梅尔顿作为一名研究蛙类的生物学家，他首先是一名科学家，然后是一名父亲。每次当他从一周的间歇后回到实验室，他又是具有科学家身份的父亲。作为一名父亲，他在一次与他的实验室同事的动人心弦的聚会上，对于转变研究重点，从两栖动物转而研究人类胰腺给出了解释。他的实验室现在有一个使命，这就是要找出一种治愈糖尿病的办法，要为萨姆找到治愈之途。

2001 年 9 月

这是美国遭遇最为令人震惊和悲痛的恐怖袭击之后的一个星期。像大多数美国家庭一样，克莱恩一家虽然仍然处于震惊之中，但已在试图重建生活节奏。罗伯特·克莱恩，北加利福尼亚州一位成功的房地产开发商，在欧洲电视上观看了"911"恐怖袭击事件。

两个父亲的故事

他正践诺带着他女儿在欧洲旅行,以庆祝她中学毕业。

回到位于波托拉谷(Portola Valley)的家,那个时候,他最小的儿子乔丹(Jordan)刚开始在一所新的中学就读七年级,处于焦虑、兴奋、紧张,又有所期望之中。11 岁的孩子感觉有点不对劲。他正在减肥,却感觉胃里莫名其妙地剧烈疼痛,令他呼吸不得。他的母亲注意到他还喝很多水,老是洗澡①。她识得这些症状,曾在乔丹的一个朋友身上见到过,此人最近被诊断出患有糖尿病。她怀疑她的儿子也可能有这种代谢障碍。但真要面对这一现实就太难了。也许乔丹只是面对新学校感到紧张,压力触发他头痛和胃痛,并促使他老是洗澡。也许是吧。

但没过多久,她的怀疑得到了证实。那天乔丹正在上英语课,全神贯注,却一阵剧痛,呼吸困难,把他从椅子上掀了起来。他整个身子像着了火,感觉仿佛全身血液瞬间变成了腐蚀性的电池里的酸性液体。乔丹什么也看不见,眼前一片漆黑。

他的母亲赶到学校,带他去了医院。经过一系列化验检测,医生告诉了她乔丹患的是什么病。

克莱恩每天从国外打电话来听取情况。他对他妻子告知的儿子悲惨入院后的情况毫无准备。"我们知道乔丹得的是什么病了,"她在电话里告诉她的丈夫,"他得的是青少年型糖尿病②。"

接下来,克莱恩从电话听筒里听到一声不寒而栗的尖叫,这是一阵剧烈绞痛,令他感觉撕心裂肺、肝肠寸断。

那是乔丹在尖叫。

乔丹的母亲本来打算先与丈夫讨论诊断,然后再把消息告诉乔丹,所以开始时没有告诉儿子。她没有意识到儿子在听。

①　I 型糖尿病重症患者由于代谢产物蓄积体内,经皮肤排出,而有皮肤瘙痒,故常需洗澡。——译者注
②　I 型糖尿病常起病于青少年时期,故也称为青少年型糖尿病。——译者注

干细胞的希望——干细胞如何改变我们的生活

"他的尖叫是一种控制不了的本能尖叫……这说明他害怕极了，仿佛有什么东西要在半夜里毁掉你那样，"克莱恩告诉我，说话间停顿了好长一段时间，这是他在努力遏制我们的谈话所带来的痛苦回忆，"要是你能想象你的生活中出现最吓人的恐怖……你也会懂的……这是一种对恐怖的本能反应。他对他的生命正在结束感到害怕，因为他知道这病会造成什么结果。"

与确诊时只有6个月的萨姆不同，乔丹充分了解得了青少年型糖尿病即Ⅰ型糖尿病会是什么结果。有好几年时间，他看着他的一个童子军里的朋友如何受着这种病的煎熬。他完全知道是胰岛素注射维持着他朋友的生命，也知道有无数的潜在危险在迫近他伙伴的未来。当葡萄糖水平的波动开始危及机体的血循环能力和四肢的营养时，就威胁到了他的肾脏、心脏和视力，甚至他的胳膊、腿、手指和脚趾。乔丹对这一切都非常清楚，因为他和他的父亲都谈论过。

但现在，这一切却发生到了自己身上。未来潜在的肾脏损害、失明，甚至截肢已不再是别人该担心的事情，而是要轮到他自己了。突然间，一切都不同了。

5000英里以外，克莱恩无法拥抱他的儿子，不能给孩子提供一个可以靠傍的肩膀，或者就只是处在孩子的身边给以抚慰——这是只有父母才能给予自己孩子的。"我想对他说……我会回来看你的，"他说，眼眶里尽是泪水，"我们会一起度过这次难关的。"

但回到儿子身边却成了问题。去美国的航班完全停飞已经有好几天了。一星期后，尽管航空公司竭力缓解停航积累的需求压力，并尽力落实新的安全措施，机票还是全部订完，航班满负荷。克莱恩在酒店里拼命打了两天的电话，想办法在本周回到儿子身边，他和他女儿本来就计划在这个时候回家。现在回不去了，他转而开展研究。如果他不能亲自陪在儿子身边，他将成为他儿子获取关于糖尿病的一切信息的最重要来源。在接下来的一周里，他差点用坏

两个父亲的故事

了酒店的传真机,他的办公室耗费了总计大约一千美元的传真费用,从关于糖尿病的书里给他摘抄、传真尽可能多的资料。克莱恩全都读了,渴望从中获得可以帮助乔丹的任何信息。但在当时,这些教科书全都没提到干细胞以及干细胞怎样可以被用来治疗甚至治愈糖尿病。这方面的科学还是太新了。

当时,克莱恩还没有充分理解干细胞,不知道干细胞具有缓解诸如糖尿病等疾病的科学潜力,也不知道由干细胞引起的强大的政治挑战。但是不久,他就加入了美国青少年糖尿病研究基金会(Juvenile Diabetes Research Foundation,简称 JDRF),并成为该会理事会成员。这使他几乎不会错过有关这种作为一切细胞之母的细胞的任何令人振奋的消息。许多科学家都告诉基金会会员,这些细胞有可能最终克服糖尿病治疗的瓶颈,敲开治愈之门。他不禁坠入了这些细胞所呈现的希望之中。如果能培养并操控胚胎干细胞发育成为能生成胰岛素的细胞,然后又可能把这些细胞移植到像乔丹那样的病人身上,这就可以令他们不再遭受注射胰岛素和做葡萄糖检测的痛苦,并永远免于受到并发症的威胁。

要使上述设想成为现实,科学上的挑战必定是艰难的;而给这些研究人员泼冷水且超过其他任何人和任何事的,则正是美国的总统。就在乔丹确诊前的一个月,乔治·布什跨出了前所未有的一步:限制联邦基金资助胚胎干细胞研究。而许多科学家正开始相信,胚胎干细胞研究对于找到糖尿病的新疗法将是至关重要的。布什引证了人们对于当时唯一可用的细胞来源——人类胚胎——的担忧[①],限制纳税人支持现存的少量干细胞系,并禁止政府资金资助

---

① 这是因为在当时,干细胞的唯一来源就是人类早期(怀孕一周之内)的胚胎。如果从胚胎中提取干细胞,胚胎就会死亡。而尤其是宗教界认为,即使仅仅发育了几天的人类早期胚胎,也是神圣不可侵犯的生命,只为了获取一些有用的细胞而创造一个生命再毁灭之,是不合伦理道德的。加之,布什本人宗教倾向趋于保守。但到 2009 年 3 月奥巴马上台,美国就解禁了干细胞研究。——译者注

9

建立任何新的细胞系。而克莱恩知道,如果干细胞能治愈乔丹,就必须有更多的干细胞系。

作为加州蓬勃发展的住宅市场里一名成功的房地产开发商,克莱恩没有科学才能,他没法像梅尔顿早在将近十年前开始做的那样,去突破干细胞的功能的生物学限制。但克莱恩肯定有能力面对实验室外的那片世界,在议会、在街头发表演说,介绍这方面的挑战,打动美国人民的心。在干细胞因来源于胚胎而引发争论,从而压制、阻碍干细胞的科研潜力时,克莱恩接过了改变公众对胚胎干细胞的形象的任务。他知道,没有政府对这一领域的资助,要发现治愈像乔丹这样的病人的方法,有关的进展会慢得像爬行。但说服立法会议员改变限制性政策又要花太长的时间。研究人员需要更多的细胞系来充分探索这些细胞的潜在能力。克莱恩想,如果联邦政府不愿意介入和支持这项研究,那州议会也许会愿意。有没有比加州更合适的州,怀着先驱精神,又是干细胞领域最有才华的科学家的桑梓之地,能开拓出一条路来?然而,没有一个州愿意独力承担为生物医学科学拨款的角色。公共工程项目可以得到拨款;学校、公路和公用事业也可以。但诚如克莱恩将发现的那样,支持干细胞研究乃是一项前所未有的挑战。

第 2 章

从多利羊开始

牧羊人说到绵羊,有句俗话:绵羊一生大部分日子都在寻思新的死法。

所以,当一位充满幻想的科学家选择他们那些需要细心照护的绵羊作为研究早期发育和繁殖的样本时,苏格兰低地乡村罗斯林(Roslin)长期遭遇苦难的牧羊人一定是有些意外的。

后来,他们听说这名灵魂误入歧途的科学家其实企图把羊毛收购站改造成一座制药厂,在羊奶里炼制出可能挽救生命和治愈疾病的药物。你可以想象他们听到这想法时是有多怀疑。真傻,傻透了——他们这样想。

伊恩·维尔穆特现在微笑着回忆起多利诞生以前的那些日子。这位胚胎学家,戴着眼镜,软软的头发略带红色,谢顶,下巴满是软软的短胡子,几乎不像是那种能够动摇几十年来根深蒂固的生物学定则的那种类型的人。或者,就事论事,他也几乎不像是能煽起慷慨激昂的抗议和众多宗教人士以及保守思想家的愤怒的人。这些人对他在爱丁堡附近的罗斯林研究所(Roslin Institute)园区农场那小小的畜棚里进行的实验感到震惊。维尔穆特性格内省,说话声音很少盖过嘈杂声。在公开场合,特别是当电视上进行无尽无休的讨

11

论,他应邀谈论有关多利的话题时,他往往会下巴缩到脖子里,眼睛往向下看,好像总是心不在焉。即使是现在,多利出生已经十几年,维尔穆特在聚光灯下看起来还不如在苏格兰乡村自在;回到乡村,他才恢复到他的真我。

不管你喜欢还是不喜欢,多利,这一维尔穆特事业上无与伦比的成就,让他作为一名基础科学家所珍惜的个人生活的私密之门不再能关闭。因为他所完成的工作远远不是找到了一种能给羊奶增添新功用的方法。他克隆了动物自身,从一头母羊的乳腺细胞创造了一件成年母羊的遗传复制品。结果,还不仅仅是有史以来第一头克隆羊,而且是第一头克隆哺乳动物。

他把她命名为多利,起源于多利·帕顿①(Dolly Parton)——他说理由显而易见,就是考虑到了这头羔羊的独特出身,以及可能成为有史以来最多被拍摄和娇养的绵羊。

多利出生的时候,多利,或者克隆技术对于干细胞科学的贡献,还不明显。但随着年复一年的时光流逝,多利在这一领域留下的遗产变得越来越清晰。因为在创造多利的过程中,维尔穆特实际上给我们留下了两件意义非凡的礼物——发现成体细胞可以重编程,以及为打开人类胚胎干细胞的潜力提供了钥匙。

"当我思考多利实验的意义时,正是干细胞反过来影响了人们的思考,促使人们全新地、雄心勃勃地思考:干细胞可以用来做什么。这才是迄今为止最重要的结果。"维尔穆特这样认为。他仍然在苏格兰,但已经从乡村般的罗斯林搬到了首府爱丁堡。他现在在爱丁堡大学(University of Edinburgh)再生医学中心(Centre for

---

① 多利·帕顿,美国著名乡村音乐女歌手,出身贫苦,其成长史堪称一个乡村女孩如何追求名声与财富,以逃脱命运苦海的经典教科书。——译者注

Regenerative Medicine)担任指导——已经开展工作并有了一套计划,大部分来自他在克隆方面所做的工作。

然而,要让多利诞生事件产生更广泛的影响,让科学家和普通公众都感受到这项成果的影响,还得花费时间。在维尔穆特于 1997 年在纸质媒体《自然》(*Nature*)杂志上首次宣布多利诞生的那个时候,所有的人都注意到了她的克隆材料的来源,这是可以理解的。多利证明,诸如一个发育完全的乳腺细胞,不仅可以像别的细胞——比如神经细胞或肌细胞——一样获得第二次生命,并且可以作为种子那样培育出一只全新的动物。

直到多利于 1996 年 7 月出世前,科学家都确信,哺乳动物占据着进化阶梯的最高层级,其发育是单向的,极可能是一成不变的和不可逆的。就像一个运转的里程表那样,一旦发育的倒计时开始,生物钟不可倒回,基因密码不能重写,生物学没有返工。

有足够的理由相信上述信念。在不同的成熟阶段之间,发育应该是稳定的,不会时进时退。细胞不会在不同特性间转换。例如,脑细胞的行为不可能像心脏细胞那样。通向成体的道路必须是单向的,以确保从胚胎到成体的过程始终处于控制之下。沿着这条道路,细胞的 DNA 里似乎写进了某种检查这种定向发育的机制,在细胞阅读它的遗传密码时,这一机制可能被触发,迫使它沿着预定的命运从胚胎细胞发育成肌细胞或者大脑里的神经细胞。

至少,在 20 世纪 70 年代,这是传统的观点。当时,维尔穆特第一次来到罗斯林的小山丘,他要在那里建立他的实验室。他出生在英国沃里克(Warwick)附近的一个小镇汉普顿 · 露西(Hampton Lucy)。在学校老师眼里,维尔穆特只是个普普通通的学生,梦想是当个农夫。但是当他从诺丁汉大学(University of Nottingham)毕业时,他已经对生命的最初阶段着了迷。这是一个复杂的分子编程的过程,使一个细胞,即受精卵,变成了 2 个,接着是 4 个,然后是 8 个,最终成为一个完整的多细胞动物。

就在那个时候,这位年轻的胚胎学家已迷恋上了苏格兰的生活方式。在《多利之后》(*After Dolly*)这部书(他自述的关于多利诞生的记录)里,维尔穆特坦承他喜欢"传统的苏格兰生活方式——喝威士忌,散步和仰望天空"。罗斯林的冬天漫长又凛冽,但这恰好是绵羊交配的季节。这已是他的专业研究目标之所在。同时,维尔穆特还把时间打发在完善他的苏格兰冰壶运动技能上。

罗斯林研究所以前是,现在仍然是一个领先的动物科学研究中心。邻近的德莱顿(Dryden)农场则是一个家畜的家园,包括鸡、猪、牛,并且由于它所处的地理位置,还包括绵羊。然而,就在维尔穆特开始他作为一个胚胎学家的专业生涯之后不久,英国政府大幅削减了科学研究的经费预算(罗斯林的研究基金面临缩水三分之二),从而威胁到了他的苏格兰退想。罗斯林研究所的员工明白了一个道理:罗斯林的"科学为了科学"(science for the sake of science)的使命,必得伴随有更多的金钱收益,最好还要有灿烂的商业前途。

对于像维尔穆特那样的农业科学家,这就意味着,他的基本追求,由一回又一回地仰望天空而得的灵感,需要变为切实的生物技术成果。1982 年,他的上司突然终止了他那看上去没什么用处的胚胎研究,而交给他一个新的项目。

作为遗传工程师,他得到任务,研究绵羊的基因组,要让这些动物有能力产出含有抗生素、凝血蛋白(用于治疗血友病),甚至 α-1 抗胰蛋白酶(AAT)的奶。AAT 是一种蛋白质,能持续导致肺组织的破坏①。经过提纯,这些成分转化为药用产品,用以治疗囊性纤维化

---

① α-1 抗胰蛋白酶是呼吸系统的非特异性可溶因子,与呼吸道抵抗力关系密切,它可抑制多种酶的活性,包括细菌的酶,以及中性白细胞溶酶体分泌的蛋白酶、弹性蛋白酶、胶原酶、纤维蛋白溶酶和凝血酶。α-1 抗胰蛋白酶的缺乏与慢性阻塞性肺病和肺的囊性纤维化关系密切,因为缺乏这种酶就不能及时控制感染和炎症产生的多种蛋白酶,从而造成肺组织被破坏。——译者注

或其他肺部疾病的患者。

这是乏味而且艰苦的工作。大约在同一时间，斯坦福大学的一位生物化学家保罗·伯格(Paul Berg)正在开始剪切和重组 DNA 的研究，并因此赢得了诺贝尔生理学或医学奖。这改变了像维尔穆特那样的科学家进行遗传学实验的方法。但当时，重组 DNA 还不像在今天的实验室里那样普遍。维尔穆特说，他搞遗传工程的企图是慢慢地发展起来的。

经过几个月的试验，他终于成功开发出了一头"药用"绵羊，取名特蕾西。她能大量制造出 AAT，而这种物质本来只能从人血浆中获得。因为来源受到限制，罗斯林研究所和他的财务合伙人，生物技术公司 PPL 治疗公司(PPL Therapeutics)，希望像特蕾西这样的绵羊能提供更可靠、更具规模的 AAT 源。有了足够数量的富含 AAT 的血浆，更多的肺气肿或与囊性纤维化相关的呼吸系统疾病患者就能免于肺组织遭受破坏。公司希望能靠着转基因方法垄断市场。特蕾西作为 AAT 工厂，真也能使她那些同在转基因畜棚里的同伴觉得羞愧。从特蕾西产出的每一升奶里，能提取 35 克珍贵的 AAT 蛋白，而其他四头转基因羊加在一起仅仅只能勉强提供 1 克。

然而，特蕾西只是一千个胚胎里的一个。维尔穆特煞费苦心，注入能产生 AAT 的基因。把那些基因添加到胚胎的基因组里，这在科学上的精准率比轮盘赌游戏还小，结果还同样不可预知。早期哺乳动物胚胎实际上有两个细胞核(遗传物质包裹在其中)，一个来源于卵子，另一个来源于精子，两者融合成为一个相连的致密包裹的染色体。像维尔穆特那样的基因拼接人员无法知道哪个核是哪个。这其实也并没有关系，虽然，最好是卵子的原核，因为卵子体态较大，可能更为稳定。当然，并非所有的胚胎都欢迎基因侵入。当时，只有大约 1% 的胚胎能接纳这样的基因客人，进而孕育出带有那个基因的功能的活体动物。在那时，这甚至是一场遗传学上的掷骰子游戏,所生成的特定混合体动物在多大程度上接受基因并生成蛋白质还是问题。在维尔穆特的实验里,其过程更为令人沮丧。他欣然承认,他天生颤抖的双手使他几乎不可能进行精确的操作,以到达所希望的第一位置,然后在显微镜下利用微量吸液器注入胚胎。

在笨手笨脚地往数以千计的胚胎里注入基因后,维尔穆特认为必须有更好的方法。

★   ★   ★

事实上,也确实有。如果基因打靶的问题是它的不可预见性(维尔穆特永远说不出哪些胚胎已经成功整合了注入的基因,从而使所孕育出的动物可以产生出大量编码基因的蛋白),那么解决方案就是要找到一种培育胚胎的方法,使胚胎能容易并可靠地接纳添加的基因。

生成这样的胚胎的最稳定的方式是克隆胚胎。一旦有一个胚胎在其基因组的正确的位置包含有正确的基因,然后复制这样的胚胎,从而生成同样地经过了改造的动物,这是获得一批一模一样的动物的最直截了当的途径。而且这不是实际上八辈子都打不着的虚妄之谈。维尔穆特,像当时任何一位受过良好训练的发育生物学家那样,都熟悉他的同胞,约翰·格登早在20世纪60年代就做过的那个具有开创意义的克隆实验。

如果你浏览媒体上海量的关于干细胞的文章,从令人目不暇接的最新突破性报道,到诋毁科学家竟敢冒失愚弄大自然母亲的气势汹汹的政治谩骂,你可能会发现约翰·格登只是在很短的一段时间里被提到过,甚或就是没有。但如果搜索文献,则约翰·格登爵士(1995年,英国女王以其科学成就封其为爵士)1958年的一篇论文是干细胞领域里最为频繁地被引用的文献之一。因为真正克隆了世界上第一个动物的,就是格登。这是一只蛙,来自于一个发育完全的细胞。格登的实验为维尔穆特开创了先例。令他考虑用一个高龄细胞创造多利。格登还回答了发育生物学的一个关键问题:细胞是否仍然保持其胚胎期的能力,能发育成为机体的任何一种类型的细胞;还是在其发育过程中永久失去了或沉默了除了所选择的那一条途径之外的全部其他发育途径。(几十年后,格登录取了一个年轻的美国研究生,此人同样迷恋细胞的转化能力。格登鼓励他考虑再生生物学的力量,这个人就是道格拉斯·梅尔顿)

一个"特立独行的人",正如维尔穆特和他的同事布里茨(Brits)描述格登时说的那样,格登走了一段不合常规的通向实验室的旅程,不是循着通常的从早期的好奇和早熟到更为成熟的好奇的道路。相反,作为一所享有盛名的学校①里一个 15 岁的中学生,格登在理科上表现很差。他当时的老师不得不警告他和他的父母让格登远离科学领域。"格登想成为科学家,"这位老师在一份成绩报告单里写道,"这个想法很荒谬。他连简单的生物学知识都学不会,完全不可能从事科学。对于他本人和想教导他的人,这根本是浪费时间。"格登对老师明显的失望并不灰心丧气,他至今还把这份极具讽刺意义的成绩报告单放在自己的办公桌上,乐呵呵地读给任何问及他的科学起点的人听。他解释说,这并非科学不能引起他的兴趣,而是他学的是课本以外的知识。班里的同学都是死记硬背,而不去思考知识背后的原理。"这件事立刻就泯灭了我的科学生涯,那时我 15 岁。"他干巴巴地笑着说。

但年轻的格登并未被校长的警告吓倒,继续让自己沉浸在关于昆虫学的沉甸甸的书卷里,这是他为自己购买的,并且研读了书里的每一个字。但当他申请报考牛津大学(University of Oxford)时,一位发育生物学(而不是昆虫学)教授迈克尔·费希伯格(Michael

---

① 格登当时就读于英国伊顿公学(Eton College),这是全英国负有盛名的贵族中学。——译者注

Fischberg),对格登感兴趣,并给了他一个实验室的职位。

费希伯格研究的是蛙的胚胎。

在格登开始他的研究生学业前几年,宾夕法尼亚的两个美国研究人员开始以其创新的实验发展了早期发育的传统观念。他们在这些实验里分离出了生殖细胞的遗传物质。罗伯特·布里格斯和托马斯·金在费城的一家癌症研究所工作,把一个蛙细胞的细胞核移植到另一个已经被移去了自己的核的蛙的卵子里。这两个人报道说,出乎意料之外,所得到的胚胎竟然开始分裂——忠实地复制了推测是来自供体细胞的 DNA(因为卵子不再包含核),并把新的遗传物质带进了最初的两个,后来是更多的新细胞之中。无论从哪点看,都是被摘除了核的胚胎就像正常发育的胚胎一样在发育。

这是一个史无前例的移植实验。布里格斯和金转移到卵子里的细胞来自一个囊胚,即一个由几百个细胞组成的空心球,在受精几天后刚刚开始在蛙里发育。任何细胞,细胞核是其核心和灵魂。细胞核包含长达几英里的基因,扭成致密的双股条状染色体。细胞核还包含 DNA,赋予细胞以身份以及说明如何生存的指令集——到哪里去寻找最佳的培养条件,以及如何寻找合适的营养以利于生长发育。没有细胞核,细胞只是无用的细胞质混合物和无所事事的细胞器。

所有细胞在受精卵里平等地开始。一旦精子和卵子融合,首批由受精卵分裂生成的细胞,还保留同样的能力,可以发育出所有的组织,并最终生成一个完全发育的成体。这一特点称为多能性(pluripotent)。但随着细胞的成熟,它们逐渐失去了多能性,有的变成专能性(multipotent)的,有的变成单能性(unipotent)的(特异地发育成为某种类型的细胞,具备特定的功能,比如能传导电脉冲或生产胰岛素)。但这种逐渐的分化是如何发生的?走上发育成为心脏细胞之路的细胞,永远失去成为皮肤细胞的能力了吗?分化过程是永久性的和不可逆转的吗,或者说心脏细胞永远不可能成为皮肤细胞吗? 如果是这样,这种特化发生在哪一点上?

布里格斯和金认为他们找到了答案。虽然囊胚细胞能发育成有生命力的新的蛙胚胎,但一旦被移植到摘除了核的卵子里,这些细胞甚至一天也不能存活——这不是一个活胚胎,更不用说发育成蝌蚪了。据此,他们合理地得出结论:正是在囊胚形成后,发生了某种变化,扫除了极早期细胞独一无二的多能性。他们认定,是某种物质永远地改变了已分化的细胞,阻止它们发生逆转而再次成为多能细胞。

费希伯格对这一理论非常有兴趣,勉励格登承担起新的任务,重复这一研究,但使用不同种的蛙类。恰好,当时,他的实验室里有充足的非洲爪蟾可供实验。在适当的激素刺激下,非洲爪蟾有额外的优点,可以全年排卵,这就让格登有机会一代又一代地进行实验。而花豹蛙每年只排卵一次。

格登还年轻,而且有好奇心,或许还有点天真。他没有专注于被移植细胞的特性和回到胚胎状态的能力。他的注意力转向卵子。在心底里,他意识到,核移植关系到卵子对细胞再编程的能力和开辟出一块生物学"白板"的能力。毕竟,当精子使卵子受精时,卵子删除了精子的基因文档,予以重建,使之成为一份与卵子自身的遗传信息密不可分地融合为一体的遗传基因文档。这就实现了精子的终极身份转换。但这个过程有多大的普遍性呢? 布里格斯和金证明,这一过程并非只有对精子可以实现。但格登不打算接受如下观点:不论细胞成熟程度如何,这一过程对任何细胞都不能实现。他认为,只要有适当的条件,卵子可能有能力发挥其对任何特异细胞的转化能力。

"记住,重点是测试已分化的细胞有还是没有相同的基因,"他说,"在 20 世纪 50 年代,没有人知道答案。"为了找到答案,他系统地把越来越分化的细胞,从晚期的囊胚以及更进一步的、高度分化的原肠胚阶段(代表胚胎发育的下几个阶段)起,转移入受体卵中。他说,令他吃惊的是,"这一工作开始于大约一年后,而不到两年,我们就已经明白,转化得很好。"

在布里格斯和金认为发育较为成熟的供体细胞不可能进行核移植仅仅六年之后,格登在1958年2月号的《自然》杂志上发表了一篇专栏文章,描述了他的结果,对于他们断言只有早期胚胎细胞能够生成新的蛙类的说法给予了否定。格登报道称,移植远为老龄的细胞也能生成活的胚胎,"这些胚胎在不同的发育阶段,直到成为活的蝌蚪,似乎都显得正常"。

到1966年,格登已经把他的研究延伸到了当时移植过的最成熟的细胞——来自蝌蚪的肠细胞。这位曾经是被认为"笨拙无能"的理科学生获得了非凡的成功,培育出了几满桶的蝌蚪。在格登的手里,甚至完全分化的、已经特异地具有蛙肠内皮功能的细胞可以轻易地由卵子重编程。

"我的研究结果使我不能同意布里格斯和金的观点。但我当时还是一名研究生,而他们是早有建树的科学家,广受尊敬。很明显,我这个研究生很可能是弄错了。"格登怀着他特有的幽默自嘲说。

但是,格登初步显示出他正在成为一位仔细而周密的科学家。他整合了他的实验证据。他利用费希伯格确立的标记细胞核的新方法,证明供体肠细胞的核确实带来了新的蝌蚪。

影响是巨大的。这意味着,细胞成熟并不代表着基因的关闭或丧失,细胞仍然保留着它们的整套基因备份。有选择地沉默或激活需要的基因,就能表现出特定功能。所有细胞在理论上都可以返老还童,或者用生物学的术语,就是再次胚胎化。"我们的研究得到的主要的结论是:所有细胞都有一套完整的基因。"他说,"如果这是真的,那么原则上,你可以从任何体细胞得到胚胎或干细胞。如果基

从多利羊开始

因丢失了或者永远不能激活了,那你就做不到了,因为你永远不可能在提取成体细胞后让它们倒退到胚胎细胞——那是不能实现的。"

使细胞倒退,这是维尔穆特在将近 30 年后,琢磨改进基因打靶的效率这个难题时,所认定的有可能解决基因打靶的低效率这个难题的方法。但是,虽然对于两栖动物来说,细胞似乎有可能重编程,却没有证据表明在哺乳动物,如绵羊身上也同样可能。

虽然克隆这个词从来没有出现在格登描述他的研究的论文里,但他实际做的是培育了世界上第一个动物克隆体。当我问到他为什么从来不把他的实验称为克隆时,他真的是困惑不解。"我真的没有这样想,"他说,"我只是碰巧喜欢上了核移植,因为我的研究的本质就是核移植,所以我就用了这个词。"

虽然这体现了他的科学严谨性,全世界其余的人很快就抓住了格登实验隐含的意义。沃尔特·克朗凯特(Walter Cronkite)特意越过大西洋采访这位年轻的研究生,用那个 c 字开头的词①,问到了这个不可避免的问题:他认为要到什么时候,同样的克隆过程可以从蛙移用到哺乳动物,并且最终移用到人类?"不知道,但在 10 年至 100 年之间吧。"格登狡黠地回答。

结果是,维尔穆特花了 30 年考虑,企图在绵羊身上实现这一壮举。别人曾尝试用小鼠的细胞和胚胎,维尔穆特自己的一个研究生则试图克隆一头兔子,但他们都失败了。这就提示:这个过程不能在哺乳动物身上实现。

甚至是维尔穆特对仅仅是为了克隆而生成一群克隆绵羊并没

---

① 这里就是指"克隆",因为英语 clone 以 c 开头。——译者注

有兴趣。他所追求的是一大批细胞,它们要能在一个有盖的培养皿里良好生长,而一旦加入特异的基因,能可靠而稳定地增殖,产生可用于治病的有用蛋白质。"需要的是细胞,能在实验室里生长一大段时间的工作细胞。"他说,"生成转基因细胞有很多步骤,所以一旦置入基因并发现有了正确的改变,随后你必须让它们生长,它们必须是能生长一大段时间的工作细胞。"维尔穆特估计,用格登的技术,这些细胞随后可以被克隆,而且只在转眼间就可以!问题解决了。正如格登已经证明,既然细胞的发育之钟可以倒转,他们可以重编程成为全新的生命,那么为什么不让转基因的绵羊细胞长成全新的绵羊,从而能保证这些动物会生产出任何所需的蛋白质,而是依靠声名狼藉又把握不定的把基因注入胚胎的细胞核的做法呢?

维尔穆特追求的细胞是胚胎干细胞。虽然克隆或者核移植似乎都是一种能绕过传统基因工程的低效性的、合乎逻辑的,甚至是聪明的方式,真做起来还需要经历许多的"第一次"。没有人成功地在哺乳动物细胞中重复过格登的实验,所以没有理由相信有可能分离出绵羊胚胎干细胞,更别说修改基因,并使用核技术进行克隆了("直到今天,仍没有获得过来自绵羊的胚胎干细胞,"他强调说。并说到一个牧羊人早就知道的提醒:绵羊是出了名的柔弱动物,也许不是最理想的进行违背规则的发育研究的物种。绵羊细胞似乎尤其不好伺候,在培养皿里不易生长)。

维尔穆特并不因此而气馁。事实上,他坚信,把核移植和胚胎干细胞技术结合起来能提供一种远为有效的动物转基因方式。这一信念在1987年1月的一个晚上,在都柏林的一家酒吧里更得到了强化。那晚,一品脱的酒和他的团队的同事所散发出的那份温馨,令他十分惬意。

那年冬天,维尔穆特出席在爱尔兰召开的国际胚胎移植学会(International Embryo Transfer Society)的年会。在和与会的胚胎界同道举杯交欢并即席讨论中,他了解到全世界的实验室在工作上的进展。这经常是科学家聚会的最有价值的部分。那晚,他听说有一名得克萨斯的科学家多少是成功地克隆了一头母牛,原先是丹麦人的斯蒂恩·威拉德森(Steen Willadsen)从一个极早期的、只有几天大的母牛胚胎中取出囊胚细胞注入已摘除了核的卵子里,就像格登对蛙做的那样,并成功地得到了一个似乎能正常分裂和发育的胚胎——至少是存活了几天的。

这些消息仿佛是一道闪电,击中了维尔穆特。他认为,如果威拉德森成功克隆了囊胚期的细胞,就有可能对这些囊胚细胞进行基因改造,让它们携带一个特异的能制造蛋白质的人类基因,然后在培养液里仅仅选出那些表现出早熟趋势的细胞,以表达那个基因。这些细胞随后就可以利用核移植被克隆,就像威拉德森所做的那样。如此就可生成一个活的动物,保证可成为该种蛋白的高产出供应者。这就把侥幸创造特蕾西的方法转变成确定无疑的动物生物技术。这样的一个动物是一个真正的克隆体,而不是像特蕾西那样的嵌合体,因为特蕾西是父母的精子和卵子经过基因设计并经维尔穆特引入了 AAT 基因的产物。

原来,威拉德森取得成功的关键是干细胞。这种取自囊胚并具有多功能的干细胞,具有能成为成年动物的所有细胞的潜能,当移植入一个无核的母牛卵子里,这些细胞就可开始生成一头可能是新的小牛。

维尔穆特希望,不仅仅在他周边环境里极为丰富的物种——绵羊——身上,还能利用同样的细胞,并操控它们,使之携带特异的基因改变,从而生产出有用的药用蛋白。"我们最初希望这些细胞是胚胎干细胞,"他说,"这样我们就有了一个由私人和政府资金两方面赞助的大项目,以努力既从绵羊胚胎获得干细胞,又从这些细胞实现核移植。"

然而,在当时,胚胎干细胞科学几乎没有一片沃土,也没有科研人员的网络可用来培育和促进这一领域的发展。干细胞这一概念,事实上也是最近从缅因州巴尔港(Bar Harbar)的一所鼠类生物学家的实验室里发掘出来的。

1953 年,大约与格登开始他在牛津大学关于非洲爪蟾核移植的突破性研究的同一时间,有一位发育生物学家勒罗伊·史蒂文斯(Leroy Stevens),沿着缅因州的海岸抵达杰克逊实验室(Jackson Laboratory),接受一项他后来称之为"疯狂"的任务。他的实验室的领导收到来自一家大烟草公司的赞助,要调查香烟——或者,更具体地说是卷烟的纸——潜在的致癌性。公司管理层相信这可能是真正的致癌祸首。在让小鼠暴露于各种香烟成分包括烟丝之后,史蒂文斯偶然在通常使用的实验鼠 129 株的阴囊里发现了一个奇异迷人的肿瘤。科学家们已经知道这组雄性小鼠的肿瘤往往有自发倾向,但他们不知道为什么。而且他们也没有对此表现出多大关注。这些癌症比调查香烟致癌原因更多一层麻烦,因为肿瘤实质上污染了实验,研究人员被迫完全从头开始。大多数实验室的小鼠牺牲了。

但史蒂文斯看到他的实验对象中有几只小鼠的肿瘤体积很是庞大,这引起了他的好奇心。他因此做了尸检,并切开性腺组织,做成切片。他发现这是一个令人难以置信的、非常奇特的混合体,机体的各种组织和细胞类型都有一些:肌肉、骨骼、软骨、皮肤、牙齿、无处可通的管道、内脏,以及神经细胞都有踪迹可寻——堪称一家生物恐怖商店。"看起来似乎是取到了胚胎,还做了解剖,把它切碎又乱七八糟地重新放到一起。"盖尔·马丁说。他是一位来自加州大学旧金山分校的解剖学教授,史蒂文斯把解剖工作交给了他。史蒂文斯还发现,除了不同的组织类型乱七八糟地混在一起,肿瘤还包含若干未分化的小片干细胞区,这是细胞世界的白纸,开始时是一片空白,但通过分裂和生长过程,最终形成机体内所有不同的细胞类型。

在格登跟踪卵子及其逆转发育的能力的时候,史蒂文斯发掘了另一个富有前景的再生矿脉:肿瘤细胞。显然,肿瘤的各种组织混在一起,为研究这些干细胞如何把它们自己转化成已分化的组织;或者在癌症的情况下,在发育过程中,分子如何误入歧途提供了广阔的平台。当时,人们对发育过程知之甚少,难以跟踪一个细胞从未分化状态到分化状态的进程。

史蒂文斯做了一系列实验。他系统地把肿瘤组织切成薄片,然后把肿瘤细胞分门别类,注入小鼠体内。他设法从垃圾般的肿瘤组织里剥离出负责变成畸变的肿瘤组织的那些干细胞。他把这些细胞称为胚癌细胞(embryonal carcinoma cell,简称 EC cell,即 EC 细胞),因为它们有种植癌细胞的能力。

但是,这种生物可塑性是性腺细胞或者甚至是肿瘤细胞独有的特点吗?毕竟,癌症是一种疾病,癌细胞永远停留在"开"状态,分裂,增殖,再分裂,恣意妄为。并且,EC 细胞来源于睾丸里已经恶变的细胞。

史蒂文斯的研究提示:如果他所研究的肿瘤源自干细胞,是干细胞触发了一批不同组织生长失控,那么有可能类似的、处于发育早期阶段的未分化母细胞会在正常胚胎里生成所有各种组织。如果正常胚胎里存在未分化细胞,那么,分离这些细胞将证明这对于发育生物学家是有益的,给了他们一种现在可供研究的细胞,以理解卵子和精子的融合怎样创造出第一个细胞,并最终发育成一个完整的包含数百万个细胞的生物体。但至今还没有人能回答这样一个明显的问题:你能直接从胚胎中抽提出真正未分化的细胞吗?

干细胞的希望——干细胞如何改变我们的生活

英格兰剑桥大学的遗传学家马丁·埃文斯和旧金山的盖尔·马丁花费了将近 10 年时间,同时提供了答案。他们两人在各自的地域分别进行研究。埃文斯和马丁(后者最近在埃文斯的实验室完成了博士论文)成功地从一个 3 天到 5.5 天大的小鼠胚胎里提取了干细胞,并让它们在用营养素、细胞等物质经特殊调配的培养基上生长。

在马丁的例子里,成功是一种幸运。她日复一日,将小鼠与淡粉红色的囊胚配对,这些囊胚来源于受孕 76 小时的雌鼠(只要发现交配塞,就提示已成功受孕)。她用手术在几天大的囊胚里刮下包含干细胞的内细胞团,然后煞费苦心地用微量吸液器从这些内细胞团中抽提出干细胞,一滴一滴地吸取并放入培养皿。日复一日地,然而,她观察到细胞凋亡了。

最后,在沮丧之中,她想起了她当研究生时用过的一个巧妙的办法。在攻读学位时,马丁已经擅长研究另一个物种——鸡的肿瘤。这需要在实验室里用相当多的"哄骗"手段才能培养肿瘤。肿瘤细胞需要一个"分子啦啦队"阵容,来刺激细胞分裂和生长。"它们需要的是另一种类型的细胞来为它们提供一些因子,但我不知道这些因子是什么。"她说。最终,她发现鸡肿瘤只是需要一些这是它们的"家"的提示,以滋养细胞[①]的形式模仿它们的正常鸟类环境。经过辐照的小鼠结缔组织(诸如皮肤)里最常见的成纤维细胞就可以起到这个作用。小鼠细胞不能分裂,却能释放养分和其他生长因子,确保鸡细胞分裂。

"有一天,我想,嗯,我把(小鼠)干细胞扔进成纤维细胞里,看成纤维细胞是否能使干细胞生长。"马丁说,"瞧,只要我添加了成纤维细胞作为滋养细胞,我就能让一个个的干细胞生长,并连成一大片。

---

① 滋养细胞,也称饲养细胞,是一层经过射线或丝裂霉素 C 处理过的供其他细胞附着的细胞层。——译者注

如果我不加入滋养细胞,它们就凋亡了。"

马丁于 1981 年 12 月在《美国国家科学院院刊》(*Proceedings of the National Academy of Sciences*,简称 PNAS)上发表论文,描述了这些新的细胞系。为了区分她从小鼠胚胎干细胞培育出来的细胞和史蒂文斯及其他人早先从性腺的肿瘤细胞提取的胚癌细胞,马丁把她的细胞称为胚胎干细胞。这一术语属于杜撰,而这仍与从动物或者人分离出来的极早期干细胞有关。

埃文斯和马丁的论文很快引发了洪水般的新研究高潮,为干细胞研究奠定了基础。但是,这一领域与治愈人类疾病没有关系,至少在起始阶段是如此。因为有了无限量培育未分化的小鼠干细胞的能力,科学家的眼光更直接地投向回答胚胎发育问题。直到十多年后,由于干细胞作为新生的和健康的细胞源,具有可替代因疾病受到破坏的和有缺陷的细胞的潜力,其可能的优越性才得以显示出来。所以,虽然胚胎干细胞引发了一场生物学革命,但当时它们还是"吴下阿蒙",并不像现在那样为人所熟知。

"这是干细胞,有可能利用它们长成组织,但人们对于这一事实并无太大兴趣。"马丁说,"没有人真正研究它,人们感到兴奋的是这样一个事实:你能取出胚胎干细胞,把它们放回囊胚中,并生成正常的小鼠。有了这些细胞,就可能使这些细胞里的基因发生改变。这是一场改造小鼠的彻底革命,办法是改造胚胎干细胞,从中制造出携带这些改变的动物。这就是全部,也是终结。"

马丁和埃文斯的工作使研究者容易研究基因的功能,因为他们已可剔除细胞里特异的基因,培养出新的转基因动物,并观察他们的调控怎样改变了动物。尽管胚胎干细胞现在被视为用以治疗疾病的潜在健康细胞源,但这些基因剔除性改造有许多被设计得恰恰相反,实际上导致小鼠患病,以研究基因变化产生的影响。

在某种程度上,维尔穆特也遵循着同样的道路。这是一条最早期的生物学家从马丁和埃文斯的非凡壮举那里学来的道路。但他不是从胚胎干细胞里剔除基因或从改变了的基因组里培育新的动物,他要把基因添加到干细胞系里,培育出特蕾西那样的绵羊。这是谨慎而精确的基因工程,目的是生产某些蛋白质。

然而,罗斯林研究所里他的主管并不相信这能成功。美国的其他几个团队已经在用母牛从事同样的技术开发,他认为维尔穆特加入这场竞赛已经太晚了。

但是,就因为这样的想法对于下定了决心的胚胎学家太过于强有力,他反而不肯放弃。他承认自己有点天真和乐观,但他设法让持怀疑态度的领导相信,这一领域尚未充分成熟,任何加入其中的人都可能有成名的希望,可能为其所在的实验室带来幸运。

让绵羊胚胎干细胞离开其自然环境而能在培养皿里成长,这是个棘手的问题。环绕这个难题,维尔穆特耗费了一年时间才找到了解决办法。但经过几轮细胞分裂,这些细胞不可避免地朝不同的特异方向发育。维尔穆特的团队尽管努力,还是没能保持细胞处于胚胎状态。

这就是为什么维尔穆特和他的伙伴凯斯·坎贝尔(Keith Campbell)发现自己在重拾格登当年止步不前的问题,考虑来自成年动物的充分分化的细胞是否也能被改造。坎贝尔,一个长头发的自由思想家,先前就已开始其发育生物学的科学生涯,研究非洲爪蟾。他曾在也门学习,并在苏塞克斯(Sussex)抗击荷兰榆树病时弯进了病理学,但转了一大圈又回到原地。他松松垮垮、悠闲自得,但见地深刻,与维尔穆特的经常沉思默想、漫不经心和漫步于好奇之中的脾性很是相得。在罗斯林的一次欢迎午餐会上,维尔穆特被坎贝尔关于开展哺乳类动物核移植研究的创新想法打动,尽管其他专家的意见与此相反。

维尔穆特说,关键是坎贝尔提出了让供体与受体的细胞周期同步的想法。细胞分裂是一系列经过奇迹般地精心设计的过程,包含无数个步骤。每一个细胞的染色体在细胞核里从原来的如绳子般的紧紧缠绕状态解开,经过复制,然后在细胞中心的完美的位置上重编程,再缠紧,然后像一个盛液体的沙漏那样掐断,这样,细胞就分裂为两个。

坎贝尔猜测,也许核移植的成功依赖于供体细胞和受体卵的时相同步,这样两者都处于静息状态,直到它们在实验室的培养皿里结合在一起。就像一场完美协调的芭蕾舞,不会是主舞一个曲谱,而乐队是另外一个曲谱。对于卵子,理想的静息状态只在卵子离开卵巢之前,卵子在卵巢完成从不成熟的卵泡到充分发育的卵的过程。对供体细胞,这一阶段处于两次细胞分裂之间的休息期,这是坎贝尔通过让细胞饥饿,进入不活动期而获得的时段。他认为,调整两种细胞所处的发育阶段,应该能增加它们融合和同步开始分裂的机会,从而生成一个具备完美机能的胚胎。

维尔穆特和坎贝尔对这一新的方法既感到兴奋,又还是有点不确定是否立即就用成体细胞作为供体进行实验。他们决定先从头做起。对于供体细胞,他们选择在培养皿里刚生成的绵羊胚胎细胞。这些细胞离开未分化状态还不久。在这项研究中,刚已开始发育的细胞是完全可以接受的。结果是,两只威尔士山区的母羊梅根(Megan)和莫雷格(Morag)在 1995 年夏天出生。它们是维尔穆特和坎贝尔已创造的 244 个胚胎生成的仅有的两只羊羔。

现在可以确信,选择细胞周期的时机是对绵羊进行核移植的关键。他们说服 PPL 治疗公司投资下一个实验。这次实验要涉及对一个更为成熟的老龄细胞进行克隆,结果就是培育出了多利。到这时,公司以及维尔穆特和坎贝尔一样渴望检验这一从根本上优化核移植的新思想。这没有危害到 PPL 当时的主管艾伦·科尔曼(Alan Colman)在约翰·格登指导下完成他的博士学位论文。此人受过再生生物学理论方面的训练,对罗斯林团队的核移植实验有个人兴趣和好奇心。

隆冬时节,在罗斯林研究所的一个小房间的地上,维尔穆特的两个显微操纵器——这可要比他的双手稳定得多——进行着精细而乏味的从一个不大于针尖的卵子里摘除细胞核,并代之以来自另一个细胞的细胞核的手术。他们已一遍又一遍地做了,事实上是277 次。这个数目也就是该团队从一头已去世的芬多塞特(Finn Dorset)母羊所取的乳腺细胞的数目。那头羊 6 岁,其乳腺细胞被切除并冷冻起来用作羊泌乳研究的材料。

令维尔穆特的惊讶和难以置信的是,6 周以后,所得的 29 个胚胎,各个都被转移入了各代孕卵巢中,卵巢携带着直至临产,其中有一个最终发育成为多利,存活了。

"原来核移植比我们的预期更有生命力,"维尔穆特现在轻描淡写地说,"我们可以从成年动物体那里克隆。这肯定不是我们开始这一项目时既定的目标。如果当初我们提出这样的目标,我们就似乎是怪异和愚蠢的一群人了。"

但是科学的突破常常是从表面上看似荒谬的东西里显现出来的。在维尔穆特的团队紧张地盯着这些代孕体,度过了令人担心的153 天孕期后,克隆哺乳动物这件不可能的事情在 1996 年 7 月 5 日成为可能。

多利历经沧桑,活了 6 年,于 2003 年的情人节去世。维尔穆特说,正是他不得不做出了这个困难的决定——结束她的生命。她患上了严重的肺腺瘤病,这是一种病毒感染,导致肺部肿瘤。维尔穆特不能看着他的这个特殊照顾对象再受苦了。

但即使是死亡,这头作为先驱的母羊还是继续引起了争论。大多数羊能活 10 年以上,多利只活了 6 年。多利有多大?是萌发出她的那个乳腺细胞的岁数再加上她作为克隆动物活过的 6 年吗?她的细胞是否透露出,她不是一条生命,而是两条生命?尸检发现,她患有严重的关节炎,充分反映出她超重。维尔穆特说,这是她贪吃,对她从几十个粉丝那儿得来的吃食来者不拒的结果,而不是迅速老龄化的结果。但是,在分子水平上,她的细胞确实显示出典型的高龄征象,端粒,即她的染色体末端的 DNA 终端缩短了,就像高龄绵羊所发生的那样。但她没有死于高龄;因为她不幸感染上了一种病毒,在她生活的那个畜棚里生生不息的病毒。

在多利出生以来的几年里,一系列令人震惊的其他哺乳动物以相同的方式被克隆了。列在这一名单上的,包括鼠、猫、牛、猪、羊、马,还有狗。但还不确切清楚这些克隆动物是否真的存在,甚至为什么存在。"在某种程度上,我们仍然应该对核移植工作感到惊讶,而不是对该项工作的低效率感到失望。"维尔穆特这样说。

有关克隆过程如何一丝不差地再造一个活的胚胎,诸多基本问题仍然存在。其中有些问题可能对于核移植作为干细胞来源可用于治疗人类疾病这一思想有影响。研究人员记录了一种称为"巨胎综合征"的病。这种病在几乎所有克隆动物中都存在,例如,胎儿明显比一般设想的复制品要重,孕育出明显巨大的胎盘,因而引起代孕动物流产。克隆动物肺的发育也经常不正常,导致喘息并造成肺部疾病,由此导致早期死亡。

但这样的差异仅在核移植用于克隆新的动物时出现。从克隆胚胎里提取的干细胞会怎样?这才是维尔穆特和坎贝尔在他们开始实验时所追求的。不是彻头彻尾的动物克隆,而是某种也许在生物学上少一点雄心，但却是能长期存活、可靠丰富的多能细胞源，是他们可以操纵的用作转基因的多能细胞。

但即使是在这一细胞水平上，来自核移植胚胎的干细胞开始表露出它与来自体外受精胚胎的干细胞的明显区别：随着细胞日益分化，它们的全套遗传代码带有一种唯一的分子模式，那像是音乐家可能添加到乐谱上的手写符号，用以提醒某些乐章要演奏得更温柔些，或者多一些深度，以增加表现力并解释旋律。这一过程称为甲基化，就是附上了一个称为甲基基团的结构。甲基基团由一个碳原子和连接于碳原子上的几个氢原子组成，它接入碱基对，而碱基对是组成 DNA 的。甲基基团以一种特殊的、统一的遗传代码修饰标记细胞的基因组，允许基因组沿着确定的世系变得越来越特异化。就像音乐家那些手写的符记可以擦除一样，这样的甲基化模式不像突变那样会永远改变细胞的基因组，但能随着细胞分裂传递给子代细胞。

实际上，甲基化仅仅是这些所谓"表观遗传变异"——基因组本身不发生改变，只影响到基因表达，即激活——的一个例子。类似于皱纹和雀斑表现了人们一生的沧桑，表观遗传变异反映了细胞从胚胎起的旅程所受到的环境和其他因子遗留下的痕迹。这些变化可以影响 DNA 把自身装配成为染色质呈绳样结构，把基因封装在细胞内的方式以及端粒的长度。

重编程由移植完成后，应该把成体细胞的所有这样的表观遗传扫除干净，把它带回到原始的胚胎状态。然而，研究人员，诸如鲁道夫·耶尼施（Rudolph Jaenisch）——麻省理工学院（Massachusetts Institute of Technology）的生物学家，理解干细胞里分子差异的先驱人物——不相信重编程能忠实地擦除成体细胞积累的所有甲基化。事实上，他认定这就是为什么维尔穆特转移的其他 276 个胚胎没有走出开始的几步就死了的原因：胚胎干细胞未能重新铲除成年绵羊的各类细胞的每一个细胞所蓄积的所有表观遗传变异,以成为它们固有的自身。

但耶尼施也确信,如果不以生成一个全新的动物为目标,而是积累有用的人工培养的胚胎干细胞系,那么严格地铲除细胞的表观遗传变异是不必要的。为了培养一种干细胞系,克隆过程是否忠实地生成了所有这些细胞无关紧要。你所真正需要的一切是一套能充分长时间地保持在多能状态的细胞,然后诱导它们变成任何你想要研究的特异细胞类型——神经元细胞、肌细胞或心脏细胞。

即使他们只想从人类胚胎的干细胞生成尽可能多的不同类型的体细胞,耶尼施的假设是否正确,仍然是干细胞科学家们需要继续思考的一个重大问题。但他们说,即使没有答案,这些细胞仍然是一个丰富的信息来源,可以借以了解正常细胞如何成熟,以及这一过程在沾染疾病后发生了什么,这些都是以往所不了解的。

这些信息正是维尔穆特本人努力从事他的细胞转移研究时心底里所想了解的,即使这一潜力因为公众追求更富轰动效应的克隆激情而显得失色。"虽然在宣布多利诞生的那个时候,我们低估了这件事,但我们已经想到,通过克隆而获得人类胚胎干细胞可以是研究疾病的新方法。"维尔穆特告诉我。但那是一个很难传达的消息,当时所有普通百姓和立法会议员都很少看到多利的出生包含着克隆的危险性。多利不仅是科学创造魅力和惊喜的目标,也是政治和道德不安的漩涡。

第 3 章

政治挤了进来

多利的诞生引发了疯狂的讨论——在餐桌上,在咖啡馆里,在大学里,以及在议会里。人们不可避免地问及,下一步会是什么。在媒体最初注意了一阵子之后,多利自己倒是几乎不热门了,真正令人们飞快思索的,是史无前例的多利羊人类版。克隆家畜是一件事,克隆人类婴儿却完全是另一回事。克林顿总统迅速给国家生物伦理顾问委员会(National Bioethics Advisory Commission)打电话。该委员会正忙于讨论保护人类受试者参与试验和研究适当使用遗传信息的问题,以考虑人类克隆的影响。克林顿给委员会90天时间让他们提出意见。同时克林顿回应公众的不安,强制暂停联邦政府资助所有这样的研究,并要求私人资金自觉拥护同样的禁令,停止资助这类实验。

1997 年 2 月 26 日星期三,《自然》杂志发表公告,宣布多利诞生。美国国家卫生研究院(National Institutes of Health,简称 NIH)院长哈罗德·瓦尔姆斯(Harold Varmus)获悉他要出席国会预算拨款听证会,以确定研究院的年度预算。对于这位受人欢迎的院长来说,这机会再好不过了,他可以针对遍布各地的广播和纸质媒体的嗡嗡之声,介绍维尔穆特非凡的成就。瓦尔姆斯意识到这是一个机会,可借以把公众

政治挤了进来

关于克隆的话题推向生物复制的前景以外的课题,引向前景更为远大的课题——干细胞。瓦尔姆斯不会错过这个机会。

被推荐出来的代表都想要知道维尔穆特的壮举有多大神通,多久之后他的技术可以用来克隆人。

多利显然让国会感到紧张。克隆科学似乎迫切需要某种类型的指导和监管;医学研究使用人体做试验以及 DNA 技术的出现,使人类可以操纵和重塑 DNA,导致生成前所未见的组合,这同样也应纳入指导和监管。但如何指导和监管? 政府作为公众的代表机构,怎样设定使用这一强大而且空前的技术的标准和界限,明确什么样的做法可以接受或不可以接受? 如何监管创造克隆人? 政府是否应该资助这样的研究? 更重要的一点,政府是否因为这门科学太过危险,太过不可靠,太过伤害我们根深蒂固的人类尊严的观点、人类的自主权和人类生命的圣洁而代表公众的观点完全禁止它。

作为国家卫生研究院院长,瓦尔姆斯负责分配超过 120 亿美元的资金用于基础生物医学研究。这是美国在这类实验里最大的投资。这笔资金搁在瓦尔姆斯那里,由他指导国家卫生研究院,从而也引导政府,穿过环绕着克隆的前景和潜力必定会有的种种迷惑和推测。生物学家对此感到紧张,越来越多的公众也对维尔穆特已做的工作指责不断。但他们都确信,如果有哪位科学家能在国会捍卫干细胞研究,那一定是瓦尔姆斯。在 1993 年得到任命时,这位顾长又结实的遗传学家广受欢迎,赢得尊重,因为他同他们一样,曾有一长段时间待在实验室,对于基础科学有充分的理解。他虽然已是 57 岁,但身体依然健康,保留着他中学时代作为运动员的体魄,每天戴上赛车头盔,骑 12 英里自行车在马里兰州贝塞斯达(Bethesda)上下班,并因此声名远播。

像任何冒险家向着一个未知的地域出发一样,瓦尔姆斯在那个听证会上发现自己正在勾勒一幅描述真正勇敢的生物学新世界的粗略地图,多利的诞生已经使这一新世界成为可能。在长时间的(听讲记录长达几页)、富有激情的演讲中,他解释说,克隆只是这场冒险的第一步。这场冒险的路径有两条,但殊途同归,同样令人兴奋。最为明显的是,复制整个哺乳动物的能力将成为一个强大的工具,可应用于许多领域,不仅仅是农业。毕竟,维尔穆特的努力起始于 PPL 治疗公司希望发现一种把羊奶转变成医疗资源的方法。维尔穆特的办法是创造出经过基因设计的母羊,让它们产出的奶成为几乎已是成品的药物。植物生物学家克隆物种几十年,培育出能更耐干旱、抗感染和抗各种严重病虫害的杂交作物,核移植技术却是由布里格斯和金首先偶然发现,经过格登在两栖动物身上改进,现在又由维尔穆特带到哺乳动物身上,使这样的特性优化过程在哺乳动物身上得以实现。核移植不依赖于粗糙、不可预测的从基因组插入和删除基因的方法,现在已能培育出最佳的肉用牛和蛋白质含量最丰富、产奶量最高的奶牛,而且质量和产量都更有保证。

但是第二条诱人的路线甚至超过整体动物克隆。瓦尔姆斯开始只能在听证会上向国会议员做概括性介绍。在他看来,这更能激发起议员们的兴趣。这条路线的远景是有希望实现一种诱人的新的生物学可能性,它不仅与农业有关,而且与人类细胞有关。虽然在当时,这种可能性似乎更像是空中楼阁,而不是现实。如果一个完全成熟的乳腺细胞可以被送回到胚胎状态,最终表现为逆向发育,那么突然间,重编程就开始有了全新的意义。我们一直思考着如何解决人类疾病的问题,现在思考这一问题的整个基础就可能会被完全重建,带来意义深刻的变化。治疗不再必须针对症状或者仅仅是扫除慢性病如糖尿病、帕金森病或癌症的后果。如果细胞可以重编程,那么它们也可以重新生成。最重要的是,重新生成健康、功能完好的细胞来取代患病的和有缺陷的细胞。

这就是瓦尔姆斯在听证会上作证的重点。对于临床的影响,当

政治挤了进来

时听证会上另一位在场者把它称之为"治疗性克隆"。治疗性克隆不涉及将核移植技术用于生殖的目的,而单纯是用所生成的胚胎培育和提取胚胎干细胞。瓦尔姆斯正确地感觉到,在当时所处的早期阶段,至关重要的是让公众区分克隆的这两种应用。那是他可以看得见的唯一可以跳出伦理和政治漩涡的途径,展现克隆真正的美好前景,否则就不可避免地会毁灭对维尔穆特成就的讨论。

他的信念来自经验。他早就目睹过政治如何干预科学,他可能比当时这一领域的研究者更懂得任何涉及胚胎的研究是多么的脆弱,易受攻击,会陷于无休止的辩论并最终流产。自从罗伊诉威德案①(Roe v.Wade)在 1973 年宣判以来,联邦政府资助胎儿组织或人类胚胎的研究就被立法机构绑架,陷于僵局。自由主义者支持允许用纳税人的钱来支持对胎儿组织和人类胚胎的研究,认为这种研究能提高我们对疾病的理解并有利于生殖科学;而保守派议员不知疲倦地构筑反对立法的基础,说最高法院的决定是反常的,总有一天会被推翻。

事实上,他抵达国家卫生研究院不到几个星期,克林顿总统就撤销了禁止使用联邦基金移植人类胎儿组织的禁令。里根总统在 1988 年已暂停执行这项禁令,但到乔治·布什(George H.W.Bush)②总统时又恢复执行,这就有效地禁止了任何实质性的关于胎儿细胞或胚胎治疗疾病的研究,因为这些组织的主要来源是堕胎。

克林顿把他的决定写入法律,作为《国家卫生研究院振兴法案》(National Inctitute of Health Revitalization Act)的一部分。于是,国家卫生研究院现在又可以自由资助胎儿和人类胚胎研究。所以瓦尔姆斯作为院长的首要任务之一就是成立一个小组③,对国家卫生研

---

① 罗伊诉威德案的宣判被视为过去 100 年里美国历史上最重要的两个判决之一,最终促使美国联邦法院赋予妇女堕胎权。——译者注
② 除特别指出,本书中提到的布什为小布什,此处为老布什。——译者注
③ 该小组取名为"人类胚胎研究小组",见下文。——译者注

究院以最好的方式为人类胚胎研究分配纳税人的资金提出建议,确保研究以合法、安全和道德上可以接受的方式进行。尽管国家卫生研究院的成员无法预期在接下来的 5 年里干细胞研究的非凡突破会纷至沓来,但小组的决定会在这一新兴领域的监管和立法方面留下持久和意义深远的足迹。小组的结论最终会成为干细胞研究方面核心的伦理指导方针。各种研究机构,诸如美国国家科学院(National Academy of Sciences)等专业干细胞研究单位,甚至私人生物技术公司,在建立他们自己在这一领域进行研究的原则时,将考虑这些指导方针。但克林顿当局收到的小组最终报告,令人非常失望。该报告预警:只要涉及胚胎,从政治的华而不实的辞令中窥探科学的前景是多么困难。这是瓦尔姆斯通过非常私人的并且是强有力的途径得来的一个教训,当时正是他向白宫递交小组建议的那一天,他作为科学家的信念和正直受到了终极考验。

　　1994 年 2 月正是华盛顿典型的寒冬季节,一行 19 位经过专门选择的人员踏上了通向马里兰州贝塞斯达普克山路(Pooks Hill Road)上的万豪酒店的行程。旅馆的环境远非理想——一家标准的郊区旅馆的一个标准宴会厅兼会场,但那近 20 位专家到这里来要做的事情却远非一般。在这个天寒地冻的日子到达这里的这个紧凑的小组,包括少数几名医生、几名伦理学家、两名律师、几名政治学家和几名病人粉丝。他们每一个人马上都知道,这个小组大非一般。媒体记者蜂拥,国家卫生研究院官员云集,政府人员毕至,还有其他感兴趣的百姓在欢迎他们。消息泄漏了。他们的到来意味着这场讨论和不可避免的口水战将会载入史册,并会遭遇传媒报道以及立法会和白宫的审议。小组注意的远非科学研究的拨款标准问题,而是涉及胚胎的问题,两者之间有天壤之别。

政治挤了进来

小组的每个成员都由哈罗德·瓦尔姆斯挑选,以面对他作为国家卫生研究院院长任期内的第一场大挑战。在第一次会议上,瓦尔姆斯告诉他们,他要回答一系列重要的"如果……会如何"的问题。

此时,第一个试管婴儿露易丝·布朗(Louise Brown)正值十几岁的豆蔻之年,她是英国科学家把她父亲的精子和母亲的卵子置于培养皿里,结合起来而诞生的。这一体外受精的过程创生了她,也使美国萌生出一种数十亿美元的产业,以及超过 350 个体外受精诊所。跟随着布朗的试管婴儿的足迹,成千上万的婴儿得以诞生。现在,在子宫外创造胚胎已成为常规做法。科学家并没有闭着眼睛不看事实,即除了已受欢迎的解决不育问题之外,这些胚胎还提供了一个潜在的、强有力的关于人类发育的新的信息来源,并且这一认识延伸到了仅仅改进基本生育过程以外。

使试管婴儿成为可能,这是对植入女性子宫前的胚胎进行研究的成果,但胚胎研究直到现在还是完全不可能做的。瓦尔姆斯希望他的这个一流水平的小组考虑,并向他介绍,用这些在子宫以外生成的人类胚胎可以做什么。

例如,如果卵子能被激活,就像它们一直处于动物体内那种情况,能分裂并成为未经初次受精的胚胎,会如何? 如果在未来某一天,通过某种克隆过程创造胚胎成为可能,一个人类成体细胞被植入某个经过特殊操控的卵子,能生成原供体的一个活的基因复制品,会如何? 还有,如果为了进一步了解人类发育,或甚至是为了理解疾病过程,比如糖尿病,科学家希望从糖尿病女病人提供的卵子和患同样疾病的男子提供的精子中培育出一个胚胎,但并非想要创生出一个胚胎婴儿,而是跟踪着这个胚胎从初期起的发育,从而提供一条研究糖尿病的途径,会如何? 如果所有这些情景都是可能的,那又会如何?

现在,既然国家卫生研究院已获准资助胚胎研究,瓦尔姆斯想知道,政府作为国家这笔最大的研究资金的把关人,应该如何调控资金投入。还有,美国公众纳了税,用于这些研究,就是研究的投资人,他们如何感受这些实验的研究方向——文化、伦理,还是道德?对人类生命的基础材料做这样的操作是可以接受的吗?这些实验仅仅是科学进步的不可避免的延伸吗?体外受精技术的演进远远超出了解决不孕问题的范围吗?或者,社会应该画出一条鲜明的道德底线,令科学家不敢触及吗?

这些都是瓦尔姆斯要求小组成员思考的沉重问题,他不期望有简单的答案。小组在举行会议这一事实,本身就是一个胜利。堕胎问题长长的阴影是一个政治的现实。这是围坐在会议桌前的 19 位专家在未来的几个月里会痛苦地回忆起的问题。这是他们不能回避的现实。这与 4 年以后,当第一批干细胞从胚胎里分离出来时所面对的现实并无二致。甚至在体外受精或克隆或干细胞进入医学语汇之前,关于堕胎的政治辩论已经界定了人类胚胎研究科学。

随着露易丝·布朗在 1978 年诞生,体外受精这一新技术的巨大意义已清清楚楚。国会迅速召集联邦伦理顾问理事会(Ethics Advisory Board,简称 EAB)解决关于故意在实验室里匹配卵子和精子这一令人不安的问题。委员会的工作是考虑美国政府是否应该资助体外受精这一研究领域。如果可以资助,那么什么类型的研究将是可以接受的?似乎,面对已经离开试管,并不可避免地需要辅助生育技术的婴儿来说,辅助生育技术是一个可以活命的医学平台。国家卫生研究院需要知道美国人愿意花多少钱作为研究资金,公众愿意支持多少项关于生命最初期形式的研究,哪些类型的研究是可以接受的,还要多久科学家可以创建和操控胚胎。

然而,到 1994 年,联邦政府还是没有真正面对这些伦理问题,或制定政策来指导胚胎组织研究。1974 年以来,联邦卫生官员就没有理会这个议题,后来事实上强制暂停了体外受精研究,等待联邦伦理顾问理事会的处理意见。虽然决策者选择放任不管,成千上万的不育夫妇却等不及。绝望的夫妇把钱投向这个新兴的产业,一个完整的治疗周期通常要花 8000 美元到 2 万美元,而在全国范围内,其中只有 15%①左右的夫妇带着一个婴儿回家。结果是,即使没有政府监管和财政支持,体外受精在各私人机构、实验室和诊所遍地开花,所依靠的是患者和看好这一有勃勃生机的新兴市场的投资者。

十多年后,关于使用人类胚胎做研究的政治争论仍然悬而未决,这就迫使干细胞科学沿着一条类似的路径发展,脱离政府的视野,由私人机构出于商业利益不受监管地加以推动。这在当时还不明显,但是当科学家从人类胚胎分离出第一批干细胞后,历史令人沮丧地重复,同样的关于胚胎的激烈政治争论再度出现。至少在联邦一级,循先例,政府与人类发育最初期阶段的研究保持疏远。

这事始于 1979 年 5 月的讨论之后几个月,伦理顾问理事会带着一份报告回来的那个时候。当时,伦理顾问理事会最终支持范围广泛的人类胚胎研究,包括为研究而创造纯粹的胚胎,即创造胚胎的目的不是要把胚胎植入女性子宫使其怀孕。还有一个条件:在授予任何联邦基金之前,除了当地的审查以外,每一个实验将必须经过伦理顾问理事会审核和批准。而当地学术机构通常要求进行实验须得到他们批准。这一评估过程包括彻底审查研究的严谨性,并确保充分告知受试者,让他们了解参与实验的风险和利益。

伦理顾问理事会的审查虽然既合理又负责任,但还是引起了政治上的争议。报告一公开就引起了喧哗。由约瑟夫·小卡里法诺(Joseph Califano Jr.)领导的美国卫生和公众服务部(Department of

---

① 目前体外受精的成功率约为 30%。——译者注

Health and Human Services,简称 DHHS)收到将近 13000 封信件,严厉批评伦理顾问理事会考虑把纳税人的钱花费于体外受精研究,指责这类研究违背伦理,违背尊重人类生命神圣的宗教大原则。这些信件明确表示:体外受精研究,虽然至少已取得政府支持,仍然面临着一场艰苦卓绝的斗争,要与持极端保守态度的公众较量。

小卡里法诺经受不住众多激烈的反对,决定搁下这份报告。他争取继续在内阁工作[他已经因为反对吸烟和支持废止种族隔离的激进立场,得罪过吉米·卡特(Jimmy Carter)总统的一些最强有力的支持者]。当卡特总统在秋季改组政府以应对不屈不挠的改组运动时,他成为一场令人震惊的内阁清洗的牺牲品。该报告公布后 2 个月,小卡里法诺被解雇,离开了他的职位。当伦理顾问理事会的许可证在年底到期时,许可证没有得到续期。理事会没有了继续活动的资金,于是,该理事会仅仅活动了很短的一段时间,于 1980 年宣告解散。

所有这一切导致了事实上又一次中止了国家卫生研究院的联邦资金资助和相关的体外受精胚胎研究。没有了伦理顾问理事会的批准,就没有研究项目可能获得批准;没有了伦理顾问理事会,甚至也没有了研究的审查过程。1980 年 11 月,当卡特被罗纳德·里根(Ronald Reagan)击败之后,里根强烈反对堕胎,反对进一步研究胎儿的组织,并且连带地,人体胚胎研究也被搁置。到 1988 年,里根确认他反对使用任何来自堕胎儿的组织供作研究之用,正式强制中止了这一领域的联邦政府拨款。

于是,关于发育的最初阶段的最尖端研究就淡出了公众的视野,滑入了私人机构的手中,诸如体外受精诊所。这当然是出于商业利益和经济动机的驱动,而不是对科学的追求。"我始终认为这是美国医学的一个真正缺点。"瓦尔姆斯在一次早餐时告诉我。当时是秋天,我们俩在斯隆-凯特琳癌症纪念中心(Memorial Sloan-Kettering Cancer Center)附近。他在那里一直服务到 2010 年,在他在国家卫生研究院的任期内和回到贝塞斯达领导国家癌症研究所（National Cancer Institute）之间的这段时间里担任纪念中心的总裁。他告诉我："多年来，国家卫生研究院无法支持体外受精的任何工作。我们做得不好，不如布里茨在这一无可争议的重要的领域里做得那么好。"

几十年后，当对于胚胎研究采取同样的政治沉默时，历史再次重演。美国发现自己把球传给了其他国家，包括英国。当时英国已制定了始终如一的、清晰的干细胞研究政策。尽管分离第一批人胚胎干细胞取得突破是在大学的实验室，但资金却是受助于一家名为杰隆的私人生物技术公司和慈善捐赠。

★　　　　★　　　　★

1993 年，随着比尔·克林顿（Bill Clinton）当选并入主白宫，无论是瓦尔姆斯还是他在贝塞斯达的万豪酒店里召集的那个小组的成员，都没有预料到这一幸运的情景。随着政府改组，政治风向再次转变，这一次转变有利于科学，令医学研究界包括瓦尔姆斯都感到乐观。甚至拨款法案的名称都是一个令人鼓舞的迹象，强调基金的流向应是振兴旨在科学创新的机构。法律给了科学家新的理由以推开以往对研究领域的限制，这些领域包括艾滋病病毒、生殖健康、胚胎和胎儿组织领域。对胚胎和干细胞研究而言，最重要的是，作为国会法案的一部分，取消了伦理顾问理事会的要求，从而解禁了人类胚胎研究，并给国家卫生研究院重新开始资助这些研究开了绿灯。

这就是为什么瓦尔姆斯需要他的小组。他需要某种类型的监管地图，指导伦理上有争议的、关于人类发育最初阶段的实验。

2 月的早晨，他指示小组成员考虑所有各种不同形式的胚胎研究——体外受精、无精胚胎形成以及类似的研究，并就三种类别的实验向他提出建议，即国家卫生研究院应该资助的人类胚胎研究；有关机构不支持的研究；以及小组认为值得考虑，但在国家卫生研究院予以资助前还需要授权另一个机构进一步审查的研究。

　　该小组的成员没有被要求考虑干细胞研究本身,但是很快,他们的讨论扩大到包括干细胞的潜力的问题。人类胚胎研究小组(Human Embryo Research Panel,简称 HERP)本来不打算考虑干细胞问题,但最终成为首批认真考虑干细胞研究带来的伦理和监管挑战的小组之一。并且该小组终于为干细胞研究奠定了基础,让未来的机构,无论是公立的还是私人的,都依此获得指导。

　　在小组接下来的 4 个月的讨论中,大多数的成员,特别是其中的非科学家,第一次听到关于干细胞的议论。威斯康星州的法律教授 R.阿尔塔·沙罗(R. Alta Charo)就是如此。她从未见过瓦尔姆斯,但知道他具有科学学历,并渴望开始为人类胚胎研究制定政策。她认为这项工作具有开创性的意义。

　　沙罗长着一头短短的黑色卷发,是一个土生土长的纽约人。她说话很快,思维更快。她在主流的法学和政策专家圈里很受尊敬,后来成为新当选的奥巴马政府制定自己的干细胞政策的第一批顾问,并成为詹姆斯·汤姆森在 1998 年所寻求的第一批法律和伦理学者,以讨论从人类胚胎分离第一批胚胎干细胞的突破所造成的社会影响。

　　但在 1994 年,沙罗尚未涉足这个世界。她来到这个小组,因为她带有有关女性生殖健康方面的强大背景。她在国会技术评估办公室(Congressional Office of Technology Assessment)专注于生殖技术对家庭的影响的法律问题,例如代孕母亲、体外受精的配子供给。任职于该办公室后,她认为她要在生殖医学的背景下从根本上考虑胚胎研究。

　　作为一名律师,沙罗对于从新技术引发的复杂法律关系,以及这些法律关系对家庭和家庭关系的法定权利、家庭概念带来的影响深感兴趣。一旦女性捐赠了卵子,男性捐赠了精子,他们对于所产生的胚胎的命运有多少法定权利?这样的法定权利应该延伸多远?不仅在美国,而且在世界各地,都存在着围绕制定避孕和堕胎政策的争论。作为一名参与争论的律师,她通过女权运动发展的镜头,观察着新兴的胚胎研究。

然而,令她高兴的是,胚胎研究的潜力将远远超出生殖和妇女权利的问题,这已经变得很明显了。"就是在那里,我第一次听说了关于胚胎干细胞研究的前景。"她在一次经过深思熟虑的、但惯常的快节奏谈话里说。尽管小组要优先通过改善不孕症治疗或者研制避孕药物的视角考虑胚胎研究,但在他们每月一次的会议和跟进电子邮件的过程中,日益明显的是,胚胎研究仅仅是一座通向一个崭新的世界的门,关于干细胞的话题才刚刚渗入这世界。在对小鼠所做的研究中,干细胞的潜力已经令一些科学家有了新的途径,可借以思考治疗几乎所有人类疾病,从神经系统疾病如帕金森病,直到最常见的慢性心脏疾病的问题。这些专家之中有一位①与沙罗和人类胚胎研究小组成员同坐在一张桌子旁。

布里吉特·霍根(Brigid Hogan),当时是范德比尔特大学(Vanderbilt University)的鼠类胚胎学家,她被马丁·埃文斯和盖尔·马丁从小鼠胚胎里提取出胚胎干细胞的里程碑式的成就永远地改变了。这时,威斯康星大学的詹姆斯·汤姆森也在灵长类动物身上做着同样的实验,并实现他的突破刚一年。他还在几年后用人类细胞取得了类似的成功。但像霍根那样的科学家相信,这些里程碑式的成果不仅是不可避免的,而且在不远的未来还会出现。

霍根像瓦尔姆斯一样,着迷于这些发育的最早期代表的潜力。作为小组的共同主席,她不免以她的兴奋之情感染她的同事们,并

---

① 就是下文的布里吉特·霍根(Brigid Hogan)。——译者注

保证他们不仅可以着眼于胚胎研究内在的生殖潜能,而且有所超越,至少在理论上包括她所见到的真正价值:实际上能影响所有人类疾病,从心力衰竭到糖尿病,再到帕金森病,甚至癌症。

霍根有理由支持自己高度的乐观。她如此沉迷于小鼠胚胎,以致她在钱包里放了一张照片("情绪低落时看看。"她说),她利用小鼠胚胎干细胞发现胚胎早期发育阶段的关键驱动力。她知道,类似的技术用于理解人类发育问题已只是时间问题了。

霍根经常动笔,或者,更准确地说,是在展板上做标记。她常用图示法向小组成员解释胚胎干细胞的发生:干细胞如何在几天大的囊胚里生发出来,以及至少在理论上,如果有人设法把它们从人类胚胎分离出来,它们如何可以在培养皿中加以适当的生长因子、酶和其他化学物质进行培养,让它们开始分裂并发育成为神经、胰腺、肝脏或肌细胞。她还介绍了核移植,即在仅仅 2 年后,随着多利羊的诞生,被称之为克隆的技术的激动人心的可能性。在小组用整个冬天和 1994 年的春天进行讨论时,核移植技术还仅仅在蛙身上实施,但是霍根以她愉快的、英国式的飞快语速告诉她的同事,没有任何理由说不可能有朝一日在哺乳动物身上,在非人类灵长类动物身上,以至最终在人类身上做同样的事情。其目的,她强调说,至少从科学的角度来看,不会是克隆人类本身,而是提供干细胞源,可能是从只有几天大的囊胚里提取。如果干细胞来自一个病人,那么这些细胞就可以用作研究,查明这个病人的细胞里缺了什么。比如导致糖尿病的胰腺细胞[①],或者是导致帕金森病的大脑神经元[②]。一旦查明缺陷,就可以用这些细胞的健康版来修理或更换,以治愈这种病。

---

① 应该是胰腺里的 β 细胞。——译者注
② 帕金森病,又名震颤麻痹,是最常见的神经退行性疾病之一。黑质神经元减少大于或等于 50%时产生帕金森病的临床表现。——译者注

政治挤了进来

"我没有深思熟虑的计划,"在我问及会议期间这种即兴的生物学讲课的缘起时,霍根告诉我,"仅仅是因为小组里有许多人需要了解基本的科学,不仅是干细胞的科学,而且是整个胚胎发育过程的科学和像克隆这样的科学。讲课是自然而然发起的。"

对沙罗来说,这些讲座真是开了眼界。她不是科学家,主要从法定权利、所有权和监控方面的挑战的角度考虑生殖技术,这些带标记的图示使她第一次瞥见胚胎研究的广阔天地以及胚胎,特别是通过干细胞,可以支持的研究范围。人类胚胎研究有多大的价值已立时可见,不仅仅是改进生殖科学。

"所有(我所听见的)介绍都是依据小鼠模型。"她说的是当时的科学所处的状态,显示出她很快就发现了研究的限制,"尽管小鼠胚胎在这一研究中很有价值,但它们在形态学上与人类大不相同,所以,从小鼠模型肯定不可能了解到你想了解的东西。"

然而,从鼠到人,已证明确实是尚有问题,这还不仅仅是在科学层面上,而且在社会和政治层面上也有问题。"我们正在努力评估这项研究的现状,以及开展人类胚胎研究有多重要。"她说,"因为我们理解这样的研究存在高度争议,因为它显然与关于堕胎的辩论捆绑在一起。"

托马斯·穆雷(Thomas Murray)当时是凯斯西储大学(Case Western Reserve University)的生命伦理学家。他还记得胚胎研究这一课题是多么敏感,公众是多么紧张,其中有许多人反对堕胎,他们出席会议,并观察着每一次争论。当时,全国各地有几家堕胎诊所发生爆炸事件,执行服务的医生成为暴力袭击的目标。人类胚胎研究小组成员也不能幸免:沙罗收到死亡威胁,国家卫生研究院开会要布置警卫以防暴发抗议。穆雷敏锐地意识到,对一些人来说,问题已经高度情绪化。他承认自己有点多疑。在那年春天的一次会议上,他注意到有一个衣着略显凌乱的中年男子坐在前排后的听众席上，接近小组成员坐的会议桌。那人神情紧张地在他带来的一个塑料袋里掏来掏去。他脑海里立即跳出一个紧张的结论："我想，……'那袋里有什么东西？'我们没有金属探测器，任何人都可以走进来，只要不被看见，任何东西都可以带进来。我想，'如果他袋子里有枪怎么办？我们将如何应对？'"结果，那人并非坏蛋，是来提供证词的。但经验让穆雷不得不警觉，会议处于险境之中。

在小组成员继续一次又一次地划出界限，区分哪几类研究可被接受或不被接受使用联邦基金，而哪几类在可接受和不可接受两者之间时，明显地，他们需要一个指针和某个道德轴心，环绕着这个轴心，他们才可以确定科学家们提出的关于胚胎的各种建议可行或不可行。显然，这个轴心是胚胎的道德地位。如果胚胎被认为是等价于一个活生生的人，那就应赋予它某些权利和尊严，尽管它无法自己主张这些权利和尊严，这将使所有胚胎研究不可接受。但是，如果像大多数小组成员所认为的那样，道德地位是动态的而不是固定不变的，权利和地位是分层次的，与生物发育的演进相对应，那么就需要小组经过论证确立一个分等级的体系，胚胎得沿着这个等级体系提升其道德地位。

但是，随着讨论继续，沙罗发现，小组企图划定这样的界线，其荒唐恰类似于爱丽丝想弄懂她的仙境①。什么特性可以界定一团细胞获得足够的"人格"的准确瞬间，从而使其权利和状态得到提升？

---

① 《爱丽丝梦游仙境》是由英国作家查尔斯·路德维希·道奇森（Charles Lutwidge Dodgson）以笔名刘易斯·卡罗（Lewis Carroll）出版的儿童文学作品。故事的主角爱丽丝，从兔子洞掉进一个充满奇珍异兽的梦幻世界，遇到各种懂得说话的动物。自 1865 年出版以来，一直深受不同年龄的读者爱戴，相信是由于作者巧妙地运用不合逻辑的跳跃方式去铺排故事。《爱丽丝梦游仙境》是一个典型"荒唐文学"的例子。——译者注

是在受精 14 天左右的原条①形成时吗？原条形成确定了人类组织的三个基本的胚层，但这就是"人格"的生物学标志吗？早此十年前，英国就有一个小组争论过类似的棘手问题，并已有了定论，认定科学家只有研究受精后 14 天以内的胚胎才是可接受的。

这个研究小组由牛津大学的哲学家玛丽·沃诺克（Mary Warnock）女爵士领导，成员大多数为医师、律师和科学家，还包括少数伦理学家和神学家。该小组不受理为判定哪类研究可以接受设定道德标准的棘手任务，而采取更为实用的方法，即依靠客观的生物学标准，包括原条，来指导制定标准。在英国，已证明这一标准是有效的，有助于建立明确的胚胎研究政策。而该政策是由 1990 年的《人类受精与胚胎学法案》（Human Fertilisation and Embryology Act）激起的，后来也被用于干细胞研究。

沃诺克的报告及其建议当然是人类胚胎研究小组堆积如山的待审查材料的一部分。但对沙罗来说，似乎道德问题不能那么容易地归于生物学之下。至少，在美国不大可能。在美国政治舞台上，堕胎辩论还将继续，而且反堕胎的利益集团保留着足够的影响力来阻止像人类胚胎研究小组那样的小组绕过胚胎的恰当的道德地位的问题。

但沙罗承认，甚至在今天，"我看不到有解决问题的路径。我们只能承认我们不能回答这个问题，并接着问：'那我们对此能做什么？既然事实是我们不能回答，那么在这样的事实下，我们从哪里着手，我们不能取得一致吗？'"

---

① 人类胚胎发育分 3 期，共 38 周 266 天。从受精第一天至二胚层形成（第 2 周末，即 14 天）是胚前期；从三胚层形成（第 3 周）至人胚建立（第 8 周末）是胚期；从胎儿生长（第 9 周）至出生（第 38 周末）是胎期。3 个基本的胚层由简到复杂是内胚层、中胚层和外胚层。3 个胚层形成后，机体的组织和器官开始分化。原条是二胚层胚盘尾端中线处的上胚层细胞增殖而形成的一条纵行细胞索。原条的形成确定了胚胎的前后轴。——译者注

　　这一僵局令她想起刘易斯·卡罗尔(Lewis Carroll)的诗《蛇鲨之猎》("The Hunting of the Snark"),这首诗记载一群倒霉的同船弟兄枉费心机去寻找不存在的生物。"在我看来,蛇鲨就是胚胎的道德状态。"她告诉我,"我在(胚胎研究小组)经历的最后时间里,得出的结论之一是:有些问题,我们不要去追求基本的共识。我们不会在胚胎的道德地位上达成共识。或者,如果有人的下位脑干①不再活动,或者处于后植物人状态,像特里·丝雅芙②(Terry Schiavo)那样,我们不会在这样的人的道德地位上达成共识,因为各人对于是什么形成道德地位有着完全不同的分析。"

　　这一分析经小组审查通过后,引起了来自宗教界、文化界和社会信念复杂地交织在一起的反对。即使面对相反的客观证据,他们还是很难修正或改变态度。例如,有些宗教认为发育中的胎儿应该予以尊重,因为这也是一条生命,但相信它要直到怀孕几个月之后才具有人格。有些宗教认为,这要在40天以后,而在另一些宗教里,要直到怀孕的第4个月。但有些宗教传统是坚持单一标准方法,坚定地支持所有的生命,从怀孕的那一刻起,都有平等的道德地位,尽管科学的事实是,怀孕实际上并不是一个单一、独立的事件,而是一个精子对卵子的受精过程。

　　沙罗敦促小组搁置试图确定胚胎道德地位的问题,代之以从公众的角度去了解什么样的胚胎研究政策对奉行各种不同道德、伦理和宗教传统的人群是可以接受的。

---

　　①　脑干是大脑下面非常重要的结构,也属于中枢神经系统,包括3部分,从上至下分别为中脑、脑桥和延髓,呈一柱状结构。而下位脑干应该指的是脑桥和延髓,这部分结构非常关键,人的心跳和呼吸中枢都在此。因此下位脑干受到损伤后,轻则处于植物人状态,重则心跳呼吸骤停。——译者注

　　②　特里·丝雅芙是一名被确诊为永久植物人的病人,她丈夫主张不再给予生命支持,但医生还在坚持。他诉告到法院,经过种种曲折,终于在诉告7年后获准停止生命支持。此案涉及的是植物人的法律地位,轰动全美国。——译者注

政治挤了进来

"现在的辩论本质上是伦理、哲学或神学的辩论,分成两派。我们不是让政府接纳一种或另一种观点,这本质上是把政府推向一派或另一派。我们为何不说不能赞同,也永远不会赞同呢?"她说,"现在,如果我们不是问关于道德伦理的问题,而是问政治伦理的问题,我们可以问一个稍有不同的问题:为了打破政治僵局,伦理应该做些什么? 换句话说,这更是政治的哲学,而不是道德的哲学。也许,我们开始分析,如果我们采纳某项特定的政策,如果我们考虑如何分配利益和负担,那么谁会受到伤害,谁会从中得益。"

沙罗相信,如果如何处理胚胎的问题在道德的层面上不能取得一致意见,那么应该从公共政策的角度加以处理,找出诸如干细胞研究这类问题的最合理的利益和损失的分配方案。有些人支持这一领域,相信它具有治愈几十种疾病的潜力,并缓解数以百万计的病人的疼痛和苦难,而同时,科学的批评者也同样地反对破坏所涉及的胚胎。

这一启示让沙罗自己也承认,要积极建议政府考虑资助单纯出于研究目的的胚胎创造。这将意味着男女捐赠精子和卵子不是想要创造一个婴儿,而只是创造一个胚胎,并且在一星期以内由科学家提取干细胞,胚胎则因此而被毁掉。鉴于干细胞科学的发展方向和前景,沙罗感觉这是一个合理的、合乎逻辑的建议,小组可提出,政府可跟进。鉴于小组所处的地位,小组承担着研究胚胎的道德地位的问题,这一建议还包括了保证进一步审查的内容。"作为一个原则问题,既然小组把胚胎的道德地位看作是其发育状态的一个函数,那么,体外受精余下的①、5 天大的胚胎的道德地位同专门创造出来以供研究的、也是 5 天大的胚胎确实应该没什么不同,"沙罗解释说,"如果道德取决于发育的阶段,这两者是没有不同的。从这一基

---

① 目前,人工受精造成试管婴儿的成功率还只在 30% 左右,所以一个患者常需准备多个(可达 10 个)胚胎。于是一旦人工受精成功,就有多余的胚胎。——译者注

准出发,就可以得出这样的结论:是的,你可以偶尔创造胚胎供作研究。"

最终,19名成员投票赞成把单纯用于研究的胚胎创造列入"授权进一步研究"一类,但是附加了一点微不足道的限制。他们同意动用联邦基金用于这类研究必须限于两种情况:不创造胚胎,研究就做不下去;或者,创造胚胎对于"潜在有突出的科学和治疗价值"的实验是必需的。

小组成员中有两位不同意这个建议,他们是小组共同主席乔治城大学(Georgetown University)法学教授帕特丽夏·金(Patricia King)和明尼苏达州圣凯瑟琳大学(St. Catherine University)哲学教授卡罗尔·陶尔(Carol Tauer)。她们两人对最终报告提出反对意见。

"我觉得在我们已经考虑到的状况下,创造胚胎用于研究,或者说纯粹用于干细胞研究的条件还没有成熟,"陶尔告诉我,"这就是我为什么反对;我认为我们已经制定了我们先已同意的原则,但我们似乎是多少超出了这些原则。"

陶尔还觉得小组没有考虑到数以千计的存在于体外受精诊所里的胚胎[1],它们处于冷冻状态。而如果它们的供体不想将它们用以植入子宫了,那是可以加以利用的。她说,如果小组自己的标准被采纳,那些胚胎就是第一个研究来源。只有这些胚胎还不足够(无论什么原因)的情况下,才可以创造新的胚胎用于研究,这样才是有正当理由的。"据我所知,还是有许多替代方案的,没必要为了研究而创造胚胎。"她说。

金提出的是另一类异议,她的反对结合了社会文化的考虑。在

---

① 　见本书第51页的译者注。——译者注

政治挤了进来

小组四个月的讨论期间,她第一个质疑,创造研究用胚胎是否更加会激发起美国公众在这些问题上的敏感性。出于研究的目的创造胚胎会引起严重的伦理焦虑。我们作为一个学术团体无法应对。并且她还害怕引发公众对研究的企图产生错误的印象。"给人类卵母细胞受精供作研究会令人紧张不安,因为创造人的生命唯一只能为人类所用。"她在她的意见书里写道,"我不相信社会已经形成了一套标准,足以指导我们在胚胎研究中执行。"

结果证明,金的担忧不幸言中。当 1994 年 9 月 7 日这份最终报告发布时,小组关于国家卫生研究院资助创造研究用胚胎的建议招来全国媒体和其他伦理学家一片争议。《华盛顿邮报》(*Washington Post*)发表社论谴责小组支持胚胎研究是"完全走错了路","昏了头","政府没理由资助胚胎研究"。

但这其实只是整个小组,包括瓦尔姆斯猛然醒悟的前奏,而这时已是几个月之后,其时报告通过了国家卫生研究院的审查,走完官僚政治的程序,并终于放到了总统的办公桌上。

到那个时候,克林顿政府,正如瓦尔姆斯所说,正被许多事情搞得很"紧张"。当时,纽特·金里奇(Newt Gingrich)已经成功地在国会选举中使共和党占据了众议院的多数席位;选民对民主党人的支持率下滑。像允许科学家创造仅供研究用的人类胚胎这样的激进想法,很可能不为太多的选民所接受。

"我知道不是所有人都喜欢它。"瓦尔姆斯读了这份报告后告诉我他的反应。他完全支持小组的研究结果,赞赏他们得出的经过深思熟虑的结论。"漂亮,令人惊叹,"他这样说,表现出他至今还是惊叹报告的广度和深度,"许多问题,都已未雨绸缪。不仅考虑到了干细胞,在对人类做核移植还完全不可能的时候就已考虑到了核移植。所以我真的没想到我们自己这一边会有这么大的阻力。"

他受到的阻力来自某行政部门。他本来设想他们会支持小组的建议。在审阅了报告之后,瓦尔姆斯沿着罗克维尔市大道(Rockville Pike)多次跋涉于在位于贝塞斯达园区的国家卫生研究院与宾夕法尼亚大街①之间。"我把时间花在了白宫上,不是同克林顿说话,而是向他周围的人解释这项研究是什么,尽我所能努力客观地提供真相。"他说,"他们围着我的桌子,对我所说的表示赞同,但主要觉得受制于政治后果。他们很紧张。"

他稍作停顿,又补充说:"他们告诉我,报告内容要去掉一些。"在一次与克林顿的工作人员一起开会时,有人要求瓦尔姆斯让报告的结论变得更可接受些。诸如资助体外受精剩余的胚胎研究,但要为利用政府资金创造单纯为研究目的的胚胎划定界线。他们想的是,创造胚胎供科学家研究这件事,可能太过造成选民的不安。瓦尔姆斯拒绝了。在他看来,对创造胚胎专为研究目的之用表示担忧,是出于政治、而不是科学或道德的考虑。

这对于瓦尔姆斯是一个重要的教训,这是干细胞科学家将面临阻力的预兆,政治将发挥其强大的作用,规定干细胞实验应该怎么做。事实上,很难不认为克林顿的犹豫不决以及对小组报告的决定性的反驳起了一些作用,从而使得在关于如何开展以及为何需要开展胚胎研究的问题上,特别是在直到那时还是保守派占多数的国会众议院里,重新引起了误解。

1996 年,"生命权利(Right to Life)运动"的一些成员利用有利的政治气候,接触阿肯色州众议员杰伊·迪基(Jay Dickey),并说服他撰写议案并仿效克林顿的榜样,铸成法律,禁止用联邦基金支持胚胎研究。"我越是参与(问题),就越意识到,我们可能做的就是创建一个从事胚胎创造的企业,并要有可能获得利润。"他谈论到胚胎研究时说,"这真的让我烦心,你想要别人为你创造胚胎,你就必须

---

① 这里实际是借指白宫,因为白宫位于宾夕法尼亚大街 1600 号。——译者注

付钱。我的目标是(胚胎研究)没有终点,无论胚胎从何而来,或者什么时候创造胚胎。"

迪基当时还刚当上众议员,他得到密西西比州参议员罗杰·威克(Roger Wicker)的帮助,两人联合发起提案。这是一场聪明的政治运作。他们利用了一种议员惯用的策略,以便不让他们的提案在未来得到修正。办法是把提案作为附件,附加到国家卫生研究院年度拨款法案上。生效后,议员除非投票反对国家最大的生物医学研究机构的预算案,否则就不能反对附件。经过主要是保守派的努力,反堕胎立法的《迪基-威克修正案》(Dickey-Wicker Amendment)得以通过成为法律,从而保证了联邦基金不能用于支持体外受精研究(因为这种研究有可能损害或毁灭胚胎),并且也不能用于支持人类胚胎干细胞实验——这是命运不济的人类胚胎研究小组报告里提到的未来可能要开始的工作。这一可能来临得比任何科学家和政治家预计得更早,在中西部医院的一间隐秘的小房间里已在进行着。同时,在超过十年半的时间里,这份附件作为国家卫生研究院拨款法案的一部分,随着研究院的预算案,年复一年地继续有效。

第4章

从 鼠 到 人

　　威斯康星大学医院六楼有一间房间现在空着。要到那里,必须先走过前台接待处和妇产科门诊部的候诊室,走过生育服务中心(供夫妇双方来此利用生育技术如体外受精),再走过门诊部附属的活化研究实验室。你必须走过所有这几个地方,走到一条长长的诊察室走廊的尽头,才能来到这个房间。

　　这个房间最著名的住家早已迁出,只留下些许曾经住过的痕迹。其他租户搬来迁去,唯一的遗留是一些空箱盒,以前用来收纳生物研究的必需品——吸管、小瓶和一些其他物品。几只抽屉,以前装满了繁忙的实验室的业务资料,现在半拉开着,空空如也。有人开始利用这狭窄的、像轮船上的厨房大小的空间储物。

　　实验台上有一处没放东西。那里以前是搁显微镜的,用来观察一簇簇的细胞。最先进的通风柜还在,如果有人接通电源,空气就会被持续吸入一个排气系统,以防止浮尘无意之中落到塑料细胞培养板上造成污染。系统循环的嗡嗡之声会持续不断。但现在,已是几个月没人用它了。

　　走过的人看着这些,丝毫不觉得有什么特别。任何别的大学的任何别的研究部门的别的实验室不都是这样吗。有传言说,这里不

从鼠到人

久就会重新装修,成为扩建的生育门诊部的一部分。

　　但是如果你问对了人,只有几个人才知道,他们会甚至带着几分敬畏和骄傲地告诉你这个房间在 1997 年和 1998 年发生过的事。正是在这个房间里,有一个安静、内省的人每天一清早起都在做着一项备受瞩目的实验,几个小时不断,真像朝圣那样。正是在这个 24 英尺长 9 英尺宽的房间里,在现在这个废弃不用的通风柜里,发育生物学家詹姆斯・汤姆森培育着创造历史的细胞系。正是在这里,汤姆森成功培育出了第一株真正的人类胚胎干细胞系。

　　詹姆斯・汤姆森是一个极为内敛的人,他珍视基础科学相对的默默无闻和常规工作,不赞成高调暴露于聚光灯之下。他面对媒体显得特别谨慎,不喜欢被人拍照,极少接受媒体采访。如果必须接受采访,他也是言简意赅,直奔主题,不说一句废话。假如你要问及他的妻子和家人,那你有可能会不受欢迎,惹他生气,认为你侵入他的隐私。他没有自己的电视,很不情愿在摄像机前说话,只在镜头前说过两次话。尽管学校的公共关系部收到来自世界各地的潮水般的请求,希望采访他[他甚至拒绝了已故彼得・詹宁斯[①](Peter Jennings)的个人请求,后者在黄金时段采访他,希望谈论他的成就]。

　　这倒不是他同媒体有什么过节,只是他对媒体在帮助公众理解干细胞方面的成绩没什么印象。他在威斯康星大学麦迪逊(Madison)分校他小小的办公室里开始与我交谈,指出尽管报纸、新闻节目和纪录片都对干细胞有所报道,但大多数人仍然不确定胚胎

---

　　① 彼得・詹宁斯是美国广播公司(ABC)著名新闻主播,与哥伦比亚广播公司(CBS)的丹・拉瑟(Dan Rather)及全国广播公司(NBC)的汤姆・布洛考(Tom Brokaw)同列为美国三大新闻主播。詹宁斯于 2005 年 4 月宣布患肺癌,同年 8 月 7 日在纽约家中去世。——译者注

干细胞的希望——干细胞如何改变我们的生活

干细胞来自哪里,干细胞究竟能有什么用。

"作为一名科学家,我想改变这局面,"他告诉我,"但我的日常工作是做我擅长的事,这样,我有多大能耐做新闻,我有多大需要做新闻。"这显然是一个他需要继续解决的问题,因为他天生的内敛倾向与他的非常现实的责任和职责有冲突。他感觉有责任解释他的工作,告知公众有关干细胞研究的事情,告诉他们干细胞研究有可能有朝一日改变我们治疗疾病的途径。但他仍然是有选择地接受采访,因为他得出结论,他说:"媒体只向人们传递信息,但不教育他们。"

当1998年11月,他宣布他已经成功培育出了第一批从一个人类胚胎提取的胚胎干细胞。当世界突然出现在他的门口时,他得到了一个教训。作为一个从事学术研究的科学家,他预期随着他取得成就的消息传开,人们会提出一些问题,他的工作将后继有人。从这里开始,媒体的工作就是给公众速成发育生物学的基本知识,讨论关于如何利用他给世界带来的杰出的生物学礼物。这是一个复杂但重要的伦理学问题。但回顾往事,汤姆森甚至意识到他的期望是如此天真。对于那些认识他的人来说,极具讽刺意味的是,这样一个非常内敛的人突然发现他自己成了胚胎干细胞研究这个有争议的领域的代表人物。

汤姆森开始时并不是搞人类发育生物学的。作为宾夕法尼亚大学(University of Pennsylvania)的研究生,他学的是兽医和发育生物学,鉴于当时这一领域里的最高水平,他的注意力集中在小鼠身上。"这是明智的,因为小鼠相对较小,易于使用。"在我们异乎寻常的长谈时他告诉我。

汤姆森原来住在威斯康星大学的灵长类动物研究中心(Primate Center),现在则住在遗传学和生物技术中心的四楼。这是发展中的校园科研网络的一个新建部分。房间小而且装修简单,恰与居住者的地位相称。但考虑到他不仅在学校而且在生物学领域的地位,就有点出乎意料之外了。比之他以其突破性的成就而获得的所有荣誉和赞美,墙上引人注目地没有一块牌匾、一方奖状;显然,这是一个不愿张扬自己成就的人。房间里最引人注目的装饰品是一个大玻璃鱼缸,直径约等于中等大小的比萨饼盘,养着几十条小孔雀鱼。"我读研究生时就养着。"汤姆森说。

等他安顿下来加入我们的讨论时,他两只脚搁在另一张椅子上,这张椅子就在他身旁,似乎是专为这个用途搁着的。他讲起他的故事来。很明显,他像许多科学家一样,都是受到了实用性的驱动,决定了他的首选实验。汤姆森很快就意识到,用小鼠做实验虽然方便,但小鼠并不是理想的模型,不能用来弄清楚人类发育的最基本的和重要的问题,特别是受精后关键的头几个小时和头几天的问题。首先,确定正在发育的人胚胎的各个重要阶段的关键物质,如人绒毛膜促性腺激素,在小鼠中并不存在,而这一激素是妊娠试验的测定对象,赖以判定是否妊娠。其次,小鼠胎盘与人类胎盘产生的、供作培养发育成胚胎的化学物质不同。于是,他将注意力转向了灵长类动物,这是最接近人类的进化模型。但是,虽然猴类胚胎是研究发育的一个更好的替代品,但几乎不可能获得。一个在活体内生成的胚胎花费约两千美元,汤姆森想要进行几十个不同的实验就几乎不可能了。

"我感兴趣的是发育过程中最早期的事件,这使我决定要制造出灵长类动物的胚胎干细胞。"他说到把他引向这个领域的决定时说,"这是因为,我想有一个更好的、更准确的人类发育模型,比小鼠更好用的模型。并且,因为灵长类动物材料有限,我认为干细胞很有意义,因为你可以要多少就培养出多少。用生物化学方法加以研究。"

20 世纪 90 年代初,任何人从哺乳动物成功地分离得到的仅有的干细胞都是盖尔·马丁和马丁·埃文斯 10 年前从小鼠提取的。虽然大多数科学团体都利用这些干细胞作为垫脚石，生成缺乏某些基因的转基因小鼠，以供研究，汤姆森则属于少数想要利用这些干细胞作为窗口，窥探更深邃的奥秘的生物学家。对于他们来说，这些细胞是研究最早期发育阶段的理想资源，可借以理解单一的一个细胞——卵子——如何发生形态改变，把自己转化成为多细胞、多功能的组织和器官的体系，成为一只完全成形的动物。

"是的，我不会说转基因扼杀了发育生物学。"他说到生成失去特定基因的基因敲除小鼠，以帮助科学家了解某些基因的功能这件事（例如，当研究人员第一次确定抑制癌症的 p53 基因①的时候，他们把它从小鼠身上敲掉，以确定它在控制细胞分裂中发挥的作用。事实上，没有了这一基因，动物肿瘤就会恣意生长）。"基因敲除小鼠是非常重要的。但是有些在发育生物学上做得真的很出色的人转移了（自己的注意力），并在一段时间里把大量基本的（发育）材料弄丢了。"他说。

在人类这一方面，研究人员开始重视一种在多能性上弱于胚胎干细胞的干细胞。成体干细胞，顾名思义，就是成熟版的胚胎前体。如果胚胎干细胞代表生物可能性的空白页，那么成体干细胞更像是已经写了字的页面。它们可以在一定程度上修改，但永远不可能完全抹去，回到一个完全初始状态。因此，尽管胚胎干细胞有能力发育成任何体细胞，但成体干细胞的转化则受到一定的限制，其转化只能限于一类指定的组织。例如骨髓干细胞发育成各种血细胞，或

---

① 此处原文是"cancer-promoting p53 gene"，据此倒应该译为"促进癌症的基因"。但这既不符合科学的实际，又与下句说的敲除该基因后肿瘤恣意生长不符。故译文改为"抑制癌症的基因"。事实上，细胞中本来就存在有致癌基因（oncogene）及抑制基因，p53抑癌基因是生物体内一种抑制细胞转变为癌细胞的基因，是迄今为止发现的与人类肿瘤相关性最高的基因。但过去一直把它当成一种致癌基因，直至 1989 年才知道起致癌基因作用的是突变的 p53，野生型 p53 经证实是一种抑癌基因。——译者注

者心脏干细胞发育成各种类型的心肌。虽然这些成体干细胞对于研究这些有限的组织有用,但对于像汤姆森那样的发育生物学家就不那么得心应手了。汤姆森感兴趣的是梳理出胚胎从单一的一个细胞发育到一个多细胞的和复杂的个体所走过的精心设计的头几步。此外,目前还不清楚,在一个充分发育的个体里的所有细胞类型是否都有其相应的成体干细胞,还能表现出其本源性。即使成体里这样的成体母细胞依然存在,也已证明这些成体祖细胞是罕见的,并且很难分离出来。

为了从最原始的起点出发研究发育的黑匣子,汤姆森确信胚胎干细胞能提供答案。他经过仔细估算,断言既然小鼠研究者可以从小鼠胚胎抽取胚胎干细胞,那么灵长类动物的胚胎干细胞也同样可以提取,或至少应该是如此。但自从埃文斯和马丁的研究以来,一连串的科学家试图从其他物种提取胚胎干细胞,但都失败了。不清楚是否小鼠胚胎干细胞只是一个与其他物种不同的异常;或者如汤姆森所认为的,应该可以从任何哺乳动物中提取胚胎干细胞。

汤姆森是一个谨慎的科学家,他的信心并不来源于冒险。读研究生时,他的许多时间都花在彼得·安德鲁斯(Peter Andrews)的实验室里,后者是费城威斯塔研究所(Wistar Institute)的生物学家。在20世纪80年代,安德鲁斯研究的是干细胞家族的野孩子胚癌细胞的人类版,这种细胞是勒罗伊·史蒂文斯在杰克逊实验室的小鼠身上偶然发现的。像畸胎瘤一样,胚癌细胞在实验室的培养皿上能长成任何细胞、一切细胞,不可预知而且难以控制。但对于像汤姆森那样的满怀激情的年轻科学家来说,胚癌细胞系就是思考的出发点,以思考是什么使正常胚胎干细胞保持着同一种永久的青春状态。安德鲁斯专注于鉴别镶嵌在胚癌细胞表面的蛋白质,希望能找出使细胞保持在肿瘤状态的因素,从而能一遍又一遍地复制而不改变为其他类型的组织。这是汤姆森的完美的试验场。"这事发生时,我正好在同一个实验室里,所以我清楚地知道他是怎么培养这些细胞的。"他告诉我。

汤姆森受到这件事的启发,在癌细胞和胚胎干细胞之间架起了关键的桥梁。他充分借助马丁和埃文斯的方法,从一只15岁的恒河猴那里切下一个6天大的囊胚。囊胚本质上是一个空心细胞球体,包含两层原生层——滋养外胚层和内细胞团。前者最终发育成胎盘;后者是一团黏着于球体内部的细胞团,组成胚胎干细胞。正是内细胞团最终转化成为多种细胞,发育成为胎儿。这些细胞就是汤姆森追踪的对象。

为了移出内细胞团,汤姆森依靠了一种聪明的技术。这项技术在20世纪70年代被开发出来并应用于小鼠胚胎,称为免疫外科学,利用的是抗体具有像尼龙搭扣那样黏着于特异蛋白的能力。汤姆森利用抗体黏附到滋养外胚层细胞,然后用细胞溶解剂杀灭这些附着的细胞。洗除残留物后,汤姆森得到的就是内细胞团。然后他仔细地把这些存活的细胞转移到一个专门准备的卵囊里,卵囊含有生长因子、营养剂和小鼠皮肤细胞(正如盖尔·马丁发现的,这种细胞能释放一些重要的因子,让胚胎细胞在塑料基板上保持健康)。经过将近六个月之后,他终于得到了几片细胞聚集区,看上去与以前培养出来的胚癌细胞系类似。灵长类动物细胞开始生长出与长生不朽的胚癌细胞所生长出的同样的蛋白质,并且继续增殖而没有进一步形成成熟细胞。这些细胞仍然像汤姆森所希望的那样处于胚胎状态,即未分化状态。

作为发育生物学家,汤姆森对他的成功感到兴奋。或者说他的兴奋是那种不动感情的科学家的兴奋。他很少公开表达他的热情,但往往通过论文加以表达。在1995年8月的《美国国家科学院院刊》里,他以5页纸发表了他的研究成果。他把他的实验简单地定名为"灵长类动物胚胎干细胞系的分离"("Isolation of a Primate

Embryonic Stem Cell Line"）。虽然他的全部工作就是描述他在实验中采用的一丝不苟的方法，但在这份研究报告的最后两段里，他让自己略微拓展了一点，为即将到来的干细胞领域奠定了起点。"人胚胎干细胞将为移植医学提供新的可能性。"他写道，"因为胚胎干细胞具有发育成为所有成体细胞类型的潜力，由特定类型的细胞衰竭所引起的任何疾病，通过移植来源于胚胎干细胞的已分化细胞，会成为潜在可治疗的……由于这一系列通过这一途径而列入的潜在可治疗疾病，阐明控制灵长类动物胚胎干细胞分化的基本机制，就有巨大的临床意义。"

这是汤姆森最明确地吹响了进军的号角，宣告发育生物学的新时代的黎明已经来临。事实上，他也用自己的方式预告了一场医学革命，提出了一种全新的思考疾病的方式，并发现了治疗甚至治愈这些疾病的方法。它不仅仅针对诸如糖尿病或帕金森病这类慢性病的症状。这里所用的方法是潜在有可能用全新的、健康的细胞替换有问题的细胞。

但奇怪的是，汤姆森的宣告似乎落入了聋子的耳朵里，没人听见，至少媒体没有理会。有一位美国联合通讯社（Associated Press）记者，当时碰巧出席威斯康星大学的一个媒体研讨会，在一次鸡尾酒会上从灵长类动物研究中心的自豪的主任那里听说到这个实验。他立刻把这个故事记了下来，但他的文章也只是出现在少数几家报纸上。并且这个故事关注的是干细胞在强化基因治疗里的应用——这是当时的科学热点——而不是用于治疗疾病的真正全新的工具。

"没有人关心，"汤姆森说，"除了很少几个研究人类胚癌细胞系的科学家圈子。他们知道了，说：'哦，哇，看着吧。'"然后，他微笑着，显示出他的带着讽刺意味的幽默感，补充道："这世界上就这六个人。"

也许是因为这么一个事实:这项工作是在猴子身上做的。猴子尽管是生物演化过程中与我们最接近的演化的堂兄弟,但在遗传的世系树上,仍然是远离智人的分支。或者也许是因为这思想太过新奇——原始的、尚未成熟的细胞理论上能无休止地作为新细胞和组织的仓库,用以修补或替换损坏的细胞和组织。

但汤姆森和那少数几个发育生物学家知道。在麦迪逊的灵长类动物实验室里,汤姆森确信另有人在人类身上做着研究,开展合乎逻辑的下一步,从人类胚胎提取同样的干细胞。

"却没有多少人跟进,这令我感到吃惊。是这样,"他告诉我,"有几个人尝试过,不管出于什么原因,都没有成功。但很少有人对恒河猴论文感兴趣,所以很少有人注意到这一点。我们认为会有别人来做,但几个月过去了,没有其他人在人身上做研究,于是我们决定继续下去。"他说道,就是这个"为什么不"的决定造就了他的这个具有开拓意义的人类胚胎干细胞系。

就像在灵长类动物身上做实验一样,汤姆森得益于他在培养胚癌细胞系时的经验。他现在有在灵长类动物身上实验的优势,利用他熟悉并有在两种类型的细胞系上实验过的经验。然而,新实验的问题是,资金从哪里来。

在灵长类动物身上实验取得成功的关键是他能轻易获得恒河猴胚胎。凑巧的是,威斯康星大学的灵长类动物研究中心是获得联邦基金资助的美国八个国家灵长类动物研究机构之一。但人类胚胎,就要涉及额外层面的监督和审查。在他可以接触第一个人类胚胎之前,汤姆森就意识到他想要做的实验涉及复杂的伦理和道德问题,必须在实验室之外先行解决。

那是在 1995 年,在华盛顿,正是因为对汤姆森提出的实验类型的担忧,促使国会通过了《迪基-威克修正案》,禁止未来受政府资助的研究人员利用人类胚胎。没有人能确定呆板的政府官员在审计涉及人类胚胎的研究中会怎么做,但很少有人愿意去寻找答案。因为修正案禁止政府资金投向任何涉及有损人类胚胎的研究,汤姆森只好寻求别的来源的资助。因为为了提取干细胞,胚胎必得被摧毁。

"根本上说,我没有钱。"他说,"我不能在灵长类动物研究中心工作,因为这是联邦政府资助的机构。所以我努力寻求获得资助。威斯康星大学有一大笔钱,我努力想得到。我想他们是害怕,所以他们说不。"

这一大笔钱是特别指定用于像汤姆森建议的那种非联邦资助项目的,但实验避免太接近联邦法规的限制。可以理解大学担心资助这类项目会引发问题,害怕他们从国家卫生研究院得到的数百万美元资金处于危险状态。威斯康星大学经常位于国家卫生研究院每年授予奖项的前 20 名之列。

就在这个时候,一位名叫迈克尔·韦斯特(Michael West)的人走进汤姆森的办公室,提供了一笔科学家根本无法拒绝的捐赠。韦斯特是个自负,但有远见卓识的人,是杰隆生物技术公司的创办人。当时这家公司正专注于抗衰老技术,他们很快就意识到干细胞极富潜力,代表着一条再生人体组织且进而可以影响人类寿命的新途径。仅仅几天前,经加州大学旧金山分校的生物学家罗杰·彼得森(Roger Pedersen)博士介绍,他奉派到过麦迪逊。

彼得森因为从事过改进体外受精技术的工作,而对人类干细胞感兴趣,并且他痴迷于一位新加坡科学家试图从体外受精胚胎培育人类胚胎干细胞的消息。阿利夫·邦梭①(Ariff Bongso)是最接近成

---

① 阿利夫·邦梭,斯里兰卡出生的新加坡国立大学医学院妇产科教授,他开发出一套新的人工受孕程序,可以让每 10 名尝试受孕的妇女当中,至少有 4 名成功受孕,比传统程序的成功率增加了一倍,并可减少人工受孕带来的多胞胎问题。他还研究出世界首创的培养胚胎干细胞的新技术。——译者注

为完成这项壮举的第一人,但他不能让内细胞团在培养皿中存活。彼得森认为他可以做得到。

但是当韦斯特第一次到彼得森那儿,提供彼得森所期望的资助时,彼得森说他"基本上说的是没有办法。我想,如果我们要做到这一点,那应该是在公共领域里搞,不应该同专利捆绑在一起。韦斯特说,'好吧,如果你改变你的想法,就让我知道。'"

彼得森认为他不会要私人赞助,但那是在 1992 年,在《迪基-威克修正案》之前,他是天真的,还有底气相信联邦政府会资助干细胞研究。但一旦《迪基-威克修正案》生效,他只好改变立场。他打电话给韦斯特,接受了他的捐赠。韦斯特精明地意识到,如果这位富有操守的彼得森急需资金,别人也会是如此,而他作为生物技术公司的执行官,他看见了一个无法拒绝的机会来收留这个成了孤儿的创新研究,为杰隆公司抢得潜在的市场主导地位。杰隆公司总部位于门洛帕克(Menlo Park)附近,韦斯特回到学校的帕纳塞斯(Parnassus)校区①,问彼得森一个至关重要的问题:还有谁在致力于创造人类干细胞?

彼得森告诉韦斯特,就他所知,到汤姆森关于创造灵长类干细胞系的论文的那个时候,汤姆森,以及另一位在东部海岸巴尔的摩(Baltimore)的约翰·霍普金斯大学的生物学家也在做同样的努力,他的名字叫约翰·吉尔哈特。"我一直对这一决断印象深刻,"彼得森笑着说,"但迈克②第二天就乘飞机去了威斯康星州。他最终与杰米签署了一份支持协议,其中还隐含了知识产权。"

韦斯特的时机没有更好的了。一个星期后,大学拒绝了汤姆

---

① 此处指加州大学旧金山分校,因其校区位于帕纳塞斯大街。——译者注

② 迈克(Mike)就是迈克尔(Michael)的昵称,所以这里的迈克就是迈克尔·韦斯特;杰米(Jamie)就是詹姆斯(James)的昵称,所以下文的杰米就是詹姆斯·汤姆森。——译者注

森。他和彼得森一样不愿意由一个私人实体来资助这样的创意实验,但被逼进了资金的角落里。"他很认真地问我想不想做。但既然大学说不,政府说不,这似乎就是唯一的选择。"汤姆森回忆说,泪珠在眼眶里滚动着,"不幸的是,除此之外,我们没有任何更广阔的选择。"

尽管现在有资金来做实验,但形势并不理想。因为他自己的实验室是得到政府资金支持的,汤姆森要做的第一件事就是找一个空间,最好就在校园里,但要与联邦资金不相关——这可不是小事。汤姆森最终把实验室设在了大学医院六层楼的一间没人用的房间里。现在,他有钱支持他的项目,又有地方做他的实验了。他所需要的仅仅是允许他去做。

★　　　★　　　★

科学家要能依托大学做任何实验,他必须要让他的研究通过一个名为机构审查委员会(Institutional Review Board,简称 IRB)的机构的审查。为了确保志愿者不是被所提出的实验强迫、利用或遭遇故意伤害,任何涉及人体受试者的研究必须要获得 IRB 的批准。

但汤姆森提出的项目还不仅仅涉及人类受试者,它还涉及胚胎。人类胚胎有资格属于人类受试者吗? 谁能同意研究人类胚胎? 汤姆森要如何才能获得允许?

他意识到他将要闯入政治的雷区,汤姆森的第一个电话打给了阿尔塔·沙罗。他阅读了前一年人类胚胎研究小组的报告,知道阿尔塔·沙罗精通法律、道德和政治风暴,这些正是他需要获得指导的地方。更为有利的是,碰巧沙罗是在法学院,与灵长类动物研究中心只隔着几幢大楼。汤姆森渴望开展人类胚胎干细胞研究,但需要充分领会并尊重这样做应遵循的监管要求,他请求沙罗到他的实验室来介绍和讨论。"我想知道我应让自己做到什么程度。"汤姆森解释道。

"我走过去,第一次,他给我开了个关于胚胎干细胞的讲座。真是太好了。"沙罗回忆起最初的那次会见说,"我们谈了很长时间,之后又谈了不止一次,讨论当时的法律问题和各种伦理分析,以及当时开展这种类型的工作的政治现实。"

在最广泛的层面上,汤姆森担心伦理与他的实验之间会引起摩擦。对于多利的诞生,美国公众很明显是出乎意料之外的,原来现在已经有能力把任何成熟的细胞转化成一头全新的动物了。他们还在努力理解这件事的全部影响。虽然汤姆森不打算克隆人,但多利的存在激起的道德混战,他是同样涉足到了。虽然他建议使用现存的胚胎,即夫妇在体外受精诊所里余下的、已经决定不再需要用作体外受精、并捐赠给他供作研究的胚胎,但它们仍然是胚胎。从理论上说,如果解冻并植入女性的子宫,他们可以发育成胎儿。

律师和科学家很快就发现自己被拖进复杂的监管问题的陷阱之中。人类胚胎可被认为是人吗?胚胎在被植入子宫之前,有没有特别之处,可免于作为人类主体所受到的监管?如果实验是私人资助的,政府关于如何对待人类主体的法规仍适用于胚胎吗?

"对于科学家来说,伦理和法律问题是完全陌生的,也是相当复杂的。"沙罗说。但汤姆森愿意学习,并致力于正确执行。他做实验的目的不是搞政治;他由衷地对研究人类胚胎干细胞感兴趣,要研究这些细胞具有怎样的能力,以回答关于早期发育的某些紧迫问题。他想要做的最后一件事①无意之中触及了研究课题立项的监管要求,他能否从事研究成了问题。"从最初起,他的目标不是提出政治观点。"沙罗说,"他是真正对人类胚胎学的基础科学感兴趣,真正想要理解是什么东西使得胚胎生长正常或不正常。为了理解人

---

① 这里是指汤姆森想要研究人类胚胎干细胞这一课题。——译者注

类胚胎的发育过程,他在灵长类动物身上已经达到了他所能达到的极限。"

在他们的讨论中,沙罗有时建议汤姆森考虑他是否放开些,自管自做他提出的实验,不去管所有那些监管挑战,只管用他概括的方法去研究人类胚胎。几年后,有记者问及汤姆森关于环绕他的研究的伦理争论,汤姆森评说道:"如果人类胚胎干细胞研究能让你至少有一点点舒心自在,你就不会想那么多了。"

"是的,我知道反堕胎者喜欢我那么做。"汤姆森笑着说。但他补充说,他的意图是强调媒体没能准确地报道伦理的辩论,因为这不是媒体上表现的非黑即白的问题。并非所有的科学家都是不道德的技术专家,很少尊重人类生命;同样,并非所有反对堕胎的保守人士必定反对适当的、负责任的人类胚胎研究。

"在这个问题上,我最尊重的人是那些你认为他是下意识地反对,但实际上他是花了时间去思考的人。"他解释道,"毁灭一个人类胚胎是可以接受的吗? 在某种意义上你可以把它看得相当简单。在当前的医疗实践中,这些胚胎是被丢弃的(如果一对经历了体外受精的夫妇不再需要他们)。丢弃是不是一个好主意,这是一个单独的问题。我们没有答案。但只要你不同丢弃决定串通一气,利用这些胚胎做点帮助人的事,不是一个更好的伦理结果吗?"

经过两年的讨论,威斯康星大学的机构审查委员会终于同意了。汤姆森的研究得到批准,但这并不意味着大学官员们不再对这个前所未有的实验感到紧张。这样,汤姆森发现自己只好躲在医院不育症病房后面的那个小房间里。

尽管杰隆公司将完全资助他的研究,学术管理人员仍不确定政府官员如何看待这个私人资金与联邦拨款的混合物,后者包括更一般的花费,诸如设备(水电)、计算机以及其他杂项供应等费用,这些都是任何研究设施的主要支柱。这样的公私共存体违反《迪基-威克修正案》吗？

　　为避免疑问，并避免面对大学时束手无策，或者发生任何潜在的失误，汤姆森决定宁要安全不要遗憾。他捡起丢弃的设备，认定不是任何政府拨款的一部分，确定是"垃圾，真的是垃圾"。那间小小的实验室里只有为了获得细胞所必需的东西。他还决定独自一人工作，因为"我得到所有灵长类动物细胞只靠自己，也只有我知道怎么做。我就是在医院里那间专用的房间里，屏退了所有的人，从事这项原创的工作。"他说。

　　汤姆森的计划主要是依靠毗邻的体外受精诊所剩余的胚胎。但实验室的工作人员不想要病人损赠胚胎，麦迪逊的实验室当时并不在真正做大量的实验。就汤姆森所知，他可能需要数百个胚胎才能从中成功培育出一株干细胞系。

　　还有一个恰当的人在恰当的时间走了进来，汤姆森曾经偶然听说在以色列海法（Haifa）的拉姆巴姆医疗中心（Rambam Medical Center）有一位妇科医生约瑟夫·依茨科维奇-爱尔多（Joseph Itskovitz-Eldor）。此人自从读了汤姆森关于分离恒河猴胚胎干细胞的论文后，一直就没有动摇过把这一技术移用到人类细胞的想法。作为一个生育专家，他充分意识到利用胚胎干细胞能更好地帮助人们理解人类发育的潜力。他有办法获得体外受精胚胎。依茨科维奇-爱尔多为人执着，声音沙哑易辨，在弗吉尼亚州诺福克（Norfolk）的琼斯生殖医学研究所（Jones Institute for Reproductive Medicine）致力于生殖医学研究。他在那里学会了实施显微注射精子的技术，而不是让精子在培养皿中自行给卵子受精，以提高体外受精胚胎的受精率。他把这项技术带回以色列，在拉姆巴姆诊所使用。他想，有了胚胎干细胞，他可能了解到更多关于人类生殖最初阶段的情况；

从鼠到人

他持续地追踪着汤姆森,提出协作要求。但汤姆森是不合群的人,不喜欢有人参与,他不确定在这样一个有争议的项目上合作是否有意义。

但通过一个双方都熟识的研究克隆牛的人的沟通,依茨科维奇–爱尔多最终成功地邀请到了汤姆森到以色列作客。"他到圣地(Holy Land)住了两三天,我们参观了约旦河(Jordan River),我再次要求与他合作。"他说。在几次信件往返之后,汤姆森终于表示同意。依茨科维奇–爱尔多寄给汤姆森一系列的冷冻胚胎,还派了一个学生到麦迪逊,让他在学习细胞培养期间住在汤姆森和汤姆森的妻子那里。

汤姆森现在有了两个来源的胚胎。他所要做的就是解决如何剥离出它们的胚胎干细胞并让它们在培养皿里保持存活。

这没花多久就成功了。"我一直认为,如果我们有办法得到质量相当好的胚胎,那么,我们基本上马上就可以做。"他说。最后,准备工作比实验本身花了更长的时间。在一个月之内,汤姆森亲自动手操作来自威斯康星大学医院的体外受精诊所的第一个胚胎,获得了第一片干细胞群落,并在他的塑料平板上开始生长。事实上,威斯康星细胞系编号从 H1 至 H14,H 是"人(Human)"的意思,而数字表示研究中使用的胚胎的顺序。汤姆森使用的第一个胚胎——H1,生成出一株有效的干细胞系。

他分离猴干细胞的经验最终指导他培养出人类细胞。在仔细地从液氮中解冻出第一个胚胎后,他在实验室的培养皿里加以培育,使用体外受精诊所使用的、保持胚胎存活四五天的类似的营养剂和生长因子混合物,直到其进入囊胚阶段。他以同样的方法处理了其他 13 个胚胎,其中有些是由依茨科维奇–爱尔多的技术员从以色列带来的。

利用应用于灵长类动物囊胚的同样的免疫外科学技术,汤姆森随后从人类胚胎中冲洗出内细胞团,并把它们置于他的鼠滋养细胞、生长因子和媒介物的混合物上。在9天到15天之后,他挑取了第一团生成物,它们将发育成为胚胎干细胞。

正如汤姆森以前在猴类身上做的研究一样,如果细胞很快乐,它们会开始迅速增长,消耗营养剂并迅速越出分隔它们的塑料围格。这就是为什么他必须每天检查一次,天天检查,决定什么时候为它们供给营养,什么时候挑出并分离它们。

挑出并分离,正如以后任何学习培育胚胎干细胞的人所很快发现的,是一件既耗时间又乏味的且不需要精确度的活儿,更像是艺术而非科学。每隔几天,因为成团的细胞开始彼此堆叠在一起,就需要用移液管手动分离这些生成物,并转移到另一个培养皿里。

那些成功摆脱胚胎的静止态并偷偷发育成较为特异类型细胞的流氓细胞也需要挑出并移除。这类异常细胞并非少见。当未分化的胚胎干细胞在培养皿里过剩并耗尽它们的食物源时,竞夺营养剂的压力促使它们开始分化,因为这是它们遭遇最小抵抗的方法。维持未分化状态是一个高度非自然并且高能耗的任务——是一种假死状态。一旦有任何机会,这些细胞总是试图摆脱静止态,为自己确立身份。大多数情况下,胚胎干细胞最终是想要成为神经元。但让培养皿太稀疏也不是好事,因为这些细胞似乎像是社会性的动物——它们需要其他细胞以获得舒适感,才足以继续分裂。所以汤姆森的工作是要让细胞保持适当的密度,鼓励它们生长但不分化。

这意味着他配制含有营养、牛血清和氨基酸的培养基,喂给细胞,让它们高兴。这种培养基通常呈明亮的橙红色,当细胞耗尽培养基里的营养时,其颜色就转变为暗黄。(像汤姆森那样的干细胞实验室,都配备有冰箱,里面只储藏着装有亮色液体的瓶子,像是饮料)为了换培养基,汤姆森只好使用特制的吸管用嘴吸出陈液(更高档的实验室现在配备有抽吸器抽空液体)。整个过程在通风柜中

从鼠到人

进行,以便把空气向上抽离工作台,防止任何粒子或病原体落入培养皿——任何外来异物都可能污染并摧毁整个培养皿中数以百万计的干细胞。

在 1997 年和 1998 年之间的几个月里,汤姆森前往六楼,培育他的细胞。他每天都要检查这些细胞;每隔几天仔细地更换培养基;几乎每个星期,他都会挑出并分离出生长最快的细胞群落。这样,来自原始的 14 个胚胎中的 5 个内细胞团继续生长。几个月后,他持着谨慎、乐观的态度,因为他正在培育的确实是人类胚胎干细胞。

但正如汤姆森说的,生成干细胞是比较容易的部分。验证这些细胞确实仍然未分化并包含有正常的染色体,就明显有难度了。他知道他和他的细胞都面临着不知多少详细的审查。汤姆森想确定他所生成的确实是胚胎干细胞,能分化成机体所有的细胞类型。所以除了研究人员以往用来确定胚癌细胞(当时,这是唯一已知存在的别种多能人类细胞)的标准之外,汤姆森还特别增加了自己的要求。他让他的细胞维持在胚胎状态,暂停分化将近一年。

那一天,他对他新生成的细胞用维克特①红(Vector Red)染色。这是一种深紫色的固定剂,它黏附到未分化的细胞上,把细胞变成蓝色。他拉住一个恰好从邻近的体外受精诊所出来、路过的护士,让她进入他的实验室,请她往他的显微镜里看。"他只是问我看到了什么。"林恩·波英雷(Lynn Boehnlein)回忆说,"我朝显微镜里看,说我看到了蓝色的东西。"这显然就是他要的答案,于是汤姆森立刻请她签署他的实验室报告书,以证明这一事实。但她的头脑里突出留下的是汤姆森在她签署了她的所见之后表现出的情绪。"他高兴得发狂了,真的,"她说,"太不像他了。"波英雷不可能知道的是,她看到的细胞饱含着碱性磷酸酶,这是胚胎干细胞的标志。她是继汤

---

① 维克特公司(Vector Laboratories)是世界知名的免疫学检测系统的供应厂家。——译者注

姆森之后,第一个看到从人类胚胎提取并在实验室培养皿里培养的干细胞。

★　　　　★　　　　★

但是,染上蓝色还只是汤姆森在此后 6 个月里对他的宝贵的细胞要做的一系列测试之一。"有干细胞是一回事,这些干细胞有活性又是另一回事。为此你必须按部就班一步一步做过来,先冷冻,再证明你能予以再次解冻它们。因为如果它们死了,就没人会相信你。"

汤姆森的鉴定步骤借鉴他确立猴类胚胎干细胞身份的那套办法:先冷冻细胞,然后再解冻,并诱导它们再次生长,这些细胞必须形成一个畸胎瘤,瘤体要包含来自所有三个基本胚层的细胞,即内胚层、中胚层和外胚层的细胞,从而可继续形成超过两百种的人体细胞类型。这些细胞还必须通过未分化胚胎细胞特有的蛋白测试,呈现阳性结果。

最后,他只须证明这些细胞仍然处于原始状态,没有演变、发育成神经细胞或皮肤细胞,或任何其他成熟的细胞类型。事实证明,这不是小事。因为分化状态是默认状态,并且细胞想让自己转化成某种更为发育的状态,而不是停留在胚胎假死状态。"胚胎干细胞本身就是组织培养的人造物,"汤姆森指出,"胚胎自身里同样的细胞其实不是胚胎干细胞,而是前体细胞,只表现为一种非常短暂的状态。"

鉴于杰隆公司组建的汤姆森、彼得森和吉尔哈特三人竞争团队各怀鬼胎,心思不一——他们全都在努力赶制第一株人类胚胎干细胞系,汤姆森特别想要确定他是当仁不让。有一次,在访问旧金山期间,他对彼得森特别不客气。"他说:'如果我自己培育出来了,我不会告诉你。'"彼得森笑着说。但汤姆森后来承认,他那时没有透露给彼得森的是,他实际上在彼得森实验室的培养皿里已经看见了胚胎干细胞,但没有告诉彼得森。几年后,彼得森似乎并没有计较被抢了风头,还承认汤姆森知道某些他所不知道的、关于如何保持人类细胞存活的方法——事实是,人类细胞不像灵长类细胞,后者更喜欢 5 个到 10 个细胞的小群落,人类细胞是大群落更利于繁荣。"人类细胞的优势在于懂得恒河猴细胞群落的大小对于生存能力的影响,在直觉上向较大的群落迁移。"彼得森承认说。

这一次,汤姆森引人注目了。他看到过媒体随着伊恩·维尔穆特宣告多利诞生,屈尊来到罗斯林这个小镇的情景,意识到他在麦迪逊默默无闻的存在将会如何改变。"我准确地知道即将要发生什么,"他说着,对接踵而来的媒体喜笑颜开,"他们过去疯狂吹捧(维尔穆特)。我知道他们会转向我。他们会来。"

他的 3 页报告于 1998 年 11 月第一周发表在《科学》,包括那些染上蓝色的胚胎干细胞的照片,即波英雷见过的那些细胞的照片。汤姆森的结果在几乎所有主要报纸的头版得到仔细分析。而这一次,他关于胚胎干细胞将改变医学的预言再没有不被注意了。"许多疾病,"他引述他 1995 年的论文,"诸如帕金森病和青少年型糖尿病,仅仅是由一种或几种类型的细胞死亡或功能失调引起的。更换这些细胞可能提供终身治疗……基础发育生物学的进展现在非常迅速,人类胚胎干细胞将更紧密地链接这一进展,链接到预防和治疗人类疾病。"

不到一个月,汤姆森发现自己面对国会山空旷的参议院听证会会议大厅的麦克风眨着眼睛,他两侧是来自国家卫生研究院的哈罗德·瓦尔姆斯和受到杰隆公司支持并分离出人类胚胎干细胞的约翰·吉尔哈特,但吉尔哈特是从胎儿组织而不是从胚胎里提取。科学家们一方面向众议员介绍干细胞;另一方面也捍卫了干细胞这门新兴学科的存在理由。保守的和反堕胎的团体则抓住了细胞的来源——胚胎,说这在道德上是不可接受的。

"我不知道会是什么样子。"汤姆森说到他第一次出现在国会山出席听证会。会议主席是宾夕法尼亚州参议员阿兰·斯帕克(Arlen Specter)。"我吓得要死,因为我是在费城做的研究生,我知道(斯帕克)是谁,我记得安妮塔·希尔(Anita Hill)的那些事,于是我想:'太好了,我要像安妮塔·希尔那样。'但结果,他很有礼貌,问的问题很好,理解得很好。"汤姆森说。

然而,即便如此,汤姆森还是敏锐地意识到,听证会的目的并非完全为了庆祝研究取得的成绩,并想出促进进一步研究的方法,而是更多地了解这项研究造成的伦理的和科学的挑战。"我真的不知道他们的感受会是如何,是'这是医学的伟大成果',还是认为我在制造邪恶。我确实感到我到那里去是在捍卫我们这么做的权利。"

尽管汤姆森做实验用的是私人投资,他恳求允许政府资金流入这一领域,以帮助进一步繁荣研究。他告诉参议员,胚胎干细胞可以生成大量人类细胞,包括肌肉、胰腺和神经细胞,用以治疗疾病。他继续说,但是《迪基-威克修正案》禁止国家卫生研究院资助人类胚胎研究,干细胞研究也遭遇困境。然后,他支持人类胚胎研究小组(沙罗 1994 年曾任职于该小组)提出的结论,并支持该小组的建议,认为"正是在公共利益上,联邦基金的运用和监管应该为这一领域的研究提供一致的伦理的和科学的审查标准。"

即使是现在,以见之明,汤姆森认为,政府没有采纳 1994 年时人类胚胎研究小组的建议,没有投资胚胎干细胞研究,延缓了这一领域的进展。"很明显,政治进程阻碍了这一领域进展的速度,"他说,"这是明确的。从 1998 年至 2001 年,联邦基金没有投入这项研究。在美国,研究人员被有效地排除在外,因为没有人有实验室可参与研究。"

即使他们设法筹集私人基金并建立了一个附属机构或某种类

型的临时机构安顿人类胚胎细胞实验室,研究人员发现自己处于非常不自在的地位。没有联邦政府对这一领域的监管,他们自己找饭吃,建立自己的实验室,经受私人机构的审查和批准,也许最重要的是,自己获得胚胎细胞。因为事实上,汤姆森的突破完全是靠的私人基金,知识产权和任何伴随着所有权的许可权利完全属于他。这意味着任何人想要获取细胞,必须通过威斯康星大学。

因为政府还没有决定,对于人类胚胎干细胞研究政府应采取什么立场,从汤姆森的角度来看,这件事情很快就从科学问题变成了政治问题和专利问题。他从未打算成为干细胞科学家。对他来说,研究这些细胞只是他在探索人类发育的早期阶段的最初旅程中绕了一点道儿。"当我第一次得到这原始的五个细胞系时,嘿,我估计它们很快就会变成一大批,这五个并不十分重要。"他说。为了做实验,他不得不翻越官僚和行政的高山,他感到疲惫了,他不打算再经历这一过程。"我没有想再做更多,所以我觉得没有人会打扰我。"他说。

他是一位科学家,不是商人,汤姆森决定把所有专利权授予大学,这样他可以回到实验室,让别人去处理他的研究带来的法律和财务事务。刚好,威斯康星大学有美国历史最悠久、最有利可图的,并且按一些研究者所认为的、全美国最会利用这一类发现赚钱的技术转让办公室。

非营利的威斯康星校友研究基金会(Wisconsin Alumni Research Foundation,简称 WARF)由三位大学教授于 1925 年成立。这三个人看到了为科学发现申请专利的价值,他们的目的是防止专利滥用和误用。随着时光流逝,到 19 世纪 90 年代后期,生物化学教授斯蒂芬·巴布科克(Stephen Babcock)发现了一种测定牛奶乳脂含量的方法。相信这项技术应该对任何农民和消费者都有用,他做出了不申请发明专利的重大决定,但不久,农民和牛经销商都滥用这项技术操控市场上销售的牛奶的乳脂含量。

所以,30年后,当哈利·斯廷博克(Harry Steenbock)找到一种方法来捕捉维生素D的营养效益并嵌入到食物如牛奶里的方法①时,他想要避免他的发明同样被滥用。他和两位同事创建了WARF,用斯廷博克300美元自有资金申请专利技术。这项专利依然是大学最获利的技术,每年收入几十亿美元,仍然占据WARF的收入的60%到70%。

当汤姆森在1994年向WARF披露他关于灵长类干细胞的研究时,WARF立即为实验流程和由此产生的细胞申请了专利。当杰隆公司对汤姆森的研究投入的最初100万美元用完以后,WARF贡献了额外的资金,填补了差缺。这项专利在1998年和2001年又被追加了两项,确立了对这些细胞的人类版的专利权。

在此后的几年里,WARF被看作是干细胞世界里800磅重的大猩猩——这是一位科学家受到挫折后使用的一个比喻,指的是WARF,并且还真传开了。WARF做出的决定对于这一领域里的许多人来说真有点垄断甚至贪婪的味道。最初,2小瓶胚胎干细胞(每瓶包含100万个左右的胚胎干细胞)向研究者的索价是5000美元,这在当时高过任何类型的其他细胞的价格。并且因为杰隆公司对汤姆森的研究的贡献,WARF也有义务兑现威斯康星大学和汤姆森已经同意的许可协议。该协议规定杰隆生物技术公司对把干细胞培育成6种细胞类型享有专有权,即血液、骨骼、胰腺、肝脏、肌肉和神经细胞。这将使杰隆公司可以把这些细胞转化成可能治疗最常

---

① 1923年,威斯康星大学教授哈利·斯廷博克发现用紫外线照射食物和其他有机物可以提高其中的维生素D含量,用紫外线照射过的兔子食物,可以治疗兔子的佝偻病。斯廷博克就用攒下的300美元为自己申请了专利,并用自己的技术对食品中的维生素D进行强化。到1945年,佝偻病已经在美国绝迹了。——译者注

从鼠到人

见而仍然没有治愈方法的慢性疾病的治疗手段,包括糖尿病、阿尔茨海默病、帕金森病和肌萎缩性侧索硬化症。

该协议被证明是干细胞科学家的痛处,并最终对于 WARF 也是一个痛,令 WARF 最后起诉杰隆公司扩展许可权。无须经过医学专家,杰隆公司粗略一估计就意识到,新的治疗机会会涉及多少利益。许多科学家所抱怨的是还能留给他们什么发展机会。但既然《迪基-威克修正案》有效地冻结了政府在这一领域的拨款,私人投资者把他们宝贵的研究资金投入某领域从事开发,并最终把所得到的发现商业化,那么如果潜在回报力很小,哪一个投资者会愿意?

彼得森最初拒绝迈克尔·韦斯特的财政支持的时候所预见到的,就是这一严峻而耗费精神的形势。由私人发号施令,他和其他人都相信,科学就不会以它应有的方式发展。因为为了获得人类胚胎干细胞,杰隆和 WARF 提供了全部财政支持,并且因为 WARF 现在拥有专利,他们拥有全部法律权利,能决定利用这些细胞做什么。他们可以把这些细胞视为私人拥有的材料,把它们潜藏在自己的实验室里,以获取经济收益。或者他们可以让这些细胞为其他研究者所用——在一定条件下。无论哪种方式,WARF 有控制权,任何研究者想要研究这些细胞必须同意 WARF 的条款。

而这些条款,至少开始时,对麦迪逊以外的任何人并没有吸引力。

★　　　★　　　★

"我们的第一使命是促进、鼓励和援助威斯康星大学麦迪逊分校的科学研究," WARF 常务董事卡尔·古尔布兰德森(Carl Gulbrandsen)一边说着,一边向我介绍 WARF,"我们为大学服务。"这是恰当的。那时,WARF 的办公室占据了威斯康星大学麦迪逊分校最高建筑最高的几层,这幢大楼高 15 层,称为 WARF 大楼,其深色的玻璃幕墙很难不引人注目。整幢大楼雄踞门多湖(Mendota Lake)畔以北,恰如哨兵站岗一样,以东就是学校的校园。

　　大楼第15层楼的会议室在古尔布兰德森办公室的上一层。正是在这间会议室里,古尔布兰德森和WARF的董事会进行了辩论,并在1998年最终决定为汤姆森的人类胚胎干细胞申请专利。许多科学家声称,正是这一决定,开启了这些细胞用作研究的使用权讼争,甚至在一些人看来,是阻碍了干细胞科学的进步。

　　古尔布兰德森身材修长,一头白发梳理得整整齐齐,说话直截了当,以其严格遵守WARF的以威斯康星为中心的使命而不为干细胞科学家所欢迎。他不是一个需要别人喜欢的人,甚至一旦有人说到胚胎干细胞,他似乎喜欢标榜他在WARF的支配地位而刺激别人。没过多久,他讲述了他在一个科学小组第一次碰到斯克里普斯研究所(Scripps Research Institute)的一位科学家珍妮·劳瑞(Jeanne Loring)的经过。劳瑞告诉他,她在研究人类胚胎干细胞,并以她的研究为基础创办了一家公司。古尔布兰德森回应说,她必须得到WARF的许可。"她不喜欢那东西。"他说着,还大笑。

　　但他承认,当汤姆森第一次告知WARF他取得的突破时,"还不能肯定我们应该申请专利。我记得在讨论中有人表现出惊愕,因为这些是人类细胞。"

　　自从科学家和机构开始声称他们资助人类基因组片段研究以来,对人体组织申请专利,是一个激烈争论的话题,因为它已经存在于自然界。到1997年,当WARF开始讨论人类干细胞的时候,成千上万的基因已经被美国专利和商标办公室(U. S. Patent and Trademark Office)授予专利。对于胚胎干细胞,一些许可权和专利工作人员争辩说不是专利,因为它们是人类材料;其他人,包括古尔布兰德森坚称,它们本质上不是天然的,它们生长在培养皿里,并且他说:"我的感觉一直是,专利法在很大程度上是不可知的,取决于立法者和其他人决定这是不是一个问题。如果是新的,并且是新奇的,不是显而易见的问题,那么我们应该对细胞提出申请。"

但如果 WARF 决定不对细胞申请专利,我问,岂不是就会允许更多的研究者去获得细胞,并且允许最终建立起一个更适宜的环境,让干细胞研究领域在这一环境里自由成长而不要授权费和版权了吗?毕竟,这一领域已经受到伦理和政治力量的重创;WARF 有可能通过消除法律和专利的障碍,缓和一些压力吗?

古尔布兰德森微笑着。此前,这个问题他已经被问过很多很多次。他有一个现成的答案。"在我们与杰隆公司的协议下,如果我们不申请专利,那么杰隆公司就要申请,你想要谁有自己的专利?要一家商业公司?这对研究者真的是一个好地方吗?"他笑着说,"还是要一家基金会?我选择认为如果人类胚胎细胞有知识产权,那还是由基金会拥有好些。基金会至少到头来还有公益性使命。"

但即使是古尔布兰德森,也承认公益使命不完全是利他的。是的,WARF 确实打算分发细胞以供促进干细胞研究,但要以对威斯康星大学有利的方式分发。正如古尔布兰德森多次提醒我的,保护威斯康星大学的利益是 WARF 的主要任务。

这些利益之中最迫切的是 WARF 对于杰隆公司的义务。在与杰隆生物科技公司的协议中,WARF 承诺杰隆公司对任何商业产品或源自六种细胞类型的治疗方法有许可权。为了保护和信守这些承诺,WARF 选择为这些细胞和汤姆森曾使用的创造这些细胞的方法申请专利。这些专利,正如 WARF 所理解的,是确保像杰隆那样的公司继续保持对干细胞的兴趣并继续投资于这个项目的关键。没有专利保护,古尔布兰德森争辩说,干细胞不会有良好的商业应用。"如果你没有强大的专利,很难吸引到投资。"他说。

但是,商业上有合理性并不等于科学上也同样有合理性。对研究者来说,专利是个紧箍咒。这意味着,任何希望得到这些细胞的人或自己制造这些细胞的人都必须获得 WARF 的许可,即使他们无意让他们的研究商业化。

但许可条款使不少科学家看到了"红灯"。

材料转让协议(Materials Transfer Agreement,简称 MTA)是学术性研究的主要文件。当来自一所大学的研究人员同意向另一所大学的同行提供他们研发的细胞、培养基、试剂或其他材料时,两所大学就需要签订 MTA。MTA 包括用于研究目的的这些材料的使用规定,并且通常唯一涉及的收费都是象征性的基金分配和运输的费用。协议后面真正的想法是为了促进资源共享,旨在鼓励创新和扩大原发现者的成果。如果接收方的研究人员开发出有市场价值的产品,那么利益双方将协商许可协议。但在当时,为了纯粹的研究目的,科学家大部分是自由进行自己的实验,而不用太多担心来自原实验室的监督或限制。

然而,WARF 对汤姆森的干细胞制定的 MTA 包含几个额外的条件,超越了通常的协议。

首先,WARF 严格规定了这些细胞能或不能用于什么类型的研究:在 WARF 的标准下,不能把这些细胞结合进动物卵子从而生成人兽嵌合体,也不能引入另一个人类胚胎或移植入女性子宫。而最难堪的条件是:如果研究人员最终开发出一种新的治疗药物或治疗方法,WARF 希望商业化,那么 WARF 有权从中获取事先未指明的收入或版税。此外,WARF 要求科学家每年寄发信件描述他们的研究,作为确保这些条件得到满足的一种方式。该协议还给了 WARF 在任何时间终止任何利用这些细胞正在进行的研究并要求返回这些细胞的权利。

道格·梅尔顿①渴望用这些细胞开展研究。但回到波士顿,看

---

① 道格(Doug),即道格拉斯(Douglas)的昵称,所以道格·梅尔顿就是道格拉斯·梅尔顿。——译者注

着 MTA 的条款,他目瞪口呆。他看到这是一个阴险的方式,是想通过强制他向 WARF 提供他的工作的年度进展报告,把他变为 WARF 的雇工。尤其令人厌恶的是,WARF 有权在他们的要求没有得到满足时,在任何时间终止任何实验。梅尔顿打电话给古尔布兰德森本人,直接质疑 WARF 对如何进行科学研究的理解。"我说这是不可思议的,我可能要求一个博士后或研究生使用这种材料进行研究,同时知道在未来任何时刻,你会要求我们毁坏研究资料和所有细胞生成物,并要回去。"

古尔布兰德森撤销了这场交换,承认他可能没安抚好梅尔顿的沮丧。"我说:'关于这件事,我没什么办法。这些是我们一直奉行的规定,我们必须遵守。如果你不喜欢,那就不要使用这些细胞。'这样说不会令他高兴。"古尔布兰德森又微笑着回忆说。

他说,不管怎么说,这些条件不是 WARF 企图控制或指挥研究者能进行的实验类型,而是反映了 WARF 要信守以前对捐赠胚胎的夫妇已签署的承诺。那份文件向捐助者保证了特定的事项——他们的胚胎不会被用于某些类型的实验,例如把从他们的胚胎里取得的干细胞移植到一个动物的卵子里创建一个人兽嵌合体。此外,古尔布兰德森再次提醒我,这些条款也将威斯康星大学的利益考虑在内。"我们生活在威斯康星州这一非常反堕胎的环境中,"他说,"我们需要一些机制在事实上说明我们正在实践对这些捐助者的承诺,非常认真地在实行,禁止某些类型的研究。"他说,需要每年从得到这些细胞的科学家那里获得年度报告似乎是一个绝对无害的方式,用以书面证明我们的承诺。有权终止 WARF 认为是违背了这些条款的任何实验,也是一种消除州议会疑虑的方式,让他们相信基金会不会容忍对这些细胞的滥用。

不管是否是故意的,网络效应确立了 WARF 在还是弱小的干细胞丛林里 800 磅重的大猩猩的名声,提高了 WARF 日益增长的贪婪、垄断的巨兽名声。这并不影响 WARF 的官员公然继续激进地实施他们的条款，至少是不为他们的政策道歉，而不是采取更合作的立场（有些地方他们最终是改了，但也许太晚了，没能重建他们与科学界的破碎的关系）。

这是一种由信心产生的骄傲自大。当时，汤姆森的细胞在科学界是唯一的，并且随着关于政府是否应该或不应该支持干细胞研究的政治斗争开始成形，似乎很有可能，威斯康星大学将依然在很长一段时间里是人类胚胎干细胞的唯一来源。不管喜欢还是不喜欢，大猩猩已经坐稳天下，任何人都可以看到，这一形势短期内不会改变。

★　　　★　　　★

这种形势恰恰是瓦尔姆斯、汤姆森、吉尔哈特和韦斯特在 1998 年 12 月前希望能避免的，当时他们要在国会为赞同政府在财政和监管方面支持干细胞科学而作证。

在 WARF 这方面，在古尔布兰德森看来，WARF 在他一贯的道路上所扮演的角色没有不同——保护威斯康星大学的利益，关于干细胞，没有期望或义务采取别的行动。"我们的基金会不是设置来为世界上其他人服务的，它为威斯康星大学麦迪逊分校服务。"古尔布兰德森在捍卫 WARF 的关于分配这些细胞的价格和条款的最初的激进的决定时说。

WARF 做出这些决定的时候，科学界的愤怒大多不可避免地落到了汤姆森头上。毕竟，专利是以他的名义发布的，并且是他授权给 WARF。他成为他的同行们越来越沮丧的靶子。"人人都把我看成在控制这件事。"他告诉我。"是的，外面是有很多敌意。不仅仅是专利，还有细胞的分配。"他以他特有的坦率总结说，"我们的那个MTA 太差劲了。"

汤姆森也承认,是年度进展报告把事情搞大了。当我问他是否同意提供这样一份文件时,他嗤之以鼻:"它会把我烦死。我会喜欢每年做一份年度进展报告作为 MTA 的一部分?去你的吧。真气死我了。"

汤姆森确实因为他受到的委屈而向 WARF 抱怨。但在当时,他说:"这并不重要。我也没有任何办法,因为主要的原因是要向我们的州议会证明我们在跟踪这些细胞。"

这汹涌的抗议声浪,加之 WARF 越来越耍花样欺骗威斯康星州,而威斯康星州的百姓是在用他们交纳的税金支持 WARF 的活动,欺骗威斯康星大学,以及欺骗更大范围的科学家群体,终于导致原 MTA 做了几处重大修改。WARF 最初的强硬路线有了一些软化。在政府出面调停后,细胞价格从每 2 瓶 5000 美元跌至 500 美元,等同于对接受联邦资助的研究人员的价格。让 WARF 对来自商业化产品享有未来版税的"延伸"条款被取消了,对此,古尔布兰德森还说不是"延伸",但终于承认写得"有可能引起歧义"。

"我认为 WARF 在简化和完善中失去了成为领袖的机会。"汤姆森说,"这些年来他们弄明白了,但太晚了。我认为他们闭眼不看科学界在如何工作,但随着时间的推移,他们学会了。"

我问古尔布兰德森,鉴于 WARF 在干细胞圈子里高视阔步、争名争利而声名狼藉,鉴于他最终认同科研界关于部分原条款过于苛刻的主张,他是否会改弦易辙。他停顿了一下,然后说:"人们可以对 WARF 生气,但他们至少必须同意让 WARF 学习。我们不是完美的,但是我们确实是在学习。我们是在边走边努力地学习。"

第5章

总统、政策和困境

得克萨斯州的 8 月,空气并不令人乐观。即使在一大早的那几个钟点里,黏糊糊、湿漉漉的南方热浪在那段时间还远没有达到令人窒息的顶点,第一波湿热之气已经开始饱和。

2001 年的 8 月 9 日也不例外。因此,当乔治·布什总统和他的一位国内政策顾问杰伊·莱夫科维茨(Jay Lefkowitz)出发到位于克劳福德(Crawford)的总统牧场晨跑时,他们两人之中的一个人明智地决定尽量少说话,以保持呼吸平稳。

毕竟,莱夫科维茨认为,他已经讲过话了。在整个春季和夏季,他同总统已有过多次私人谈话,出席过多次与科学家、伦理学家和议员的晤谈。起草的备忘录已经有一小堆,已经向总统介绍了情况,他不需要再说话了。那天的晚些时候,总统将要坐在 3300 平方英尺的"西部白宫"的一个临时工作室的摄像机前,并最终让全国民众参与他上任 8 个月来最让人期盼的决定。到下个月,闯入纽约世界贸易中心、五角大楼和宾夕法尼亚州尚克斯维尔(Shanksville)的飞机①要重新定义布什总统的执政,并把一个远为紧迫的国内政策

①   此处是指 2001 年的"911"事件,该事件中,恐怖袭击发生在纽约世贸中心、五角大楼和宾夕法尼亚州的尚克斯维尔。——译者注

总统、政策和困境

问题放到总统的办公桌上。但 2001 年 8 月的那个早晨,当这两个人走进繁忙的得克萨斯早晨时,关于国家议事日程中最激烈的和政治上最敏感的话题,明显是干细胞问题。

在整个竞选过程中,布什作为一个虔诚的基督徒,在生殖健康问题上持坚定的保守派立场:他反对堕胎,以及相关的胚胎研究,因为胚胎研究几乎总是需要伤害或毁坏胚胎——他看作为是取人生命的行为。

有三天时间,莱夫科维茨、总统和受他信任的顾问凯伦·休斯(Karen Hughes)都主动不到总统牧场去,精心准备布什将在那天晚上向全国发表的讲话。凯伦·休斯以前是记者,处事果断,绝不拖泥带水;她是得克萨斯人,成功帮助布什进行州长竞选和总统竞选。这是总统首次在电视的黄金时段向国民发表讲话。不是战争,不是政治危机,不是国家安全问题。这一事实本身也许已经表明了讲话的重要性。关于干细胞的决定承担了布什政府在头几个月里的身家性命,成为关键的政治领头羊,证明了白宫是绝对的保守主义。一些专家指出,电视讲话的优势在于给了布什的决定一个庄严的态势,反映出总统认真考虑了自己对人类胚胎干细胞所持的立场;更不用说让他避免了安排新闻发布会,在会上回答来自记者的问题了。

一个科学问题——一个生物学问题,听起来涉及诸多不同的概念,如囊泡、内细胞团和多能性细胞——为全国所重视,这一事实足够得非同寻常。但是到 2001 年的夏天,干细胞已远不仅仅是一个基础生物学的问题。干细胞,因其包裹于胚胎之中,提取于胚胎之中,已经成为布什政府的试金石。保守人士指望新总统彻底推翻已经草拟好但尚未被克林顿政府执行的干细胞政策;而自由主义者都屏住了呼吸,在看这位反堕胎的总统会给一个富有前景的新领域带来多大破坏,这一新领域竟不幸地完全依赖于一个政治的烫手山芋。

但谣言愈演愈烈,在媒体和从业人员之间流传,说布什正在考虑全面禁止干细胞研究,停止联邦资金资助研究,强迫干细胞科学转入地下,转入私人部门,并且期望参与其中的人在私人部门自律,而不一定由政府监管其科学研究和伦理行为。

布什敏锐地意识到这个问题吸引着公众的高度兴趣,同时又高度敏感。几个月里,他有意没让他通常的写手染指那天晚上的演说稿,而代之以请莱夫科维茨和休斯起草初稿,然后由他们三个人在克劳福德雾气蒙蒙的八月天里审核、编辑和改写。

对莱夫科维茨来说,讲话稿,以及总统的决定,代表了8个月的生物学和伦理学速成课的高潮。"对我来说就像是读研究生。"有天下午在喝过了咖啡之后,在曼哈顿市中心他的法律办公室附近,他告诉我说。莱夫科维茨48岁,但仍然像个男孩。他戴着眼镜,与他的职业很相称,很会说话,并且很会说服人——事实上是很会让人觉得可亲。因为他脑子反应快,为人随和,没有立即表现出为什么他在法庭上会赢得"毒蛇"的称号。他描述事件的来龙去脉,引导布什做出决定,但显然他是一个细心、有定见的人,宁愿依据知识和他已了然于胸的道理处理事情。他的这一品质,赢得了不赞同他在干细胞研究问题上所持的保守立场的科学家对他的尊重。科学家们还欣赏他在这一领域的彻底的和开放的观点。"我知道在哲学上他站在另一面,"欧文·魏斯曼(Irving Weissman)博士说,魏斯曼是斯坦福大学干细胞生物学家的先驱和布什的干细胞政策直言不讳的批评者之一,"但我对他的信誉打A级。"

莱夫科维茨说,他在出手处理事情之前先要学习,这一偏好大部分来自他的父亲。他的父亲也是一名律师,服务于纽约公务员协会(Civil Service Employees Association),这是该州最大的工会。莱夫科维茨在冷战时期长大,作为政治教育的一部分,他的父亲坚持要他读论反乌托邦的三本书,这一经历给他这个十来岁的小伙子留下

了深刻的印象。多年后,他对着我,仍能脱口而出《美丽新世界》
(*Brave New World*)①、《一九八四》②(*1984*)和《中午的黑暗》
(*Darkness at Noon*)③这些书,可见其对他的思想影响之深。

　　莱夫科维茨与布什家族的关系始于老布什第一次总统竞选时,
1987 年,当时他开始把他的职业方向定位于揭露世界各地侵犯人权
的现象,发表演讲。到克林顿时代,莱夫科维茨回到私人部门。随
着小布什入主白宫,他担任布什的管理和预算办公室总顾问。2001
年 1 月他就任时,放在他桌上的诸多事情中的第一件事就是一件诉
讼案,涉及的是干细胞。案子由一个名叫"小夜灯基督教收养院"
(Nightlight Christian Adoptions)的加州团体提起,反对国家卫生研究
院按照人类胚胎研究小组的建议对人类胚胎干细胞给予研究资助
(而不是依据克林顿总统的禁令,只能资助专为研究目的而创造胚
胎的研究)。小夜灯是一个收养组织,其各种服务包括把剩余的体
外受精胚胎同愿意接受它们并把所生成的孩子当作自己的孩子加
以养育的夫妇配对。诉讼指控,如果美国国家卫生研究院批准在这
一领域拨款,就是违法,违反《迪基-威克修正案》。它要求国家卫生
研究院立即停止所有干细胞活动。

　　无论其法律价值如何,这场诉讼给布什的白宫以一个良好的理

---

　　①　《美丽新世界》是英国作家阿道司·赫胥黎所著 20 世纪最经典的反乌托邦文学
之一,在国内外思想界影响深远,并被拍成影片。书中虚构福帝纪元 632 年(即公元 2540
年),机械文明下的未来反乌托邦社会中,人们经基因控制孵化,以 5 种姓产生于工业化
的育婴房。"人"性被机械剥夺殆尽,从出生到死亡都受着控制,被分为 5 个社会阶级,分
别从事劳心、劳力、创造、统治等不同性质的社会活动。人们习惯于自己从事的任何工作,
视恶劣的生活和工作环境与极高的工作强度为幸福。——译者注
　　②　《一九八四》是英国作家乔治·奥威尔于 1949 年出版的小说,刻画了一个令人感
到窒息和恐怖的、以追逐权力为最终目标的假想的社会,是 20 世纪影响力最大的英语小
说之一。——译者注
　　③　《中午的黑暗》是一部以苏联 20 世纪 30 年代"大清洗"为背景的小说,出版于
1941 年。在社会主义国家遭禁。但目前已在中国解禁,由董乐山翻译出版,译名"艳阳天
下的阴影"。——译者注

由来审视在克林顿时代已经启动的干细胞政策。它给了保守派倾向的新总统一个承接这个问题的机会,以便实行他自己的政策。

从技术上来说,布什对于干细胞没有任何动作。到他2001年1月进入白宫时,国家卫生研究院已经收到了一些资助基于体外受精的胚胎干细胞研究的申请。科学家必须在3月15日之前申请联邦基金,届时该机构将开始评估这些申请,并为那些他们认为最值得的项目写评估报告。哈罗德·瓦尔姆斯还确立了一套准则,以评估未来的研究建议。一切都有条不紊,可让该机构第一次实施对于人类胚胎干细胞研究的资助。

情况似乎就是这样。布什参加竞选的立场是,他坚信不应以任何目的摧毁胚胎——即使是为了进行研究,并且这种研究可能有益于患有不可治疗的疾病的人群;以及甚至哪怕这些胚胎是多余的,是父母和体外受精诊所决定遗弃的。布什觉得克林顿的政策不符合自己的政府的信仰。虽然他在竞选期间从来没有就胚胎干细胞问题发表过演讲,作为总统候选人,布什还是曾用下面的语句回应过宗教人士:"纳税人的钱不应该支撑或涉及破坏活的人类胚胎的研究。"

所以,布什的官员们不是悄悄地撤销美国国家卫生研究院的计划,而是相反,可能感觉到这是一个开始——一个机会,由此证实他们的候选人已经转身为行政长官,可以就复杂而有争议的问题做出重大的决定,以及新总统处事深思熟虑的风格。"很多保守主义团体甚至把这看作有点像要替代堕胎,"莱夫科维茨说,他的注意力集中在反对干细胞研究的最强有力的论据,而不问立场是否公正,"他们反应非常强烈,星星之火,似有燎原之势。"

在布什入主白宫的几个月内,这火势越烧越旺,白宫感到不得不采取行动,于是开始致力于让公众了解事情的来龙去脉。干细胞科学家、生物伦理学家、宗教领袖、赞同研究的病人、国会议员、内阁

总统、政策和困境

成员,全都在白宫的总统办公室里转悠,整个春季和夏季的那几个月,情形就是这样,而此时布什则苦思冥想着纳税人的钱是否应当用于胚胎干细胞的研究。一方面,他的坚定的信念是,生命始于受孕,生命不应该为了服务于另一条生命而被摧毁。这一信念使干细胞领域,无论有多么诱人的前景,在伦理上都令人苦恼。有什么东西可以证明毁灭这些生命——无论它们多么未发育或未成形——是正当的? 另一方面,有数以百万计的美国人,他对他们也有责任。他们每天都受着无法治愈的疾病之苦,诸如糖尿病、帕金森病、阿尔茨海默病和脊髓损伤,所有这些疾病有可能有朝一日用干细胞疗法治愈。拒绝这些公民获得治疗的机会是合乎伦理的吗?

持怀疑态度的人看到的是摇摆不定,看到的是烟雾迷茫。这里透露出什么信息? 是总统在耗神费时、殚精竭虑,力图以大智慧解决这一日益复杂化的科学和道德的难题? 这些怀疑论者想弄明白,为什么布什的立场突然令人忧虑。布什是共和党的总统候选人,似乎确定了他反对胚胎研究的立场。这些政坛的老手想知道,是什么动摇了他的信念。是科学? 是伦理?

造成改变的原因,主要是压力。有来自自由主义倾向者的压力,支持堕胎的左派的压力,他们正在考验新总统著名的保守观念的极限;还有来自反对堕胎的右派的压力,这些人投票给布什,选他当总统,渴望看到他们的观点付诸实行。"各种保守的和反堕胎的组织躁动不安,"莱夫科维茨说他们越来越期望布什政府兑现其竞选时承诺的保守主义价值观,"他们在挑战新一届政府。他们希望新一届政府证明自己。"

事情的复杂性在于,总统自己的党的内部也日益呈现出分化的趋势。国会里一群坚定的反堕胎的共和党领袖,以来自犹他州的参议员奥林·哈奇(Orrin Hatch)为首,表示强烈赞同干细胞研究,尽管胚胎在这个过程中会遭遇毁坏。哈奇研究这一问题两年多,得出结论,认为反堕胎的立场允许研究注定要被丢弃的胚胎,并认为存在于培养皿中的只有几天大的胚胎不具有与植入子宫的胚胎或五岁大的孩子同样的道德地位。其他议员中,南卡罗来纳州的无党派参议员斯特罗姆·瑟蒙德(Strom Thurmond)也支持这项科学研究,他看到他女儿与 I 型糖尿病的搏斗,赞同国家卫生研究院参与干细胞研究可能会发展出更快且更安全的治愈方法。还有来自俄勒冈州的共和党参议员格登·史密斯(Gordon Smith)决定支持干细胞研究,以向受着帕金森病折磨的家庭成员表达敬意。这说来有点不可思议,但用一些共和党战略家们的话说,他们是"慈悲的保守主义"。

在政府内部,政府的工作人员也在选边站。卡尔·罗夫(Karl Rove)是个尽责的政治战略家。他强烈反对联邦资金投向这门科学,担心政府支持干细胞研究不会被总统最强大的保守派支持者看作是什么善举,而总统却是不仅在国会山需要他们,而且还有下一次大选的需要呢。汤米·汤普森,新任命的卫生和公众服务部部长,他又是威斯康星州的前州长,仅仅三年前,曾自豪地称赞过詹姆斯·汤姆森在威斯康星大学的开创性工作。他敦促总统支持这项研究。

事实上,莱夫科维茨告诉我,正是汤普森,部分地促使白宫把干细胞研究推向了布什的首项工作议程。在 3 月份的参议院听证会上作证时,这位新任美国卫生和公众服务部部长,这个心直口快的中西部人对关于《迪基-威克修正案》问题的回应,一定令新政府目瞪口呆。他说:"国会通过了法律,因为干细胞来自被摧毁的胚胎,禁止使用联邦资金资助干细胞研究,……我陷于困惑之中,正如你也可能因为这条法律而困惑一样。"

虽然汤普森指的是他自己感到困惑,而不是说白宫有什么困惑,但作为内阁成员,有人料想这是反映了政府的观点。所以毫不奇怪,第二天,白宫记者立刻质疑新闻秘书阿里·弗莱舍约(Ari

Fleischer)关于总统的立场。总统是不是改变了竞选时的立场？他是否比许多人想得更倾向于支持干细胞研究？弗莱舍约无言以对，只得求助于莱夫科维茨。"他来到我的办公室,说：'杰伊,我们说什么？我们在这个问题上有立场吗？'"莱夫科维茨说。

与此同时,科学家们在无助的沮丧中看着政治把他们的研究越来越深地拖入官僚主义的泥潭之中。瓦尔姆斯曾经决定制订一个指导方针并邀请科学家申请拨款,这似乎是在沿着正确的路线行进。但仅仅过了三个月,新政府上任,这项研究再一次陷入政治的拔河赛,汤米·汤普森下令在对人类胚胎干细胞研究领域的审查完成之前,暂停国家卫生研究院资助第一批这类研究。汤普森部长把审查任务指派给科学和技术政策办公室(Office of Science and Technology Policy,简称 OSTP),这是卫生和公众服务部下设的一个机构,负责有关国家卫生研究院管理的研究的政策问题。该办公室由拉娜·斯库博(Lana Skirboll)领导,她是一位药理学家,是由瓦尔姆斯任命的,但人员组成却不是科学家,而是专业指导制定联邦决策和预算分配的方方面面的政府官员。

禁令意味着取消旨在审核第一批拨款建议的会议,那是国家卫生研究院原定的计划。在审核委员会成立并准备评审这些拨款建议前两周,原定与会的十多位成员逐一被电话通知不必再来开会。大多数人对于这个消息并不感到惊讶。

对科学家来说,会议的取消是一个不祥的征兆。在那之前,干细胞的支持者和专家们都保持着低调,希望现有的干细胞政策会溜过白宫新主人的注意,并且指望一旦研究启动,这门科学的优点和潜力本身就能说明问题。但他们的希望被证明完全是空想,布什是不可能放任不管的。

一群富有的商界领袖——他们都是病人,都深知他们的疾病对生活的挑战,也知道干细胞有可能治疗这些疾病——从小夜灯的诉讼里得到启发,开始向政府提起他们自己的诉讼。取消审核会议为他们提供了良好的理由:在他们看来,这是在干扰政府既定的政策,实属不可接受。精明的律师担心在官僚政治缠斗的拖沓过程中,联邦政府对干细胞研究的资助会继续受到削弱,他们争取来自科学家方面的力量,包括杰米·汤姆森、道格·梅尔顿,以及澳大利亚的权威专家艾伦·特伦森①(Alan Trounson)和马丁·佩拉②(Martin Pera)。为了增加杰出人物的影响,克里斯托弗·里夫③(Christopher Reeve)也加入了诉讼案中。

科学家们所为之奋斗的只是现状。事实是,国家卫生研究院在为干细胞研究呼吁,这在很大程度上是多亏了哈罗德·瓦尔姆斯。他找到了一个聪明的办法来对付《迪基-威克修正案》的限制。在汤姆森和吉尔哈特的论文发表后不久,他写信——作为国家卫生研究院向该部提交的报告——给卫生和公众服务部的法律顾问,并征求意见。他问,研究胚胎干细胞会被认为是研究胚胎吗? 如果不是,这对于受政府资助的科学家来说,他们会受到不公平的对待吗?

哈利特·拉布(Harriet Rabb),现在在洛克菲勒大学(Rockefeller University),当时是卫生和公众服务部的总法律顾问,在仔细审查了《迪基-威克修正案》如何定义胚胎之后,最终做出了一个甚至连莱夫科维茨也同意的重要的决定:当胚胎植入子宫并发育后,是一个生命体;因而当然地,从来没有打算植入女性体内并进一步发育的

---

① 艾伦·特伦森是目前世界上资金最多(30 亿美元)的医学研究机构加利福尼亚再生医学研究所(the California Institute for Regenerative Medicine)的总裁。——译者注

② 马丁·佩拉,澳大利亚细胞协会会长,1989 年,佩拉等分离出一株人类 EC 细胞系。——译者注

③ 克里斯托弗·里夫,美国著名影视演员,于 1995 年因意外事故而脊髓损伤,造成瘫痪,2004 年 10 月因病逝世。——译者注

总统、政策和困境

干细胞不是胚胎。这样,使用纳税人的钱用于研究是合法的。

"最终我基本上认为,作为一个法律问题,我们有权让联邦资金用于干细胞研究。"莱夫科维茨告诉我。然后,他迅速补充说:"但我们没有被要求这么做,因此总统必须做出行政决策,决定我们是否应该这么做。"

莱夫科维茨对就职头几天就碰到的这场诉讼案则持相反看法,认为拉布的决定以及由此引出的国家卫生研究院资助胚胎干细胞研究都是违法的。但莱夫科维茨做了一个法律上的认定:不在法律层面上与政策较量。这一选择经证明对于布什政府最终决定如何处理干细胞问题是关键性的。

拉布的决定真是妙不可言,抢占了先机,令瓦尔姆斯豁然开朗。虽然瓦尔姆斯把事情说成是不需要费脑筋的简单事儿,但他承认:"需要有一个良好的法律表述。我需要某种表述。人们今天仍然认为这是不合法的,但我不同意。我们必须说胚胎干细胞不是胚胎,禁令不适用。"

瓦尔姆斯已经可以感受到,克林顿政府期间奠定的基础开始陷入政治的泥潭。依据拉布的决定,他几次出现在国会山上,他断然告诉国会,他打算继续资助人类胚胎干细胞的研究。"生成这些干细胞的过程没有使用联邦基金,没有违背法律,并且我们已经确定,如果联邦基金用于支持这项工作,一旦分离出胚胎干细胞,并没有违背法律。"他作证说。

但布什政府一搁置国家卫生研究院在这一领域的一切努力,瓦尔姆斯的所有努力就好像从未发生过。国家卫生研究院开始退回到起点。

★　　　★　　　★

当我问莱夫科维茨,为什么总统觉得有必要废除现行的干细胞政策,需要从头开始,他暗示原因更多的是出于政治而不是科学。"布什感觉他有责任、有义务确定联邦基金的使用与联邦法律如何保持一致。"他说。

布什政府的决定导致干细胞研究大军向白宫的进军——整个夏季,应白宫的要求,来自不同领域的各方面专家和顾问几乎源源不断汇集拢来,向总统说明干细胞这一课题的情况。

道格·梅尔顿是那些受到召集的人之一,他的体会对于窥视白宫的动态颇有启迪。他不是作为哈佛干细胞研究所的共同主任,而是作为青少年糖尿病研究基金会的一员到白宫去的。他告诉总统,他的理由是,相信干细胞具有推进糖尿病研究的潜力。鉴于梅尔顿在这一领域的突出贡献,他最终同副总统迪克·切尼(Dick Cheney)、卡尔·罗夫,以及总统说上了话。梅尔顿是自费来到白宫的,他渴望有机会解释为什么他觉得干细胞研究这一领域对医学的未来如此关键,以及为什么他亲身感受到寻找治愈糖尿病的疗法的时间迫切性。

他与切尼的谈话围绕着干细胞治疗心脏疾病的前景。切尼副总统最近患着心血管疾病,正与这一话题特别相关。"切尼先生头脑敏捷,充满了好奇。"梅尔顿在他的一处剑桥办公室同我谈话时告诉我,"我记得我逗他,他了解了那么多,可以来做个关心脏干细胞的讲座了。他问了我很好的问题,优点、缺点和伦理方面的问题都问到了。"

虽然切尼似乎赞同梅尔顿的论点,但到最后,他告诉这位科学家,决定是总统做出的。

但梅尔顿在会见总统之前,也被领进卡尔·罗夫的办公室。当时,罗夫不像后来那样,还不是家喻户晓的名字,并且尚未在公众心目中确立布什的白宫主谋人的地位。梅尔顿坦言,他不知道罗夫是谁,但发现罗夫要出席的会议特别多。"他试图让我确信我说的在科

总统、政策和困境

学上是不正确的，"他说，"即使我成为干细胞工作小组的成员，能够使干细胞分化成组织或身体的部件，免疫系统也会拒绝它们。免疫系统并未逃脱我们的注意。"他笑着补充说："我记得想到过如果他不想让干细胞研究进行下去，他应该是告诉我其他法律原因、政治原因、我一无所知的事情。似乎有点奇怪的是，他试图从某种科学的观点出发与我争论。"

这样，加上谈话过程中罗夫的助手不断打断讨论，后来又悄然走进来递过一张粉红色的纸条，要求罗夫在某一时间起身并离开房间，让梅尔顿对这次访问很是沮丧。"我很失望，他没有对我显示出礼貌，实际上只留出 20 分钟听我说。好像'我不知道，也不关心你是谁；有人要我来同你见个面，而我忙于其他重要的事情。'"梅尔顿说，"这就是我对那次会议留下的印象。"

与总统的讨论，梅尔顿说，也只是稍微好一点。梅尔顿回忆说，布什的开场白让他真的吓了一跳。"他坐下来，要我坐在他旁边，说：'这是你向美国总统进行宣传的机会。'"梅尔顿不是个容易分心或生气的人，却被打了个措手不及，"我记得我当时想，首先，这是令人惊讶的——这是他在以第三人称谈论他自己；其次，我不是真的到这里来宣传什么东西。"

但是，他可能实际上已经注意到了一条微妙而重要的线索，总统和他的高级助手们正在探讨干细胞的问题。布什说到他在 7 月份出现在伦敦时，他自己注意到"这是超越政治的方式。美国人民应该有一个能倾听人民的呼声并且在这个复杂的问题做出严肃认真、深思熟虑的判断的总统。而这正是我用以处理这个问题的方式"。

但是一些政治分析人士却不相信空话，他们猜测总统已经下定决心限制资助干细胞研究，将审慎采取行动，并对政治做认真的分析。梅尔顿作为青少年糖尿病研究基金会的代表到访白宫肯定为了争取更加多方面的资助，布什就是这样看待这次会面的，认为梅尔顿是来游说他改变想法。

关于总统的言论,最使梅尔顿困扰的是它明显缺乏严肃的意义。对梅尔顿来说,干细胞科学已经远远不是相信与不相信之间的抽象辩论,对他来说,他儿子为了维持生命,每天都要接受几次胰岛素注射,而干细胞科学代表的是一种非常现实的、比每天接受注射好得多的可能性。他的角色,在他看来,不是宣传这个立场或那个立场。这是支持科学。"我是来解释为什么干细胞科学,特别是胚胎干细胞科学,是一门令人兴奋的新学问,可借以了解我们的身体是如何工作的;以及同样重要的是,它是一种可用以治愈没有任何别的方法可治疗的可怕疾病的工具或药物。"他说,"疾病耗费国家大量的金钱,更不用说就我个人的感觉而言,更为重要的,疾病造成所有这些孩子的病痛和苦难。"

梅尔顿的"游说"似乎是承认干细胞科学在伦理上具有挑战性。但他提出,至少在他看来,伦理问题似乎并不复杂。他告诉布什,胚胎是被体外受精诊所丢弃的,注定要被损毁,如果可以加以利用,它们将是一种科学家用以进行研究的宝贵资源。从胚胎干细胞得到的知识,有朝一日会促成新的治疗方法,帮助数以百万计的美国人。这与仅仅丢弃这些胚胎相比,肯定是一个更好的选择。

一度,梅尔顿甚至试图呼吁布什建立万世之勋业,让他了解他支持干细胞可能就是他的"登月之旅"。梅尔顿说,总统的反应是"相当平淡"。走出会见厅,他觉得没能告诉总统多少他本想说的话,更不用说说服总统任何事情。

整个 2001 年夏季,布什继续同专家进行类似的讨论。但莱夫科维茨说,有一种奇怪的力量使总统的深思熟虑始终处于保密之中,其中有许多在布什的日历上没有正式注明。相反,有 30 分钟的间断被标注为"私人时间"或记为会见主要顾问,如白宫办公厅主任安迪·卡特(Andy Card)。这期间,科学家、伦理学家,或支持干细胞研究的组织的代表都全力以赴,讨论干细胞科学的复杂性。

随着外界对他在干细胞问题上的立场越来越有兴趣,布什总是含糊其辞,避开记者有关他会在什么时候做出决定以及会做出什么决定的问题。政府工作人员只透露布什总统去了哪里的暗示。布什自己只在 6 月致生命培育基金会(Culture of Life Foundation)(这是一个依据天主教生命福音的原则建立的组织)的一封信里露了一点底。"我反对联邦政府对干细胞研究的资助,因为这涉及摧毁人类胚胎。"他写道,"我支持对威胁生命和令人衰弱的疾病的创新研究,包括对来自成体组织的干细胞的富有前景的研究。"

成体干细胞已成为反堕胎运动反对干细胞研究的依据。这些团体争辩说,既然成体干细胞不需要胚胎就能获得,并能证明在科学和医疗上是有用的,那为什么支持摧毁胚胎。成体干细胞如何能与寻找治愈疾病的方法联系起来?成体干细胞如何能等同于相应的胚胎干细胞,而成为胚胎干细胞的替身?这是两个悬而未决的问题,大多数科学家的看法尚有疑问,但对于反对摧毁胚胎以用于研究的那些人来说,成体干细胞代表干细胞争论在逻辑上已得到解决。

理查德·多尔弗林格(Richard Doerflinger)就是这样。他负责监督美国天主教主教会议的反堕胎活动,成了胚胎干细胞研究的大声批评者。多尔弗林格胡子花白,风度慈祥,是一个有影响力的发言人。他曾经是 1994 年出席人类胚胎研究小组的公开会议的几个反堕胎的代表之一,并且,就像这些讨论对于代表中的许多人一样,也有助于形成他自己关于使用胚胎做干细胞研究的道德准则的观点。虽然科学家和许多生物伦理学家从功利主义的观点争辩,说对将要丢弃的体外受精胚胎进行潜在拯救生命的研究是更好的选择,但多尔弗林格和反堕胎运动,包括家庭研究会(Family Research Council)和国民生命权利会(National Right to Life),企图提出更为哲学化的主张。"天主教的道德准则在很大程度上是基于理解行为的第一结果是行为对于我们,即做出行为的人,所具有的结果,"多尔弗林格说,"行为影响我们的品格。所以我们正在让我们自己以一种新的方式陷入反生命这一步。这不仅仅是'这个胚胎会死吗?'的问题。"

多尔弗林格承认他自己是通过个人体验认识到这一观点的。还在他十几岁的时候,他的哥哥遇上了一起车祸,昏迷了几个月。医生告诉他,他哥哥可能不会醒来。对于是否继续保持他哥哥的生命支持系统,多尔弗林格的家人都很痛苦,难于做出决定。就在他们思想斗争之时,他的哥哥恢复了意识,虽然需要坐轮椅,但继续享受到了完整的人生。多尔弗林格曾志愿当一名医生,他说,在这次经历之后,支持取人生命的任何理由都几乎不可能成立了。"我们永远不能为了帮助另一条生命而剥夺一条无辜的生命。"他告诉我。

但成体干细胞与它们的胚胎前辈即胚胎干细胞有同样效用吗?科学家们不否认成体细胞具有治疗疾病的效用,但认为为了真正利用干细胞的潜能,应该允许同样地开启胚胎细胞和成体细胞的发育潜力。但政治的辞令又人为地强制把这两者割裂开来,似乎政府必须两者择一。

为了打破两者的屏障,美国卫生和公众服务部部长汤普森在2001年春季委托国家卫生研究院对现有的胚胎干细胞和成体干细胞知识进行一次彻底的审查。这份审查报告是到当时为止对干细胞科学做出的最全面的分析,还列出了一个令人印象深刻的83名权威专家的名单,他们都在两个月的过程中接受了采访,新加坡科学家阿利夫·邦梭(他分离出第一株人类胚胎干细胞,但未能保持其存活),以及以色列、日本、澳大利亚和美国的专家都在其列。他们与美国国家卫生研究院的作者们梳理了干细胞领域里的数十篇科学论文。"到目前为止,"报告得出结论,"无法预测哪一些干细胞——无论是来源于胚胎的、胎儿的或成体的——或哪一些可以操控这些细胞的方法,将最好地满足基础研究和临床应用的需要。显然还需要进行更多的研究才能得出答案。"

对于干细胞科学家来说,这很难说是令人震惊的消息或重大新闻,这仅仅是再次表述了他们一直在争论的东西。但该报告是为非专家量身定制的,他们发现自己正处于对这门科学制定决定性政策的位置。这份报告包含彩色的图表,展示了分离和培育胚胎干细胞所需的过程,它触及了最新的科学,包括干细胞如何帮助发展出治疗糖尿病、神经系统疾病和心脏病的新方法。但也许最重要的是,第一次,在一份报告里同时展示出胚胎干细胞和成体干细胞的益处和缺点,并且是只建立在科学基础上的分析。汤普森已特别要求小组不要在伦理上考虑太多,因为其他小组,包括 1994 年的人类胚胎研究小组和国家生物伦理顾问委员会已经试图解决这方面的问题。

报告的作者们写道,从病人身上获得成体干细胞更难,因为成体干细胞是罕见的。一旦分离,它们往往在培养基上更难生长,很难培育出足量的成体干细胞,供最终移植入例如患病的心脏或糖尿病患者的胰腺。而且那还是假设这些细胞可以被诱导生成病人需要的特定的细胞类型。

而胚胎干细胞具有显著的可塑性,并且在到目前为止所确定的干细胞系里,似乎在实验室里更加活跃,更加健康。但这种多能性的代价是有形成被称为畸胎瘤的趋势,即各种各样的已分化细胞的超自然的混合物。不过,据受咨询的专家的意见,只要小心、适当地培养干细胞,保持它们处于可控、多能的状态,这样的危险可以避免。

然而,报告不评判支持胚胎干细胞研究的那些人和反对胚胎干细胞研究的那些人之间的不同,对辩论的双方无所偏颇。在国会山,参议员、众议员和专家各自按他们自己的赞成或反对的方式解释这份报告。该报告在参议院听证会上发表,参议员奥林·哈奇在听证会作证时问道:"为什么不能将这些准备要销毁的胚胎用于利好人类? ……就我所知,现实的伦理是这些胚胎通常注定是要被丢弃的,但却可用于改善和延长生命。我相信切断对胚胎干细胞研究的支持将是不明智的。"

哈奇刚一讲完,多尔弗林格立即走到麦克风前,重申他的团队的立场,即资助这样的研究是违法的、不道德的和不必要的。多尔弗林格引述说,越来越多的研究显示出成体干细胞用于治疗疾病的前景,他特别对伦理宽容毁坏体外受精的多余胚胎表示不安。他在听证会上把这种论证称为"诡辩",说"我们不能为了取得器官而杀害患绝症的病人,虽然他们很快就会死去;或者甚至从死刑犯那里获取重要器官,虽然他们很快就会被处死"。

来自两方面的压力都在加大,要布什总统决定立场。这份报告发布前几星期,参议员哈奇写了一封 12 页的信给总统,论证他的反堕胎立场和支持干细胞研究两者之间的明显矛盾。"干细胞研究有助于生命,"他写道,"堕胎摧毁生命;这是关于拯救生命。"哈奇力劝布什说,既反对堕胎,又支持来自体外受精剩余胚胎的胚胎干细胞的研究是可能的。哈奇依靠的是一种许多生物伦理学家开始秉持的立场——胚胎的道德地位在它的整个发育过程中并不相同。他告诉记者,"我总不能把一个生活在子宫里的孩子,其脚趾和手指已能活动,心脏在跳动,视作等同放置在冰箱里的胚胎吧。"

38 位众议院共和党议员致信布什,向总统呼吁,但遭到反干细胞的众议院议员同样强大的抵制,这些人敦促总统撤销对干细胞研究领域的支持。该党的国会领袖——多数党领袖理查德·阿米(Richard Armey)、多数党党鞭汤姆·迪莱(Tom DeLay)和共和党会议主席 J.C.瓦特(J. C. Watts)——发表声明质问拉布的决定的道德合理性。他们说:"联邦政府不能在道德上对破坏人类胚胎另眼相看,然后接受提取干细胞供作医学研究用,并予以拨款。"

科学家们闲在那里并不自在。问题是,对于以往一直是靠着国家卫生研究院的政府拨款支持研究的研究人员来说,现在没法制定新的胚胎细胞计划了。依靠联邦拨款支持整个学校举办有价值的事业和开展实验的大学,现在也几乎没法允许一两个干细胞科学家违抗禁令,否则会让整个实验室处于失去政府资助的危险之中。

另一方面,私人部门的研究人员,尚能看到机会,通向他们的在象牙塔里的同行们不可能达到的地方,并且,如果他们的努力能成功,就能得到潜在的资金支持从而展开研究。最低限度,如果政府法规放开,欢迎纳税人资助研究,如果他们能成功地并且可靠地生成胚胎干细胞,他们就能掌握开启干细胞系之门的钥匙而受到热烈欢迎。结果,两家私人企业打了个监管的擦边球,确确实实地做了立法者和反堕胎团体担心他们会做的事:他们创造出了专供研究之用的人类胚胎,逃过了任何政府或公众的监督。

第一个尝试来自一家生育诊所,时间是在 7 月初。在弗吉尼亚州诺福克的琼斯生殖医学研究所,由女性供给卵子,男性供给精子,科学家混合后放在培养皿中,并让受精胚胎生长 4 天到 5 天,然后在这个时间点刮取附着于中空的囊胚内壁的胚胎干细胞。在 162 个受精卵中,只有 50 个胚胎开始分裂和生长,其中 40 个成功培育出 3 株干细胞系。(具有讽刺意义的是这些开创性的研究用的胚胎是在琼斯研究所生成的。正是这家弗吉尼亚州的诊所的一组医生,在 1981年创造了美国第一个试管婴儿。这些医生技术娴熟,对于操作胚胎以获取干细胞可谓驾轻就熟,但这些先前的医生之中没有一个人可能想象他们辛苦创造的胚胎竟完全不是帮助妇女怀孕)

地处马萨诸塞州马尔伯勒(Marlborough)的先进细胞技术公司的研究人员不甘示弱,他们现在由迈克尔·韦斯特领导。韦斯特当时被迫离开杰隆公司,一天后他透露,杰隆公司致力于生成第一个人类克隆体已有一年。但他强调说,这个项目并不致力于克隆人,而是想要找到一种方法以获得患者特异的干细胞。韦斯特的团队利用伊恩·维尔穆特的团队克隆多利的相同技术,希望克隆成体皮肤细胞,并让所得的胚胎只生长到足够从中提取干细胞。韦斯特意识到这项工作产生的道德上的不安,他报告说几天大的胚胎有自己的"保镖",加之又处于持续的视频监控下,以确保它们不会被植入女性子宫里生成第一个人类克隆体。

然而,这两家公司都没有取得完全成功;琼斯研究所尝试培养干细胞系的成功率不到 0.2%,而先进细胞技术公司只有第一个克隆胚胎存活时间足够长到可以生成胚胎干细胞。但他们的公告所产生的影响是清楚的——科学还是会发展,如果政府不拨款也不监管,就有众多受私人资助的公司会做。

对于干细胞研究的支持者来说,这些进展是一个警告,警示着如果指导思想正确,财务监管严格,技术监控有力,那么私人支持的研究就会蓬勃发展起来。"这一类型的研究表明,如果我们不允许联邦政府附带着严格的监管指导方针投入资金用于胚胎干细胞研究,我们将继续遭遇到种种问题。"哈奇警告说,"没有严格的国家卫生研究院的伦理要求,我们就会开启通向研究标准杂乱无章的大门,我相信严重的后果就指日可待了。"

对布什来说,煌煌声明只是招来更加声势浩大的呼声。"人们开始聚集起来,要求听到国会议员在这个问题上的声音。"莱夫科维茨说,"但是我们一直非常、非常冷静。尽管每个人都知道总统正在考虑这个问题,但那是一个很小的圈子——实际上参与同总统的讨论的,就是白宫里的 4 个人:卡尔、凯伦、安迪和我。"

"你会杀我的哪个孩子?"当约翰·博登(John Borden)的妻子高

举起一张照有三团胚胎的照片时,他问挤得满满的众议院里的成员。这三团胚胎有两个已发育成为两个婴儿,现在正坐在他们的父母亲的怀里,9 个月大,戏剧性地在国会亮相,众目睽睽之下,扭动着。"你想挑哪一个?"他问。

作为一名新父亲,博登是来作证的,以阻止政府资助胚胎研究。博登解释说,这些照片里的胚胎有一个没有存活下来。但是这三个本来是注定要死的,它们被冷冻着,不再被需要了,直到约翰和他的妻子露辛达(Lucinda)决定从另一对夫妇那里收养他们。卢克和马克·博登(Luke and Mark Borden)是保守派精心搜寻到的对象,用于为他们禁止胚胎干细胞研究而进行的战斗做宣传。他们的反对者则是看似无穷无尽的患有糖尿病、脊髓损伤、帕金森病、心脏病和其他疾病的病人队伍,其中不乏名人,且日见增多,诸如克里斯托弗·里夫和南希·里根(Nancy Reagan),南希的丈夫是前总统,患有阿尔茨海默病。而干细胞批评人士举出的、作为他们的典范的养子养女,则几乎都是无名的、几乎看不见的、勉强达到针尖大小的胚胎。

但是现在,亏得有了小夜灯基督教收养院,那些反对干细胞研究的人有了活脱脱的人的例子,可以举出来作为理由。那倒是几张非常可爱的面孔,结果是博登的一对宝贝还只是打了个头阵。

所有来自双方的游说只会增加莱夫科维茨的工作强度,为的是让布什总统不断了解干细胞科学和干细胞的伦理。有一次,在起草为总统准备的科学的和文学的资料时,他回忆起一段来自《美丽新世界》的情节,由此促成了他关于控制生育的狂妄观点,莱夫科维茨甚至把小说带进了总统办公室激动地阅读着。他发现自己开车去工作越来越早了,以便跟上总统的接二连三的问题以及获取更多信息的要求。莱夫科维茨微笑着对我承认,布什一贯倡导早睡早起,现在一大早就开始打电话。

"他有时会一大早就打电话叫我,追问他昨晚在我给他的备忘录里读到的某件事或他以往的某个谈话。"莱夫科维茨说,"我不想早上 7 点接他的电话。那时我还刚淋浴完毕,从马里兰州切维蔡斯(Chevy Chase)出发。他会说:'你多久能到这里?'我会说:'20 分钟。'我能听到他声音里的沮丧,因为到那时他已经去干别的事情了。"

到 7 月中旬,媒体透露有传言说总统将采取折衷的立场,而不是完全禁止干细胞研究。一些官员猜测,布什玩弄手段,允许联邦政府资助现存的干细胞系。但在科学家看来,这很少是折衷,而更多的是妥协,会限制他们创造、研究和对尽量多的胚胎干细胞系加以比较的能力。麻省理工学院的鲁道夫·耶尼施的一份报告支持科学家的立场,该报告详细说明了小鼠胚胎干细胞,以及由这些细胞长成的小鼠克隆体的遗传变异范围十分惊人。不同的细胞系保持未分化的倾向不同,据此推测,如果它们得到充分发育,生成的特定的细胞类型可能略有不同。耶尼施认为,这方面的科学太新,把研究限制在仅仅几个细胞系之内没有意义。

在白宫之外,支持者和反对者继续对布什面临的"痛苦"决定施加压力。南希·里根,目睹了阿尔茨海默病对她的丈夫将近十年的毁灭性打击,写了一封信给布什敦促他支持干细胞研究。而里根恰恰是反对堕胎的,是反堕胎的保守主义者的偶像。里根的忠实拥护者,也是布什的朋友迈克尔·迪福(Michael Deaver)亲自向白宫递交了这封一页纸的信件。

甚至教皇也加入了辩论,虽然是间接地。在 7 月与布什闲谈时,他正式向总统表明:"一个自由和良序的社会,是美国所追求的,必须拒绝贬低和亵渎处于任何阶段的生命——从受精卵到自然死亡——的实践。"

随着 2001 年的干细胞之夏一天天熬过,进入 8 月大伏天,处于对立双方的众议院议员们下了又一次的最后通牒。随着 260 名议员

总统、政策和困境

表示支持联邦政府资助胚胎干细胞研究,反对这项科学事业的立法者引入了禁止人类克隆的立法。克隆是一根长期长在干细胞辩论内部的刺。胚胎干细胞研究的批评者反对任何形式的人类克隆,包括创造只存活几天、从来不打算让它们发育成人、而只是提供人类胚胎干细胞的来源的囊胚克隆。胚胎干细胞研究的支持者则敦促采取更为细化的技术观点。大多数科学家,包括这一领域的权威科学家梅尔顿、汤姆森和维尔穆特,反对用于生殖目的的克隆,即克隆胚胎,把胚胎移植到女性子宫,从而让它发展成一个婴儿。相反,他们主张的是治疗性克隆,即允许克隆的囊胚存活 5 天,这是足够产生胚胎干细胞的时间。

但是,通过提出克隆问题,那些反对干细胞研究的人强调道德滑坡,他们预计可能会导致胚胎干细胞研究沦为胚胎农场和婴儿制造所。由于这样的危险处于关于克隆议案的争论的前列和中心,这些批评人士希望说服国会议员以及公众认识到这门科学的危害性,结果也就可能影响到总统继续考虑干细胞问题的决策。"肯定有人在干细胞问题上不与我们站在一起,但在克隆问题上与我们是站在一起的。"多尔弗林格在《纽约时报》采访他时指出说。

这个策略起了作用。更严格的法案以 265 票对 162 票通过,禁止一切形式的人类克隆,违者处十年监禁。对干细胞支持者来说,另一个不祥的征兆是,布什表示他支持该法案。他说,这一立法"是一份强有力的伦理声明,我是赞赏的。我们必须推进科学事业,但必须以敬崇生命的方式进行"。

在白宫,莱夫科维茨竭力渲染道德和政治两者越来越纠结,引导政府做出决断。他回忆说,这是依靠了一种有用的开导人的工具,这是生物伦理学家和律师经常使用的。"我记得有次(与总统)讨论一个道德难题:如果我们有一个死刑囚犯,他离被执行注射处死还有几十秒时间,我们能做什么。取那个人的生命在道德上是毫无问题的——州和社会已经决定这个人已被剥夺了生命权。但即使在注射前 5 秒或 30 秒,我们仍不能支持摘取他的器官,即使这些器官可以救别人的生命。现在我意识到,鱼与熊掌两者不可兼得,"莱夫科维茨说,"但我们提出的就是这类两难问题。"

3 天后,布什、莱夫科维茨和休斯离开了克劳福德。

第6章

杀 回 去

道格·梅尔顿在马萨诸塞州伍兹霍尔(Woods Hole)度假时听到布什总统的讲话,当时他正与儿子萨姆、女儿艾玛在一起。因为没有电视,全家是在收音机里听到的。播音结束,梅尔顿就打电话给青少年糖尿病研究基金会的代表们,这个基金会游说总统支持胚胎干细胞研究。

布什的讲话居高临下,气度豪迈。讲稿主要由休斯和莱夫科维茨撰写,布什参加了起草讨论。整个11分钟的讲话玩弄辞藻,玩弄全国民众的期望,在赞成和反对的争论两派之间翻云覆雨,莫衷一是,科学家和国会议员等都很难确定总统究竟站在哪一边。布什指出:"科学家基于由私人资助的初步研究,相信进一步开展利用干细胞的研究将带来美好的前景,可能有助于改善患有多种可怕疾病的患者的生活。"并且他还先驳斥了这样的说法:"胚胎干细胞研究引起了深刻的伦理问题,因为提取干细胞会毁坏胚胎,这就毁灭了潜在的生命。就像一片雪花一样,每一个胚胎都是独一无二的,具有一条人命所具有的独一无二的遗传潜力。"

直到讲话的最后几分钟,布什终于表明了立场。"我认为我们应该允许联邦资金用于研究这些现有的干细胞系,对于它们,生死已定。"

几乎所有听众都终于松了一口气。其中有科学家,有患者,也有干细胞研究支持者,他们开始研究这些原始的细胞,视之为圣物,希望由此找到治愈方法。毕竟,总统为美国国家卫生研究院资助胚胎干细胞研究开了绿灯。"我们支持总统的决定。"时任青少年糖尿病研究基金会主席彼得·范·伊顿(Peter Van Etten)说。该基金会首先把这个决定看作为一个胜利,因为决定没有完全禁止胚胎干细胞研究。

梅尔顿也是又惊又喜。但他不能认同布什讲话里所说的关于人类胚胎干细胞系数量——超过 60 株,布什说有那么多,意思是已经足够立即开始研究了。

对公众来说,布什的决定似乎是大智大慧,总统那天晚上自己也这样认为,严肃认真,他所勾勒的决定背后的逻辑有充分的理由。然而,对于熟悉内情的干细胞科学家而言,很快就从最初的轻松回过神来,出现了相对快速的反弹。这些干细胞系在哪里?政府是如何找到它们的?有多少株已经可以分给其他实验室并立即开始研究了?

梅尔顿非常希望总统是正确的。作为一个糖尿病患儿的父亲,他肯定是指望那些干细胞系存在的。但作为一个科学家,他不得不耐下性子面对冰冷的现实。这甚至是他大脑意识到的东西,只是他心里不愿意承认罢了。就梅尔顿所知,稳定的、并且质量足够好、可用于有意义的研究的人类胚胎干细胞系少之又少。杰米·汤姆森的实验室里肯定有一些,旧金山的罗杰·彼得森和其他几个海外的实验室也有一些。但梅尔顿还知道,在他所知道的这些细胞系里,有些是很难获得的。美国的细胞系都有专利,他和哈佛的律师们都知道搞到这些细胞需要签署附带重大法律责任的许可协议,而其他的细胞系还处于自身的胚胎阶段,不够稳定,或者尚未充分成熟到可以分裂的程度,并离开生成它们的实验室,分配给别的实验室。听到布什宣布存在超过 60 株可靠的干细胞系,梅尔顿真是既觉得诱人又感到不祥。要是这是真的,有这么多的细胞系供以研究,那是太好了。但他知道干细胞的世界是如此之小,他怀疑实际的数目要小得多,若真是如此,他如此迫切地想要开展研究的这门科学是已经被政治绑架了。

随着越来越多的研究者在媒体上、在相互之间以及向国家卫生研究院表达他们的怀疑,很明显,政府过早地采用了国家卫生研究院科学和技术政策办公室提供的数字。就在布什于 8 月份前往克劳福德的几天前,该办公室主任拉娜·斯库博,国家神经疾病和卒中研究所(National Institute of Neurological Disorders and Stroke)的干细胞科学家罗恩·麦凯(Ron McKay),时任国家糖尿病、消化疾病和肾脏疾病研究所(National Institute of Diabetes and Digestive and kidney Diseases)所长艾伦·斯皮格尔(Allen Spiegel)访问了白宫,带来一份清单。他们告诉总统,清单上列出的是全世界所有的人类胚胎干细胞系,总数超过 60 株。

他们是如何得出这个数字的? 这已成为记者与卫生和公众服务部,以及国家卫生研究院的政府工作人员不懈争论的话题,并持续了几个月之久。总统讲话后的第二天,质疑就已经开始了。梅尔顿告诉记者:"总统知道我和科学界所不知道的信息。"

确实,斯库博和汤普森部长回应说,总统、卫生和公众服务部,以及国家卫生研究院确实知道更多的干细胞系。因为美国政府并不制裁开发人类胚胎干细胞系,所有美国的人类胚胎干细胞系都是在私人机构生成的,专业学者无法参与。结果,是斯库博派她的手下在全国范围内以及海外寻找这些隐藏的干细胞系所在地。

罗杰·彼得森是其中一个被搜寻的目标,虽然当时他并不知道。那时,彼得森已经生成了两株人类胚胎干细胞系,使用的是与汤姆森同样的方法,取材于多余的体外受精胚胎。在2001年年初的一天,他在加州大学旧金山分校的帕纳塞斯大街实验室接受一位来自国家卫生研究院科学和技术政策办公室的人士来访。来人向彼得森提出了有关彼得森工作的一系列探索性问题,但完全没有直接表明提问的目的所在。彼得森自然地怀疑这人是想要确保没有联邦基金,哪怕是间接地,用于开发这些细胞。"我是通过他采用的那种疑问方式推断出来的。"彼得森告诉我。而彼得森一直是小心地只使用杰隆公司的钱,加上一些大学私下筹集的资金。他对布什政府会严格地审计像他所做的那种研究很是紧张,确保没有使用纳税人的一分钱,甚至是没用来支付杂项费用,如电、设备,以及保持实验室清洁的家政服务。

彼得森担心和害怕他的研究会让国家卫生研究院给予加州大学旧金山分校的全部拨款处于危险之中。这次访问后不久,他们停止了研究。他说,"我们不再从事胚胎干细胞的开发工作,我们开始建立一个校外站点开展该项工作。"

不过,现在回想起来,彼得森相信这次评估的真正目的是确认他究竟开发出了多少干细胞系,以及大学从胚胎捐赠者那里得到了什么样的允诺,来人的目的是把这些细胞包括在他们给总统的清单之中。

在斯库博和她的团队带着那份清单访问白宫期间,他们没有向总统说清楚的,或者,按照国家卫生研究院的其他政府官员的说法,白宫并不真的想听到的是:并非所有的细胞系都已可供研究,都发育良好,甚至是真的感觉到它们在一些研究者的实验室的培养皿里生长并已可供研究。其中有些细胞系还刚只存活了几天,还不知道其特性,就是说,它们正在适应从它们的囊胚移出并置入培养皿这个新环境,所以还不明确它们是否能持续存活下去。其他有些则受到许可和专利的限制,很明显,美国科学家几乎不可能获得它们。

更有些则是太过稚弱,以至还不能传代和分裂——这是分配给有兴趣的研究者所必经的步骤。

总统讲话的第二天,卫生和公众服务部部长汤普森(他是政府在这一领域里最坚定的支持者)立即满怀信心地捍卫了 60 株左右细胞系的说法。"这些细胞各有不同,但都是发育良好的,可供研究的。"他这样在媒体会议上充满信心地回应本领域专家的怀疑。但过了几周后,他被迫撤回了他的讲话。

政府和科学家之间关于可供研究的干细胞系的数量的争执来回反复了几个月,而梅尔顿很快就对这场辩论感到腻烦了。他知道,数量问题只是掩盖远为重大的问题的一个障眼法。"8 月 9 日那一天,我很惊讶,"他告诉我,"但我当时真的是吓坏了。失望,还有点生气。我发现国家卫生研究院是因为政治原因同意所有这些愚蠢的数字,他们完全知道其中好些根本不存在,永远不会是可用的,完全是出于政治原因而荒唐地吹牛夸大。"

政府方面,尽管布什有限地批准胚胎干细胞研究,实际上是明显不愿意在这一领域投入与人类基因组测序或者甚至是基因治疗同样多的热情。因为梅尔顿研究过小鼠胚胎干细胞,他知道拥有一个多样化的、成熟的干细胞系库对于他想做的工作可能至关重要——可以推动这些多能细胞分裂和开始发育成为胰腺 β 细胞。像有的儿童似乎对于比如体育或音乐有天生的爱好那样,有些小鼠胚胎干细胞比其他细胞更易于推进这一发育过程。如果结果证明人类细胞也同样如此,梅尔顿意识到,拥有足够可用于研究的细胞系对于科学家研究出如何引导这种发育将是至关重要的。但政府的兴趣显然在于限制,而不是扩大受政府资助的干细胞系的数量。

关于干细胞系是有,还是没有那么多的数量的争论转移了他看到的真正问题——没有一个地方可使任何人获得可靠的、高品质的、发育良好的人类胚胎干细胞系。在政府那里显然是找不到的;

他们仍在努力解决谁有什么干细胞的问题。梅尔顿只得绕过政府，再次把事情揽到了自己的手中。

他不得不这么做。他现在面临另一件完全是个人的紧迫事情，以至无论有多么高的风险，他要确保干细胞研究继续尽可能富有成果地、快速地进行下去。布什讲话后仅仅一个月，梅尔顿夫妇得知他们14岁的女儿艾玛也得了Ⅰ型糖尿病。

时不我待，梅尔顿决定开发他自己的干细胞。

鉴于这一非凡的决定，梅尔顿最终成为干细胞研究的冠军。你可能期待能从他的教育轨迹中发现什么东西，他接受的教育如何引导他做出如此开创性的贡献。但他第一个承认，他以往的科学叛逆精神中，并无这样的迹象。

伊利诺伊州的蓝岛（Blue Island）是梅尔顿成长的地方，就在芝加哥的南边，如今这里最著名的是火车枢纽站，有6座火车站。那是区域铁路线的交汇点，火车在那里汇聚又再驶出，连接城市的偏远郊区。虽然不再是一个岛屿，这座城市确实被芝加哥湖（Lake Chicago）的水域所包围。最早的定居者来到蓝岛的一片狭长伸出地，从远处看去，仿佛隐隐约约从蔚蓝的薄雾中伸吐出来。

梅尔顿像20世纪60年代的许多学生一样，在马丁·路德·金（Martin Luther King）遇刺之后，对弥漫于他的蓝岛周围地区的种族间的紧张关系有很强的记忆。在今天，你几乎没有那种氛围可以描绘这位轻声细语的梅尔顿，但是他回忆说，他十几岁那会儿，每天都要仰仗金属探测器上中学。他说，种族间的紧张关系达到这样的一种程度，以至他的父母决定迁移到更靠近芝加哥的地方，这样他的妹妹和弟弟可以就读于一所可能较为安全的学校。

"我不会说我受到的教育不好，"有一次他在他办公室同我说话时这样告诉我,"但是我们就是这么过来的。与哈佛的本科生相比,这是一个不同的世界。"

梅尔顿进入伊利诺伊大学香槟分校(University of Illinois at Urbana-Champain),想当一名医生。但他对实验科学觉得好奇,迷上了一位生物学教授的讲座,教授向他介绍了肢体再生的概念,特别是蝾螈被切除四肢后非凡的肢体再生能力。

"就像一个小男孩,我越想越着迷,"梅尔顿说,"我想学习这个过程是如何实现的。"

作为本科生物学专业的学生,梅尔顿在大卫・斯托克姆(David Stokum)的实验室里度过了一个夏天,斯托克姆正在研究肢体再生。正是在那里,梅尔顿第一次尝到了在科学上获得成功的喜悦:他致力于一篇科学论文,并记得该实验的每一个细节。"这是典型的我现在想做的事情,这意味着这事很简单。"他说,一边还投入到整理研究概要,包括依据蝾螈四肢被切除方式的不同,测试蝾螈再生四肢的不同的方法。

研究结果"在一家属于二线或三线的杂志发表了,"他说,"但是我真的很高兴作为本科生有研究得到发表。科学就是这样令我着迷。"

不过,直到大四,他才真正受到了鼓舞。在读了《科学美国人》(*Scientific American*)之后,他偶尔接触到了一位年轻的英国科学家约翰・格登的克隆蛙实验。"与再生以及我所思考的问题相比,这个实验彻底击倒了我。"梅尔顿说,"我直到今天还能兴奋地告诉人们关于克隆的事。当你告诉人们关于什么是克隆,并解释它的真正意义的时候,所有的人都很吃惊,原来体内每一个细胞都包含着成为一个完整机体所需要的所有信息。世界不是必须以某种既定的方式工作。这是一个令人难以置信的有趣结果、实验,以及关于生命的事实。"

干细胞的希望——干细胞如何改变我们的生活

　　梅尔顿立即查找格登在哪里工作,并了解到这位科学家以英国剑桥大学为基地。这时,梅尔顿还萌生了另一个认识——临床医生并不适合他。他认为科学哲学可能会为他创造更有价值的前程。

　　1976年,他获得了马歇尔奖学金(Marshall Scholarship),选择到英国的大学学习。毫不奇怪,梅尔顿选择了剑桥,他知道格登在那里继续他的克隆和重编程研究,并决定完成科学史和科学哲学的第二本科学位。但这时已经显示出他不安于现状的初步迹象,梅尔顿很快得出结论,与他最初认为的相反,成为科学哲学家还不够吸引他将其作为职业的选择。

　　"我读过一个很优秀的两年制学位课程,意识到我最希望的,也是我所喜欢的,是撰写和评论其他非常聪明的人在思考什么。我想象这就像一个想成为篮球运动员的小男孩,"他用这么一个简单的类比说着,"在某些时候,他意识到最希望的是投身于比赛之中,观看比赛,评论比赛,但他不会取代凯文·加内特①(Kevin Garnett)。"

　　梅尔顿没有忘记格登,也没忘记在伊利诺伊时给他留下如此深刻印象的蛙实验。所以,到达校园不久,他就约见格登教授,并向吃惊的格登提出一个不寻常的建议。在美国,大学教授领军实验室,可带本科生和研究生;与美国不同,在英国制度下,科学家属于研究机构,通常不邀请大学生加入他们的团队。然而,在这里,梅尔顿询问格登他能否在实验室里"帮忙"。

　　"这是最不寻常的事情,"格登说,"他只是敲了敲我的实验室的门,并说他在攻读一门科学史和科学哲学课程,他能不能利用周末来洗刷(实验室的玻璃器皿)。当然他有惊人的记录,但他完全没有提到。他开始询问事情,过了一段时间,他说他对成为一名研究生很感兴趣。我想:'这不是个普通的干洗刷的。'"

―――――――――――――

　　① 凯文·加内特是美国NBA球员被誉为新时代大前锋的革命者,曾4次获得NBA篮板王,是历史上最伟大的大前锋之一。——译者注

杀回去

在格登指导下,梅尔顿吸取了一些教训,这是他直至今天,在他的科学研究的道路上仍然适用的教训:问简单、直截了当的问题,并制定同样直接的解决方案。梅尔顿怀揣着分子生物学博士学位离开剑桥,把自己从一个科学的观察者改造成了一名积极的贡献者。

★   ★   ★

在 2001 年 8 月布什总统发布行政命令之后不久,梅尔顿去切维蔡斯对霍华德·休斯医学研究所作年度访问。这家研究所位于华盛顿特区富裕的郊区,是一位特立独行的亿万富翁①的遗产,此人兴趣广泛,创建了这样一所生物医学研究机构,持续不断地资助 300 名像梅尔顿那样在基础科学领域有影响的顶级研究人员。除了发表研究结果,这项开放式的资助拨款的唯一条件是研究人员须每年一次返回研究所,并向董事会成员报告他们的研究进展。

研究所的主楼处于树木葱茏、浓荫掩映之中,尽显豪华。梅尔顿站在楼里洞穴式的礼堂里,详细描述他的工作。他描述了他的团队在诱导来自小鼠的胚胎干细胞发育成为胰腺 β 细胞——能感知葡萄糖水平并据以分泌适当数量的胰岛素的那种细胞——的初步工作。他说,他已经能够制造出胰腺 β 细胞,确信这些细胞能分泌出胰岛素,具有足够的敏感性以应答血糖水平;但是,他也看到前路漫漫,还会有很大的挑战。

梅尔顿遵循的是经过检验并且是正确的基础科学途径:尽可能利用小鼠得出结论——他的实验涵盖所有涉及制造胰岛素的途径和机制,然后向人类细胞过渡。但即使这样,他知道需要花多年时间在培养皿中对人体细胞进行测试,然后才可以把他的研究所得用

①　霍华德·休斯医学研究所的创始人霍华德·休斯原是一位著名飞行员、航空工程师。霍华德·休斯医学研究所于 1953 年成立,是美国规模最大的资助生物和医学研究的私人资金组织之一。——译者注

之于人类患者。

　　在梅尔顿在霍华德·休斯医学研究所发言那天前的几个月里，梅尔顿对现状越来越沮丧，对他和其他人的进展缓慢感到不耐烦。每一天，随着萨姆和艾玛年龄的增长，糖尿病的潜在损害将越来越严重，他知道他们稚嫩的肾脏、血管和其他组织在血糖持续不断的过山车式的起落下会过度劳损。同学间一时兴起踢场足球，萨姆和艾玛却不能轻易加入，跑步，或者去朋友家过夜也都不能。他们时刻需要提防，预估某项新的活动会如何改变他们的血糖水平，需要提前喝点果汁或吃点糖果，并确保更频繁地检查血糖水平，以确保他们没有过高估计胰岛素需求。梅尔顿每天观察着他的两个孩子，他相信走循规蹈矩的科学道路对于治愈糖尿病来说是远水难救近火。

　　所以，那天下午，他向与会的科学家和研究所的负责人提议走捷径。他完全意识到要理解小鼠胰腺 β 细胞还有许多路要走，但是詹姆斯·汤姆森和约翰·吉尔哈特两年前赋予科学界的成果诱惑着他，他等不及了。梅尔顿想要做的是，绕过动物实验，直接研究培养皿里的人类细胞。他争辩说，在汤姆森和吉尔哈特的发现之前，在小鼠细胞上开展工作是必需的，因为根本没有办法分离和培育人类胰腺 β 细胞。但有了胚胎干细胞，现在就有可能了。"我曾经坚持这样的观点：我们应该等到治愈了小鼠糖尿病才研究人的问题。但是我想我改变了我的观点，因为我在变老，生命短暂。"他说。

　　提出建议后，他在他的办公室向时任霍华德·休斯医学研究所所长托马斯·切赫(Thomas Cech)解释，他想要做的是制造自己的人类胚胎干细胞，正如杰米·汤姆森所做的那样。

　　"他说：'如果我给你写信，要求获得资助，与波士顿体外受精诊所合作开发新的干细胞系，你会考虑这个请求吗？'"切赫回忆说，"他没说：'你会承诺资助我的实验室吗？'他说：'你会考虑这个请求吗?'我说我当然可以考虑。"

就像汤姆森当年曾与威斯康星大学和拉姆巴姆医疗中心的体外受精诊所的关键性的合作一样,梅尔顿知道他也需要获得高质量的、但伦理上能通得过的人类胚胎。而且他刚已有了伙伴。几年前,梅尔顿同一个朋友吃烧烤,遇到了波士顿体外受精诊所 Boston IVF 的首席科学官 R. 道格拉斯·鲍尔斯(R. Douglas Powers)。

波士顿体外受精诊所是马萨诸塞州一家广受欢迎的体外受精诊所和该州主要的辅助生殖服务供应商。两人交谈之中,梅尔顿描述了他利用小鼠干细胞生成能分泌胰岛素的 β 细胞的工作。他们最终讨论了如何从人体组织开发更多这样的干细胞系的问题。汤姆森曾使用多余的体外受精胚胎开发他的细胞系。鲍尔斯透露,他的诊所有成千上万这样的胚胎冷冻存储着,大多数夫妇决定他们已不再需要。没有一个人会错过这样的机会! 梅尔顿看到了一条生成干细胞的途径,真是此地唾手可得,别处千载难逢。他认为,与波士顿体外受精诊所合作,他们能提供丰富的胚胎,从中就能生成这些细胞系。鲍尔斯很高兴帮忙,同意合作。

伙伴到手,梅尔顿给霍华德·休斯医学研究所写信,提出他的建议。切赫本是梅尔顿长期的粉丝,欣赏梅尔顿献身科学的精神和纯真的决心,他说过的话当然是真的。霍华德·休斯医学研究所作为一家非营利性的私人机构,就这样单枪匹马挑起了干细胞研究的重担。梅尔顿感激涕零,要是霍华德·休斯的董事会不支持,至少梅尔顿是不能立马就做得起来的。

霍华德·休斯医学研究所拥资 180 亿美元,其对于科学研究的贡献,在当时的非营利性的研究组织中,仅次于比尔和梅林达·盖茨基金会(Bill and Melinda Gates Foundation),而超过凯洛格(Kellogg)、梅隆(Mellon)和福特(Ford)这三大基金会。切赫说,梅尔顿的请求迫使研究所直面几个月来在政治舞台上摇摆不定的问题。但霍华德·休

干细胞的希望——干细胞如何改变我们的生活

斯医学研究所清醒地与梅尔顿保持着距离。当我问切赫，为何研究所不以他的巨大援助，取代国家卫生研究院，充当支撑干细胞研究的大护法，而坚持不介入。他停顿了一下。我指出，干细胞科学似乎属于那种深入到"生命的由来"的前沿性研究，正是创办医学研究所的本意。切赫在回应中谨慎地承认，在霍华德·休斯医学研究所运行迄今的半个世纪里，霍华德·休斯这位亿万富翁最初的使命多少已经有了变化。"霍华德·休斯医学研究所不是政策中心，"他解释说，"我们不搞政治。因为在华盛顿有某种力量在充当正直的发言人，不搞政治化。"但是，梅尔顿的要求却把干细胞争论带到了研究所平静的董事会会议室里，像一颗定时炸弹那样投向会议桌的中央。

"我们当然立即意识到这是允许我们做的事情，我们也认为干细胞研究的科学前景极为远大。"切赫说，"但同时，我们也意识到对于人类胚胎干细胞研究，尤其是开发新的干细胞系，社会意见有很大分歧。这对于许多科学家都是一个敏感的问题，也许也包括我们这些受托管理基金的人。

"我们知道，他们中的许多人是共和党人，是总统的强有力的支持者，"切赫告诉我，"我不知道他们会说什么。"他还是新领导这项工作，决定谨慎行事。为了充分探索干细胞研究引起的伦理和科学问题，他举行了一场研讨会，邀请劳丽·左罗思（Laurie Zoloth）主持生物伦理委员会。她是一位受人尊敬的生物伦理学家，西北大学（Northwestern University）教授，曾在克林顿的国家生物伦理顾问委员会关于干细胞问题的会议上作证。

切赫得到伦理专家的建议，其中包括建议充分告知捐赠者他们的胚胎会如何用于胚胎干细胞研究，但他还是对董事会将如何应对梅尔顿的要求感到不安。然而令他吃惊的是，董事会成员给予了压倒性的支持。事实上，在切赫做成支持梅尔顿提议的提案之后，哈佛大学文理学院院长杰里米·诺尔斯（Jeremy Knowles）写信给董事会,指出研究所不仅有能力资助这项研究,而且有义务这样做。董事会的其他成员都表示同意。

然而,同意支持干细胞研究,与支持干细胞——树起反政府的标杆,这两者之间相去甚远。这种具足倡导性导向的哲学绝对不是霍华德·休斯医学研究所的本意。研究所更多专注于通过其影响力而不是发起什么东西发挥教育功能。例如,除了设在马里兰州的行政总部之外,霍华德·休斯医学研究所没有场地、设施,而是代之以一个具有诸多实验室的网络,由研究所所选定的研究人员领导,并要求研究人员必须持有大学教师的职位。切赫说,董事会成员坚守这一立场,坚持不高调支持干细胞。但同时,鉴于霍华德·休斯医学研究所不仅在科学界,而且在华盛顿所拥有的声望和尊崇,并且,作为一个有公信力的和超乎党派的科学信息源,"问题就来了。我们应该公开资助,或者还是应该私下里资助?"他告诉我,"我们决定不要成为胚胎干细胞研究的世界发言人。全面推动这项研究不是我们的任务。但我们对我们的决定感到自豪,我们是经过了严密的分析,并且我们也不想隐匿其事。"

结果,董事会做出了一个折衷性的决定:支持梅尔顿开发胚胎干细胞的愿望。切赫没有,但梅尔顿后来向我提起的是,梅尔顿向霍华德·休斯医学研究所提出的建议有两个。一个是资助他与波士顿体外受精诊所合作,开发新的干细胞系;另一个则是真正体现了梅尔顿风格的,是一个更广泛、富有远见的呼吁。他呼吁霍华德·休斯医学研究所在声名日益狼藉的干细胞领域发挥更大的作用。既然政府在实际上回避了胚胎研究,那就必须有人来填补这个空缺。在梅尔顿看来,霍华德·休斯医学研究所就应该是这样的一个机构。

"我建议霍华德·休斯医学研究所应该当仁不让,替政府倡导资助建立干细胞基地,并分发这些细胞。我向他们提议的要大得多,但他们拒绝了。"梅尔顿说,"我很感激他们支持我的研究,但是他们拒绝更广泛地参与这个问题。"

梅尔顿不是轻易地提出他的建议的。事实上,他是认真考虑了关键问题之后才提出的。他作为两个有朝一日可能得益于基于干细胞治疗的孩子的父亲,这个问题一直占据着他的心头。这就是,谁来负责治愈疾病?

梅尔顿对科学史教育情有独钟,在他看来,有五类机构可对于理解和治疗疾病发挥作用。但最终,只有一类机构负有积极治愈疾病的主要使命。他的理由是,学术机构如大学,主要是做学问,是探索,天经地义应主要专注于奠定知识基础,而不是应用这些知识于某一目的,诸如治疗疾病。政府的研究中心,如国家卫生研究院,一般来说也是一样。许多研究所的科学家虽然要把他们的工作转化为治愈病人,但总的来说,研究所的使命更侧重于寻求知识。至于医院,那是治疗疾病的主要中心。这些保健中心专注于治疗,但未必能治愈。一些大医院现在也支持研究他们所治疗的疾病,但现实中,他们的主要业务是处理紧急症状,而不是花大量时间去研究治愈方法。制药公司也是一样。虽然他们通常是患者的另一个终身伴侣,但他们又是企业,追求利润决定了他们帮助患者治病自然更多地要考虑财务问题,而不是考虑治愈疾病。

这就把梅尔顿带入了私人基金会和病人倡导团。他们本来是医学研究故事里的小人物,在干细胞的故事中,这些团体渐渐更多地既承担了费用又肩负起了推动干细胞用于治愈疾病的责任。"为什么会出现这些团体?"梅尔顿问道,"我自己对此独特的看法是,这是因为这些患病的青年人实在是没人说'治愈我的病'。"特别是,在布什的政策出台后,病人的呼声对于在美国保留干细胞科学发挥了关键作用。他们采取多种形式——政府项目、慈善基金会、名人组织——呼吁,但说到底,所有这些形式都有一个雷同的目标:促进干细胞研究,使之能用于治愈疾病。

这就是梅尔顿觉得应该大胆向霍华德·休斯医学研究所提出他的建议的原因。他看到了霍华德·休斯医学研究所那样的影响力和深厚实力的私人研究机构进入这一领域并成为领头羊的机会。

然而倡导运动太多,时间还不久,运动还没有达到足够的势头。鉴于霍华德·休斯医学研究所宁可游离于政治纷争之外,切赫说董事会成员完全不打算在这样一个激争不休、宣传无度的领域显山露水。"我们不会打出霓虹灯广告,说干细胞是我们的。"他告诉我。

但他们依然同意提供梅尔顿建立一间位于地下室的干细胞实验室的启动资金,并支付部分年轻研究人员满怀激情地开始创造胚胎干细胞的工资。

★　　　　★　　　　★

这间实验室的房间只有 250 平方英尺左右,几乎只有一个标准实验室的四分之一大小。从梅尔顿在哈佛校园的办公室赶到那里,需要走出谢尔曼·费尔柴尔德生物化学大楼(Sherman Fairchild Biochemistry Building)(他的实验室和办公室在这幢大楼的四楼),再走一小段路来到红砖砌成的生物研究实验室,然后走楼梯到达地下室的过道。这里很少有人经过,还保留着老式的木门,门上刻着的数字还是几十年前的字体。过道一边是机房,有发电机在运转,向楼上的房间供电、供暖、供冷气,所以噪声不断;另一边就是实验室了,这房间原本用作出货收货,甚至曾经还是工人维修小型设备的车间。

现在,这里变成了最先进的干细胞实验室,狭小的空间进一步划分为三间。进门一间不大于一口壁橱,移开房门,迎面就是一个架子,那是当桌子用的。最大的一间被实验室的实验台占去了大部分中央空间,摆满了培养细胞用的设备——一台显微镜、一个通风柜、一台冷藏培养基用的冰箱。一堵墙上,齐天花板高有一扇狭长的小窗,这是这间房间唯一的一扇窗户,一缕阳光由此透入。靠门堆着四个细胞培养箱,里面储存着珍贵的细胞——这是政府拒绝支持,梅尔顿已重新开始养了 6 年的细胞。在这里长时间搞研究的那些人幽默地称这地方是一个"逃亡领地"。他们开玩笑说,如果哈佛感到这里做的工作太有争议,只要按一下弹射按钮,整个单元立马就无影无踪。

这个玩笑反映了一个可悲的事实——干细胞科学家被排斥于大型科学群体之外。"我努力要做的就是创建一个微型实验室,"在我第一次访问这个实验室时,梅尔顿告诉我,"我告诉我的学生,你在这里的工作重点在于科学。限制你的是你的精力和思想,而不是华盛顿发生了什么事。"由于布什的决定,有钱的研究者和没钱的研究者之间竖起了一堵虚拟的高墙,把两者分隔开。如梅尔顿,有幸获得慷慨的赞助,成为有钱的研究者。科学家又是富有竞争力的一群人,对于他们,核心的合作就是科学研究的合作:研究者的成果是建立在别人的成果之上的,只有当科学家的思想和努力形成合力,一起推动,科学在这个领域里才能向前发展,取得进步。

然而,布什的命令意味着,虽然梅尔顿在理论上是可以自由地与任何人在胰腺细胞的发育方面合作,但这样做几乎是不可能的。他的潜在合作伙伴必须能够在时间和工作设备上"公私"分开——受私人支持的开发胚胎干细胞的工作与受政府支持的工作要泾渭分明。但除非是获得充分资助的实验室,对任何别的实验室来说都是太过烦人的事。梅尔顿的实验室实际上变成了科学的避难所、干细胞的保护区,靠着学生、研究人员和赞助者的努力,自我维持,艰难挺进,却又蒸蒸日上。

在实际操作层面,总统的命令也意味着,梅尔顿必须为他的实

验室购买两套设备。因为他不能将联邦资金用于购买的设备开发
新的干细胞系,甚至也不能用于支付从事开发新细胞工作的人员的
工资。他最终只能使用他私人筹集的资金装备新的实验室。为了
确保两者没有交叉,梅尔顿为每一台设备和存放材料的盒子设计了
绿色和红色的贴纸。绿色的贴纸标有"准用于所有人类胚胎干细
胞",贴在用政府拨款购买的任何设备和物品上,可合法地用于联邦
政府资助的研究——包括来自总统的那张清单上的人类干细胞系,
以及任何基于小鼠干细胞的研究;红色的贴纸贴在任何涉及用私人
资金开发的干细胞系的设备和物品(制作这些标签时,实验室成员
自然地变得更富有"创造力",标签饰以诸如"布什说不要用这台机
器!"的警告语)。

这些预防措施是梅尔顿和其他干细胞研究人员从未做过的,造
成管理和心理上的不愉快。或许国家卫生研究院并不要求如此分
得清,但是分清这两种类型的研究令大学的上层领导更加放心。事
实上,杰伊·莱夫科维茨向我承认,他对这个问题特别敏感,毅然主
动改变资金监管,以确保人类胚胎干细胞研究工作可以继续与联邦
资助的研究同处一个实验室合法地(不违反《迪基-威克修正案》)进
行。这事实是其他科学家所确认的。

虽然感到沮丧,受到排斥,但梅尔顿和他的学生团队始终充满
激情。"实际情况是,我的实验室从未垂头丧气。"他说,"我可能是
有点情绪,但是我们从未怨天尤人,没觉得世界都反对我们。我们
都亲如自家弟兄。"

这个实验室是梅尔顿对来自政府和威斯康星校友研究基金会
设置的障碍的唯一的合理回应。靠着霍华德·休斯医学研究所一
年240万美元和其他私人的慈善资助,梅尔顿维持着实验室的运作。
他的年度预算也包括一小部分来自政府的拨款,他可以继续平行不
悖地用来自于小鼠和人的材料进行联邦政府批准的和未批准的胚

胎干细胞研究,以获得关于如何生成胰腺 β 细胞的关键的知识基础,并培养第一代人类干细胞科学家。

查德·科恩(Chad Cowan),又高又瘦,一个几乎弱不禁风的小男孩,居然脱颖而出,成了梅尔顿团队的下一个新成员。在汤姆森和吉尔哈特发表他们的开创性论文之时,科恩刚取得德克萨斯大学(University of Texas)西南医学中心(Southwestern Medical Center)生物学博士学位。他对干细胞的前景非常着迷,立即看到了干细胞的潜力在于可以以一种全新的途径,超越单纯的转基因进而真正理解人类的发育和疾病。

2000 年,他博士学位到手。他的实验室工作的第一程是在麦迪逊,在汤姆森的实验室做博士后研究。由于干细胞科学是一个新领域,他知道这是唯一可以从事胚胎细胞研究的地方。他在那里了解到了全国范围内试探着想进入这一领域的一些人。但梅尔顿的名字没有出现在其中,倒是纽约的洛克菲勒大学有人在做,所以科恩去了曼哈顿。询问之中,他终于听说了梅尔顿的创新研究,此人靠着霍华德·休斯医学研究所的赞助,在开发新的胚胎干细胞系。

"我与道格的第一次会面有点像在法学院图书馆院子里的那场著名的爱情故事的情景。"科恩说,他微笑着,他说的是 20 世纪 70 年代的那部电影①。电影里瑞恩·奥尼尔(Ryan O'Neal)头一次看到艾莉·麦格劳(Ali MacGraw),两人一见钟情。"我们见面,播放音乐,全身放松,似乎就是天造地设的一对。"他说。

梅尔顿之所以能如此吸引科恩,是梅尔顿对干细胞潜力的想象力,以及他一心一意的专注——他要确保他的实验室成为全国推动

① 这是指 1970 年美国著名电影《爱情故事》(*Love Story*)。——译者注

这一领域前进的主要据点之一,只要最终能培育出能产生胰岛素的胰腺 β 细胞。"在我同他说话时,他说:'我们要有 30 株到 40 株干细胞系,你将能够用它们做这一有趣的研究,一切都可以做。'我想:'这太棒了!'我非常兴奋。"科恩说。

大约一年后,经梅尔顿同意,这位年轻人怀着启动他渴望的实验的迫不及待的心思,抵达波士顿。然而,蜜月期已经结束了。"我来到道格的实验室,看到的是我们没有任何干细胞系。"他说。

科恩的经历对于迫切希望从事干细胞研究的研究人员而言是典型的,他们面临越来越大的困境。虽然表面上,布什的决定意味着政府对于有限的胚胎干细胞系进行资助,但实际的情况是,要获得这些细胞非常困难。对学术研究人员来说,他们通常获得实验材料的方式,从抗体到 DNA 片段,甚至是由肿瘤或其他感兴趣的组织制得的细胞系,完全没有这么难,他们一直是"想要就会有"的。而现在是压根儿翻了天,要获取材料真是难于上青天了。

但是对于干细胞系,很少有人能获得它们。围绕着培养干细胞,有一堵看不见摸不着的墙。这就减缓了这一领域的发展。例如,如果科学家们要求从威赛尔(WiCell)研究院——那是威斯康星校友研究基金会在最初几个月里建立起来,处理分发汤姆森的细胞的实体机构——得到细胞,这些科学家经常收到的,却不是细胞,而是借口。"环绕着所有这些生长条件各不相同的细胞系,有着数不清的神秘。"科恩回忆说,"如果你要求得到细胞,他们就这么说:'哦,你知道的,我们会尽快给你;不过我们有一些麻烦事,让它们生长真的很难。'"

经过几个月的磕磕绊绊,梅尔顿终于发现了另一种获得细胞系的途径。通过一位遗传学系的同事,他听说有一个来自以色列的年轻研究员在哈佛医学院的工作即将完成,刚刚开始人类胚胎干细胞的研究。尼西姆·本凡西斯提(Nissium Benvenisty),来自耶路撒冷希伯来大学(Hebrew University of Jerusalem),是一个文雅、随和的医学-哲学博士,师从位于海法的拉姆巴姆医疗中心妇科专家约瑟夫·依茨科维奇-爱尔多,在那里得到训练,并曾与汤姆森合作过。本凡西斯提刚刚开始利用干细胞研究人类发育,并且和梅尔顿一样,希望利用它们探索疾病的根本原因。(海法的干细胞系位列国家卫生研究院的清单之中,可合法享受联邦资助)但由于在以色列启动胚胎干细胞研究要经过很长的审批流程,他暂时停顿着,在等待审查通过。这期间,他把时间都花在了菲利普·莱德(Philip Leder)遗传学实验室,研究小鼠胚胎干细胞。他心情沮丧,向一位同事解释他的处境和抢先做起的人类胚胎细胞的工作,要他的同事继续对他们之间的讨论秘而不宣,因为他的成果要到他进一步开展人类细胞的研究才能发表。

"幸运的是,"本凡西斯提在访问纽约期间告诉我,"这位同事没有做到秘而不宣。"此人曾是梅尔顿的一个学生,他知道梅尔顿是多么渴望利用人类胚胎干细胞做研究,他把他所知道的有关本凡西斯提的工作介绍给了他的前导师。"同一天,道格打电话给我,做了自我介绍,虽然他不需要自我介绍,大家都知道道格是谁。"本凡西斯提说,"我们立即就融合在一起了。他让我到他的实验室去。"

那是1999年的冬天。到2000年,本凡西斯提让他在以色列的实验室成员寄几瓶冷冻的干细胞到梅尔顿实验室的实验台上。"道格得到哈佛的允许,在同一星期里,我们就开始了对于这些细胞的研究。"本凡西斯提说。

然而,即使是这些细胞,虽然是汤姆森和他的以色列合作伙伴的原本的那批细胞的一部分,也并不是他们承诺给的那种。"好的"干细胞系,即正如人们在开头所了解的、相对年轻的细胞。在干细胞的用语里,这意味着这些细胞分裂、移入不同的培养皿里不超过几次。但科恩收到的细胞已经衰老了;因为汤姆森已经培养了一年,以确保细胞的稳定性,细胞已经传代30次左右。另外,汤姆森向我承认,他从来没有想过这些初期的细胞会用作其他研究人员的研究材料来源;它们只是一个概念的证明。"我确实是故意没去追踪某种材料,因为我不想引起争论。"他说,"我没有保留很多数量和品系,别人如果把这些细胞作为一种资源加以研究,那可能是需要的。但这些细胞系却因为布什的这个滑稽的(政治)决定突然占据了优势地位。"

一株人类胚胎干细胞系越是经过传代分裂,越有可能日益衰老和有损伤的——细胞中染色体发生了改变,任何一种变化都可以影响细胞的多能性和正常分裂周期。每次细胞正常分裂,细胞都会启动一个精心编排的程序将 DNA 双链拆开和融合,DNA 被包裹在相互交叉的成对染色体之中。细胞分裂前,一对染色体的两条链开始松开,被拉向细胞的两端,好像气球的中间部位受到挤压那样,分裂为两个细胞。分裂次数越多,这一复杂过程出错的可能越多——特别是因为干细胞是非自然地被阻止了发育而处于多能性状态,像用一根针拨停一张唱片那样。有些细胞染色体有额外的多余,而其他一些细胞染色体数目不足。最终的结果是细胞在遗传上不正常,不能作为任何进一步实验的初始材料。

科恩接触了一些同事,他知道在这一无经验的领域,有人也用这些经批准的细胞做过实验,体验是相同的。每个人都很沮丧。没有人满意这些细胞,此外,五千美元一瓶,结果却被证明是一个昂贵的失望。

这就促使梅尔顿要生成自己的细胞系库,从来自他与波士顿体外受精诊所合作而得到的胚胎开始。在这个过程中,他决定要他的同行免于遭受相同的时间和研究资金的损失。他决定免费分发他的细胞,给任何愿意学习怎样利用这些细胞并开展研究的人,与他们一起工作。他承认这既是利他的,也有利己的动机。梅尔顿的重点是用既足够容易获得、又高质量的原材料,即细胞,开拓出一片领域,以激励思想的火花,研究这些细胞。"我从不相信,也仍然不相信像我这样的一个实验室可以单枪匹马治愈如糖尿病这样的疾病。"他说,"我从许多人那里以各种各样的方式得到巨大的、必要的、绝对必要的益处。我知道自己尚不足以解决这个问题。"

科恩也在这条战线上。"人们现在至少能说:'这里有一些细胞系是我可以使用的,问题只是如何使用它们。'我们想要确保它们是易于使用,容易解冻,你可以只要让他们联系我们,说:'嘿,我想要试剂。'你就会得到。"

想法虽然好,实行却是另一回事。虽然科恩没有来到梅尔顿的实验室,没有接触到放满了他所期望的干细胞系的培养箱,但他确实具有与安德鲁·麦克马洪(Andrew McMahon)和吉尔·麦克马洪(Jill McMahon)夫妇团队合作的优势。这对夫妻都是分子生物学家,在开发小鼠胚胎干细胞上都有丰富的经验。

关键是一旦细胞置入培养皿,必须保持其存活。汤姆森和吉尔哈特知道,要保持人类胚胎干细胞在培养皿里良好生长,这可是一天 24 小时、一周 7 天、一年 365 天不间断的、坚持不懈的工作。不去照顾它们,任其自然,那些细胞最终将泛滥成灾,各个饥肠辘辘,吸干富含生长因子和酶的培养基。而更重要的是,这些细胞渴望分化,即在发育的道路上起飞,不再具备多能性和自我更新能力,而开始成熟,形成特异的细胞类型,典型的就是神经细胞、心脏细胞或皮肤细胞(这对于干细胞科学真是令人啼笑皆非,让神经生物学家懊恼不已。因为神经元被认为是人体内更为复杂的细胞,带着长长的触手那样的轴突,可以延伸到 1 英尺或更长,与其他神经细胞和组织沟通,而它却是最容易从胚胎干细胞生成的)。对细胞而言,多能性状态不是自然状态,只占人类发育生命期极其短暂的一瞬间。让干细胞停留在这一人为的自我更新状态,这就类似于突然刹车①,结果是车里的一切东西都趋于向前倾;对于干细胞来说,就是倾向于发育成为更为特异的、成熟的细胞。

梅尔顿的风险更大。他试图要做的不仅是培养干细胞系并保持它们处于未分化状态,而是还要足够可靠而且一致,以便他抽提大量高质量的胚胎干细胞,分配给缺乏它们而渴望获得的世界各地的研究人员。他的目标不是简单地生成出干细胞,而是要生产它们。

像汤姆森做过的那样,梅尔顿和麦克马洪夫妇从一薄层称为成纤维细胞的小鼠胚胎皮肤细胞开始做起。在某种程度上,这些细胞哺育着人类细胞,很像一个二维子宫②。更重要的是,他们还成功地让细胞停留在自我更新状态。然而,正如科恩很快发现的,汤姆森在他的论文中所描述的他成功生成细胞系的过程远非任何人穿上实验服都可以仿效。在科学界,这也并非不寻常的事。

"你经常是只能看到他们如何进行实验的大概轮廓。全部的诀窍,所有你可能要仔细、密切加以注意的地方,是找不到的。"科恩说,"生成人类胚胎干细胞系可能需要几个月时间,每一件细小的事情在全程中都可能是至关重要的,你不知道哪一件是,或者不是很重要的。没有手册告诉你如何做。只有一篇论文和一个简要的轮廓,告诉你说这是可以做到的。"

科恩到达的时候,麦克马洪夫妇已经完成了大量的工作,或更准确地说,已完成了精细的诱导工作。在尝试了几十种促进生长的

---

① 此处原文"revving an engine"有误,与下文的"lurch forward"矛盾。已按物理学的惯性定律改正。——译者注

② 这里的意思是,滋养层细胞是薄薄一层,似乎是平面状的,不像子宫有一个立体空间。——译者注

因子之后,他们终于把注意力集中到了一种似乎适合干细胞的因子之上。科恩的工作是把整个实验过程转变成一条干细胞生产线。"我像亨利·福特①(Henry Ford)那样加入了进来,让艺术家的工作变得更加系统化。"

这可不是一件小事。因为已证明人类胚胎干细胞的生长过程远比一碟碟的小鼠干细胞来得变化无常。从马丁和埃文斯那时候以来,让小鼠干细胞生长的培养条件改变不多,将近 20 年的实践使这个过程相对常规,几乎可以套用。相比之下,研究人员只经过了 3 年时间来磨炼自己培育人类细胞的技能。这个过程更像是艺术而非科学。科恩面临着艰难的挑战,试图让培育过程标准化,但有时候培育的过程又类似于变戏法或巫术。为了确保细胞不在培养皿里过度生长,必须每天对它们进行检查。大多数干细胞科学家为了监视新的干细胞系,放弃休假,直到它们长出来并达到令他们满意为止。"你得与这些细胞共生死。"科恩确认说,"在组织培养中,如果有一天碰上霉运,那些细胞就像孩子在打架那样,那就整个一星期全黄了。"

像一个厨师完善新配方那样,科恩经常独自一人在狭小的地下室实验室花几个小时混合和配制各种化合物,以找到合适的培养基。他加进昂贵的生长因子和其他成分。现在,他说结果也只是略略有助于促进细胞的生长。但他不管怎样还是决定加进去,那是出于担心不加进去细胞系注定要死亡。为了使细胞长势更好,他还必须让细胞适应抗生素,这样,就可以把它们与有抗菌作用的药物浸在一起,以便能在潜在的污染环境里生存。

这项工作完成之后,他又花了 3 个月的时间研究冷冻和解冻方

① 亨利·福特,美国汽车工程师与企业家,福特汽车公司的建立者。亨利·福特是世界上第一位将装配线概念实际应用在工厂并大量生产而获得巨大成功的人。这里说的就是科恩实现了干细胞培育的系统化,也就是科学化。——译者注

法,确保一旦冷冻细胞离开梅尔顿的实验室,它们可以得到解冻,在任何实验室里成功生长。"你能相信吗?"科恩问我,他现在笑着说到那些他认为是琐碎、微不足道的实验,"就这些实验给了我一个博士学位,我在哈佛,我在研究冷冻和解冻干细胞。"

现在这似乎已是常规了,它是不朽的,但在 2004 年之前却是个尚未被解答的问题。没人知道如何最好地冷冻纤弱的细胞系,然后又把它们唤醒。何种培养基能瞬间冷冻细胞,让新陈代谢保持完好无损再解冻?分阶段解冻,或者像解开绷带那样,一次性加温立刻解冻,两者哪一种更好?

结果,经过在梅尔顿这个胶囊样大小、随时可以"逃之夭夭"的弹丸实验室里近两年和数百小时的研究,培育出了 17 株人类胚胎干细胞系,它们都通过了梅尔顿的严格的健康标准的检验,可以分发给世界各地的实验室。2004 年 3 月,梅尔顿团队在《新英格兰医学杂志》(*New England Journal of Medicine*)发表了一篇论文,概述了他们如何开发出他们的细胞系,并公开邀请科学家通过一份标准材料转让协议获得它们,该协议不包含任何如威斯康星细胞系那样繁复的附加条款。"我不要过问他们用我分发给他们的试剂做什么。"梅尔顿说,"我认为这不关我的事。如果他们告诉我有了重要的发现,我会给他们更多支持。"

在同一期杂志的评论中,与汤姆森一起合作生成了第一株人类干细胞系的约翰·吉尔哈特称赞梅尔顿团队的成就是一个"重要贡献"和"精心杰作"。

在第一个月里,数十份申请洪水般地涌向梅尔顿的地下室实验室的微型前厅,为这家庭作坊式的干细胞业奠定基础,其收益不是以钱,而是以知识来衡量。连同分发的细胞,梅尔顿的实验室还赠送一个护理包,里面有研究人员开始干细胞实验将需要的一切,包括科恩的干细胞圣经,一套他和他的团队是如何培育这些细胞的详细的指导方针,需要什么条件,如何复制这些条件使细胞健康成长。这是开始工作时科恩尚没有掌握的干细胞菜谱,就像任何好的烹饪手册那样,它包含有帮助的提示,这是只有有过亲身体验的人才能知道的小贴士——如应该在细胞置入培养皿前,让所有培养皿在培养箱里预热到 37℃,以便细胞觉得舒适;分发新转移的细胞时,培养皿应左右移动,以免其中的内容物打旋;以及使用预冷的瓶子作为细胞冷冻的准备。因为布什的政策限制了能够创造新干细胞系的人数,哈佛大学,或者更具体地,是哈佛干细胞研究所成了任何有兴趣学习如何创造和呵护人类胚胎干细胞的人的朝圣地。这是梅尔顿与大学共同创办的实体机构,实际上把大学的干细胞研究力量整合成一个单一的项目。

"没有国家秘密。"科恩说到梅尔顿实验室在干细胞方面所做的努力时说,"事情并非像有的研究人员所说的,'哦,我们将在整个干细胞领域里占优势,因为我们有这一额外的专门技术。'完全不是这样,道格从未这样想过。这更多的是利他的,'人人都应该可以获得干细胞,因为所有的人都有权享有干细胞,因为这是改变干细胞研究的游戏规则的技术之一。'"

布什总统制定了游戏规则,梅尔顿把它改写了。现在的问题只是:谁会来玩这场游戏。

第7章

加 州 梦

像许多美国人一样,在 2001 年夏天,罗伯特·克莱恩对华盛顿围绕干细胞问题的争论虽有关注,但其实不知究竟。丝毫没有意识到他和他的家人不久就会受到这一还是新兴领域的命运的深刻影响。国会山的听证、向白宫的呼吁、全国性新闻报纸的头条新闻、电台广播里的新闻快报以及科学家之间日益增长的焦虑,在那个时候,虽然全都令人感兴趣,但对于克莱恩来说还是遥远的概念。因为他的儿子乔丹的缘故,克莱恩的关注集中在医生在研究什么更直接的方法治愈糖尿病。如埃德蒙顿(Edmonton)方案,就是试图把能产生胰岛素的细胞移植入人体内,以便这些细胞能制造足够的这种激素,也许甚至能减少病人所需的胰岛素注射次数。

"我不知道。"他当时在说到关于干细胞的争论时说。至于布什在 8 月 9 日决定限制联邦资助干细胞研究,克莱恩说,"我不明白的是这是对于(干细胞领域的现状)的粗暴的歪曲以及干细胞研究与治愈疾病是如何休戚相关。"

克莱恩在加州帕洛阿尔托(Palo Alto)的波托拉谷他家附近的一家咖啡馆里和我见面。尽管得了重感冒,他还是迫不及待地谈论 2001 年 8 月那一天以来的那件事,那件事彻底搞垮了他的生活。克莱恩,皮肤晒得黑黑的,一头顺溜的灰白卷发,脸带轻松的微笑,显示出一名企业掌舵人的信心。他看人看眼睛,遇事不惧,敢于担当,也不在乎别人把他说成恃强凌弱或者自私自利。

不可否认,克莱恩是给人留下强烈印象的人。在接触他之前,我注意到,认识他并与他一起工作过的人总是这样谈论并承认:他做生意是一把好手,善于融资,能管理好加州政府为填补布什政府的命令留下的干细胞研究的巨大缺口而推出的这个创造历史的项目。他们相信他正在把一个有趣的思想——通过出售债券,用一个州的税收收入来资助一个新的科学领域——转化为现实。他们说他才华横溢,有感召力,有一股"无可阻挡的力量"。但更为经常的是,赞美有时也很快会变成"但是",如当他们描述他经常伤人的个性和专横的领导风格时,他们说"但是他太过自我"或"但是他太要控制权"。

克莱恩在弗雷斯诺(Fresno)长大,他的父亲担任这座城市的管理者。对于克莱恩来说,生物学是一门令人深恶痛绝的学问,支持医学研究也无疑不在他有限的、感兴趣的职业范围内。但复杂的问题——那类要求应对错综复杂并且常常是晦涩难懂的政策、法律、政治和州市行政的官僚体制的问题——对年轻的克莱恩却很有诱惑力。克莱恩从斯坦福大学毕业,取得法学学位,满怀着年轻人对于正义和公平的自信心。他和一个长期的同事克里斯·米勒(Chris Miller)一起,帮助了一位与克莱恩自己所享有的良好教育大不相同的女士。这个生活在奥兰治县(Orange County)的非裔美国母亲玛丽·威廉姆斯(Mary Williams)与酗酒和贫困作着争斗,试图抚养七个孩子,还面临被驱赶的命运。克莱恩就读的法学院有位教授讲授一门关于低收入者住房问题的课程,令他难忘。受这位教授的鼓舞,他决定为她请命。他与米勒一起,最终指导威廉姆斯通过公租房屋署的种种关卡手续,为她和她的孩子们争取到一处廉租屋。

这一经历使克莱恩一往无前,直落 20 世纪 70 年代的加利福尼亚房地产市场。那里的需求,特别是中低收入者的住房需求,远远大于供应。看到这个机会,他和助手迈克尔·贝弗尔(Michael BeVier)把政府补贴转化成赚钱的系列住房项目。为了克服补贴有限的约束,他们两人把具有市场利率属性的投资与政府补贴结合在一起,所获取的回报又可反馈支持公共住房项目。但在 1973 年,尼克松政府突然中止了补贴,克莱恩崭露头角的房地产事业面临突然止步的结局。

但这一突变却充分展示了他的创新思维,令他在加州的干细胞项目上独树一帜,他转向了债券。为了绕过联邦政府对资金的管制,他和贝弗尔转向加州,成为立法会顾问并精心起草了一份议案,第一次提出依靠出售债券来补贴住房项目。这一法案建立了加州住房金融局(California Housing Finance Agency),作为州经济适用房的出租人,向低收入者和第一次购房者提供支持,每年发放近 14000 项抵押贷款,总计超过 10 亿美元。

这一数字在当时无疑在该州开创了一个先例,但这个数字与克莱恩最终说服本州选民投资于加州再生医学研究所(California Institute for Regenerative Medicine,简称 CIRM)的资金相比,似乎微不足道。后者是在他帮助下,在 2004 年成立的一个创新的干细胞研究机构,资金来源于类似的债券型财务计划,总价值是 60 亿美元。

★　　　★　　　★

当布什总统把 2001 年 8 月 9 日确立为联邦政府允许使用的干细胞系的截止日期的时候,干细胞专家以及病人倡导者所能做的事只有两件中的一件。他们或者是最终止于这仅有的二十来株活干细胞系;或者就是另辟蹊径,开发更多的干细胞系。

但是,由于国家卫生研究院资助美国超过 90% 的生物医学研究,第二个选项实际上是不可能实现的。尽管有诸如实力强大的非营利性的霍华德·休斯医学研究所的资金和大学捐赠基金,支持一个新兴的科学领域所需要的巨额资金,除了政府,任何人都是遥不可及的。即使是在州一级的层面上,虽然急于介入,但还是没有财力可以维持养活像胚胎干细胞那样复杂而且有争议的研究项目。即使居民认为这项研究在伦理上是可以接受的,一些州,如南达科他州,还是禁止任何胚胎研究;还有些州,如内布拉斯加州,限制州资金用于某些胚胎干细胞的研究。

即便如此,由于美国国家卫生研究院留下了空白,在州的层面上开展干细胞研究似乎是最有可能的,唯一的问题是如何开展。

如果你问是谁想起把干细胞研究带到加州,你听到的故事会有稍微不同的版本。答案取决于你问了谁。克莱恩回忆起他与电影制片人珍妮特·佐克(Janet Zucker)的一次通话。此人和她的丈夫杰里[因电影《空前绝后满天飞》(Airplane!)和《人鬼情未了》(Ghost)而闻名],以及两个朋友道格·威克(Doug Wick)和露西·费舍尔(Lucy Fisher)创办了一个草根组织,支持干细胞研究。这几位制片人来到克莱恩那里,怀着一个想法:请加州公民资助本州的干细胞研究,要求10亿美元的拨款。"我告诉他们,想通过州立法会得到10亿美元是没门的事,"克莱恩告诉我,"州没有钱,还有很多其他方面的必要需求——公众诊所、即将破产的公立医院。这不是正确的融资方式。"克莱恩告诉他们,正确的方式,是使用债券。这办法早先就用过,他知道,为低收入者住房问题融资的事,之前曾做过,他不明白为什么不能故伎重演。

然而,佐克夫妇以及运动早期招募的其他一些杰出的科学家们说的是另一个故事。他们把在加州开展干细胞研究的想法寄托在东北方向将近90英里之外的萨克拉门托(Sacramento)①的州参议员

---

① 这是加利福尼亚州的首府。——译者注

办公室。"很多人为此筹措贷款,"拉里·戈尔茨坦博士(Larry Goldstein)说,他是加州大学尔湾(Irvine)分校的干细胞研究人员,州计划的早期支持者,"但就我而言,我会追溯到黛博拉·奥尔蒂斯(Deborah Ortiz)和她的团队,是他们真正把这件事情开展了起来。"

　　到 2003 年,奥尔蒂斯当了 7 年的州议会议员。她性格外向,口齿伶俐,服务于州众议院,从 1998 年起,又任职加州参议院。那时,医学研究是她的特别兴趣。她的母亲身患两种不同的癌症,在与卵巢癌斗争了 3 年后,最近去世。将近 4 年来,奥尔蒂斯在州议会发起努力,要求拨款 8000 万美元支持前列腺癌和卵巢癌研究,但这一措施每年需要三分之二的议员投票。

　　"那时,人们对胚胎干细胞研究怀有厚望,"奥尔蒂斯从她桑塔芭芭拉(Santa Barbara)的办公室里与我通话时告诉我,她现在在那里是计划生育家长公共事务委员会的副主席,"公众感觉这是唯一一面临禁令的研究范围。为了这个原因,我们认为我们必须干出点什么事迹来。"

　　在华盛顿,堪萨斯的参议员萨姆·布朗巴克(Sam Brownback)从布什的新政策里得到启发,敦促国会裁定胚胎干细胞研究非法。他的议案给任何从事胚胎干细胞研究的科学家附加一项 100 万美元的罚款和 10 年有期徒刑。这项惩罚也适用于任何从国外导入干细胞的研究人员,甚至是出国接受干细胞治疗并在返回美国时体内带有这些细胞的患者,都同样要接受处罚。

　　在离奥尔蒂斯家很近的地方,加州大学旧金山分校的生物学家罗杰·彼得森早已与詹姆斯·汤姆森和约翰·吉尔哈特竞争着要开发出第一株人类胚胎干细胞。他刚刚离开美国到英国。面对越来越严格的限制和牢狱之灾的威胁,他担心是否能够继续他的胚胎干细胞研究。

"也有一群人,他们真的想保住这一新兴领域。我们有一个研究渠道,可做引人入胜的早期——极早期——研究,而且可能会有某种前景。"奥尔蒂斯说,"如果我们不为干细胞科学家在某一处地方——理想的是加州——创造能继续研究的希望,那么,难道我们就砍掉这个潜在的渠道,不让研究人员进入胚胎干细胞这一领域做研究吗?"

加州似乎是推出这样的草根运动的理想场所。这个州拥有一个强大的科学家群体,包括相当大的一批诺贝尔奖获得者。这是因为在加州大学体系里,有得到州政府支持的研究型大学网络,以及多家私人机构,如斯克里普斯研究所和斯坦福大学。加州还有一大批对于生物技术怀有兴趣的居民,其中许多人与学术中心有紧密联系,把基础研究的成果转化为有用的商业产品。这些科学家都对政治意识形态侵入优秀的科学实践怀有警惕。他们争辩说,限制政府支持和介入干细胞领域,这实际上是要把它饿死。

奥尔蒂斯想知道是否有某种角色可以让州一级发挥作用。她是个政策专家,她开始钻营联邦治权高于州级治权可能的例外,这时,她想起了诸如"迪基-威克"那样的修正案。如果联邦政府禁止胚胎细胞研究,完全禁止,那么州一级必须服从。但当发生需要保护本州居民的健康与安全的情况时,州级行政有权略有灵活。干细胞科学会不会有资格成为这样一个例外?州能实际发起一场草根运动,向美国联邦政府发起挑战吗?

奥尔蒂斯和许多立法会议员,以及科学家都确信,政治风向最终会转向放宽总统的限制。但如果州一级可以在此期间填补国家卫生研究院留下的缺口,那么也许,仅仅是也许,可以保留干细胞研究领域,即使只是在转向之前维持其存在。她说到她的团队在这件事上的一致看法:"他们喜欢这样的想法——如果别人可以做,加州也可以做。"

但在有人可能在胚胎干细胞问题上有所动作前,这一领域本身需要一层更厚的皮肤来自我保护。由于来自布朗巴克和《迪基-威克修正案》的攻击,奥尔蒂斯知道,只邀请研究人员到加州阳光海岸工作是不够的。他们需要一个安全的避风港。她给了他们这样的避风港,利用的是一项允许治疗性克隆的法案。治疗性克隆——维尔穆特用于创造多利的那个版本——不把人类胚胎用于克隆人;而代之以只允许胚胎发育 14 天,到时移除胚胎干细胞,从而有效停止了进一步发育。这使加州成为批准这项研究(也被称为核移植)的第一个州。葛雷·戴维斯(Gray Davis)州长签署了这项开创性的立法,并于 2002 年 9 月成为法律,这是在布什的行政命令发布后将近一年。

然而,欢迎研究不等于可能研究。为此,州需要钱——大量的钱。但奥尔蒂斯不愿危及她争取到的每年对卵巢癌和前列腺癌研究的拨款,这是得到立法会两党支持的,为此增加了税收。她考虑绕过萨克拉门托的立法会,直接奔向选民。

她想,为什么不把干细胞问题带上街头,在人行道上设摊、挨家挨户叩门,以征集签名,让本州的百姓资助科学? 这不是一个完全疯狂的想法,因为早有先例,并且颇受欢迎,成为加州政治的奇特一景。但当她把这一想法告知州里几位领头的科学家时,他们不那么乐观。

欧文·魏斯曼,斯坦福大学发育生物学家,他从血液中分离出第一株成体干细胞。他对把这样一个道德上有争议的问题提到公众面前持保留态度。他主张要确保人们理解治疗性克隆和生殖性克隆之间的差异。前者是科学家提出来作为获取胚胎干细胞的一条途径;而后者,即制造克隆婴儿,则是大多数研究者所反对的。他认为公民签名是倡议一场政治运动的方式,不是区分治疗性克隆和生殖性克隆的适当时机。魏斯曼担心,如果人们相信胚胎干细胞来自堕胎的胎儿,那么会陷于堕胎政治的泥潭。然而,魏斯曼不像奥尔蒂斯的团队那样熟稔政治,当他提出他的担忧时,他对奥尔蒂斯的政治顾问的反应感到惊讶。"他说你想把堕胎和干细胞联系起来,因为在加州,60%的人相信堕胎是妇女的权利。"魏斯曼说,对这种逻辑付之一笑。这是魏斯曼在科学的政治里得到的一系列教训的第一个。

奥尔蒂斯在萨克拉门托的努力没花多少时间,而佐克夫妇的团队也在洛杉矶与她汇合。

在洛杉矶有代表性的风云人物中,结果是魏斯曼的姐姐劳伦(Lauren)名闻遐迩。她是一个电影工作室的经理,当时正是干细胞倡导组织"治愈在现在"(CuresNow)的主任。该组织由佐克夫妇、威克和费舍尔创立,为干细胞研究游说。到这个时候,佐克夫妇已经几次往返华盛顿。他们虽然已致力击败了《布朗巴克法案》,但意识到他们只是成功地扑灭了一场火。胚胎干细胞问题更像是一堆燃尽的灰烬,他们需要某种更有力的和持久的机制,能有效地杜绝反对的声浪。他们开始设想把他们的努力带到更接近于家乡的地方——只要布什政府留在白宫,要在全国范围内发力是不会有成果的,如此,也许他们应该把他们的活动集中在加州。

多亏了奥尔蒂斯的立法,这种策略似乎是合理的。"有一天,劳伦打电话给我,她说(她)正在同黛博拉·奥尔蒂斯谈。(奥尔蒂斯)说,'为什么不在加州做一个债券计划?'"杰里·佐克说。"我说,'天哪,这是不可思议的,你能做吗?这是真的吗?'"

如果克莱恩容易得罪人,又好当头,杰里和珍妮特·佐克正好相反。佐克夫妇对干细胞的热情就像克莱恩一样,他们立即发出热情邀请,并开放他们的家做第一次头脑风暴式的集体讨论,其结果就是终于产生了第 71 号提议。

佐克夫妇和克莱恩有一个共同点,就是他们各自都有一个患 I 型糖尿病的孩子。

杰里·佐克永远不会忘记那一天,他、他的妻子和他们 11 岁的女儿凯蒂(Kaitie)确知了凯蒂被确诊为 I 型糖尿病。这让他们的心绪一落千丈,直达恐惧的深渊。"她没一刻健康。"在几个小时的坦诚谈话里,他这样告诉我。"她无时无刻不表现出这病的症状——体重不断下降,嘴唇干裂,无精打采。但(当我们带她去医院),他们把一根针插入一小瓶液体,就是胰岛素,注入她体内,然后,突然间,在 20 分钟之内,我们的女儿又活起来了。每天都是如此艰难,但在某种意义上也是一种快乐,因为她跑来跑去,笑逐颜开……但是,"他暂停了一会儿,又补充道,"你明白,如果你的女儿终于找到了一种治愈方法,那这种方法不会来自药房或医生;它将来自科学家。"

这是现实,只有基础科学才能缓解凯蒂终身对葡萄糖监测和胰岛素注射的依赖。这也使佐克夫妇对布什政府限制干细胞研究感到气愤。像许多有患病孩子的家长一样,佐克夫妇看到,限制研究等于在他们的女儿和数以百万计的像她女儿那样的患者面前关闭了一扇门。他们可能得益于科学,而现在唯有灰心丧气。对他们来说,特别恼人的是,体外受精诊所的胚胎被销毁而不能用于研究目的。"当布什第一次出现并说'我将允许使用已经是干细胞的干细胞,在那里胚胎已经被摧毁,但不让任何额外的胚胎再被摧毁'时,真是令我发疯。"杰里·佐克说,"在所有人看来,这似乎是大智大慧,但其实只是愚蠢。"

所以当劳伦·魏斯曼打电话给杰里时,他乐于倾听。

奥尔蒂斯和佐克夫妇一起举行了一系列晚宴,形成了第 71 号提议的核心,即加州的干细胞倡议书。在萨克拉门托,在旧金山新潮的一市场(One Market)餐厅,甚至在布伦特伍德(Brentwood)佐克夫妇的家里,加州主要的科学家和干细胞研究支持者聚集在一起,讨论下一年的行动计划。他们讨论了出售债券以资助研究的策略,还梦想提高资助,使加州足以吸引来自世界各地的领先的干细胞科学家,成为灯塔和规避联邦禁令的模范,让其他州可能跟进。"我们一无所知;我们知道的是零。"杰里·佐克坦承在讨论投票建议的早期阶段的艰难。

所以尽管想法很好,大部分时间,会议情绪激昂,但实际行动迟缓。"你能看到太多的语重心长,太多的'我们必须有所作为'的心情,太多的人说我们必须在政治上有所作为,但没有一个人能汇聚所有的力量成就其事。"魏斯曼说,他参加了几次聚会。

魏斯曼在斯坦福大学的同事保罗·伯格也出席了几次早期的晚餐会,他深深受到触动,提出了建议,并做出了富有科学睿智的努力。作为生物化学家,伯格没有直接参与干细胞的工作,但他以20世纪70年代在剪接和重组DNA方面的开创性实验获得诺贝尔奖。糖尿病患者要感谢他的创新工作促成了胰岛素的人工合成,从而阻止了糖尿病的并发症,降低了动物来源的胰岛素的成本。

伯格思想深邃、缜密,举止稳重,慈祥待人犹如爷爷辈。他被普遍认为是基因工程之父。但他的科学贡献不仅仅限于此,这使他成为干细胞队伍里理想的新成员。他之所以广受尊敬,也因为在他的实验室工作引起了社会和道德的阴霾时,他努力应对,而成效卓著,占据先机。因为他的重组DNA技术使物种之间混合和搭配DNA片段或基因成为可能——例如把人类基因接合进细菌之中,以便更好地理解它们的功能——伯格和他的同事认识到这门科学已经成熟到可以滥用。有非常现实的可能性,人为的基因恐怖所伤害的不仅是人类,而且也是环境。所以在1975年,伯格采取了非同寻常的步骤,他召集了一群遗传学专家,在加州太平洋果园的艾斯洛玛尔

（Asilomar），讨论新科学提出的安全问题。经过几天的讨论，这个智囊团，其中包括 DNA 结构的共同发现人詹姆斯·沃森，以及过去和现在的几位诺贝尔奖得主，决定自愿中止某些类型的重组研究。

这次会议被称为艾斯洛玛尔会议（Asilomar Conference），它仍旧是科学制定决策和有效地自我约束的范例。与会者的建议，后来成为国家卫生研究院确立的关于在研究中适当使用基因重组技术的指导方针的基础。

随着干细胞研究的开展，一些研究人员开始察觉科学走向疯狂的迹象，也开始担心社会的压力将窒息科学。根据艾斯洛玛尔会议的经验，干细胞的支持者觉得，伯格是一个理想的盟友。

像魏斯曼一样，伯格感觉到干细胞倡导团同样的善意努力，但意识到他们需要有更加明确的使命。"他们试图开展一波声势浩大的活动，进军国会，表达反对总统政策的情绪，但没有多大进展。"他说。

参加了几次这样的会议后，青少年糖尿病研究基金会的彼得·范·伊顿意识到干细胞倡导团需要什么。它需要鲍勃·克莱恩①。

当范·伊顿打电话给克莱恩时，发现他正在准备同他的女儿做又一次旅行。"就是这个女儿。"克莱恩笑着告诉我，4 年前，正是在同她一起旅行时，乔丹被诊断为 I 型糖尿病。这一次，他们以一次秘鲁之行庆祝她大学毕业，在亚马孙丛林里度过一段时光。

对于范·伊顿来说，克莱恩的韧性，以及他与政治和金融界领导人日益密切的联系，正是这个好莱坞的干细胞倡导团需要并赖以更上一层楼的。所以他请克莱恩同珍妮特·佐克谈谈。他想起克

---

① 鲍勃（Bob）在英语里就是罗伯特（Robert）的昵称，所以鲍勃·克莱恩就是罗伯特·克莱恩。——译者注

莱恩还是青少年糖尿病研究基金会帕洛阿尔托分会的活跃成员。

按照克莱恩的说法,他同珍妮特第一次就在电话上交谈了一个半小时,勾勒出了一个债券型计划。按照这个计划,他认为,研究的最佳融资方式就是由州政府发售债券,但延期支付销售利息几年。这个想法是分期偿还,因为投资于医学研究,不像在房地产项目,不会在几年内产生任何产品或效益。用这样的方式,研究的负担和效益对于投资于科学的人和可能最终享受到投资的产品的人会更加公平。

如果说,关于是谁实际上提出了利用债券融资的问题,许多原来的第71号提议的支持者有不同看法,但他们都信任由克莱恩来帮助向公众推销债券。使用债券融资,资助一个实体单位,而且还是一个无形的实体,其中还包含着新科学固有的前景不确定性,这一想法无疑是前所未有的。但克莱恩认为投资于医学研究,尽管不可捉摸和不确定,在某种意义上与投资房地产项目或高速公路或学校并无不同——只要公民接受这里谈的资本是智力型的,而不是有形的,"我说:'看,他们需要明白正在做的医学研究是智力型资本,不是运营成本。'如果他们明白,这是社会最重要的资源之一,他们会明白债券投资可以做。但人们必须准备好模式的转变,理解这是社会的资本资产,它保护社会在几十年里免于遭受巨大的痛苦。这就像分期偿还在桥梁或港口的投资能持续产出几十年的回报一样。"

克莱恩得心应手,很明显,他的经验和精力将是一笔资产,令他的倡议在选民那里得到通过。"他实际上接管了这件事,"奥尔蒂斯说,怀着一丝遗憾,"我想他显然有了更大的财富,虽然我们本来也可以做。事已如此,他已控制了债券融资。"

★　　　　★　　　　★

克莱恩的第一个困难,是要确定投资于一个全新的科学领域需要多少钱。几千万？几亿？还是奥尔蒂斯的人提出的 10 亿？几十亿？在一次在波托拉谷克莱恩家里晚餐时，他和范·伊顿盘算了几个数字。在计算了先前几个研究项目的成本，并考虑了国家卫生研究院在人类胚胎干细胞的研究上的 2.5 亿美元投资已经产生实现了多少之后，他们得出，需要在 10 年里支付 30 亿美元。加上利息，总数达到令人头晕的 60 亿美元。

甚至魏斯曼也承认，这个数字令他吃惊。"这使我目瞪口呆。"他说。然而，正是他倡导了这一组织，并提供了科学的视角，说明为了启动和支持一个严肃、健全的胚胎干细胞研究计划需要做的种种事情。

克莱恩预期这笔钱不仅将用于支持所有类型的干细胞研究，并优先用于政府不予资助的胚胎干细胞研究，也将用于建设新的专门的干细胞研究场所，让加州日益壮大的科学事业有安身立命的地方。资金将在 10 年里被分为 2.95 亿美元一年，这个数目是美国国家卫生研究院 2003 年花在胚胎干细胞研究上的资金的 12 倍。这一数目令当时还是总统候选人的布什和参议员约翰·克里（John Kerry）分别对这一领域承诺的 2500 万美元和 100 万美元显得少得荒唐。

但没人知道加州公民是否会愿意拿出 30 亿美元的税收来支持这一领域。2004 年 4 月，这个濒临破产的州被迫批准 150 亿美元的债券融资，以维持其偿付能力。克莱恩自己也开始怀疑他的计划是否能够实现。"这年头，真不是可以发起投票，争取包括耗资 60 亿美元用于干细胞研究的时机。"他说。

到春末，这场拉票运动每周的花费达到 100 万美元，而运动早期，只有少数支持者愿意支付这笔款项。第 71 号提议的核心支柱是三个家庭：佐克夫妇、克莱恩夫妇，以及汤姆·科尔曼（Tom Coleman）和他的妻子波莉（Polly）。科尔曼夫妇是克莱恩的朋友，也有一个孩子患着糖尿病。佐克夫妇和科尔曼夫妇筹资做了几次民

干细胞的希望——干细胞如何改变我们的生活

意测验,还出资向加州人民宣传干细胞是什么,以及为什么需要支持州政府资助这项研究。一度资金不足时,克莱恩把他的住房抵押给了市场,以维持运动开展。"这是一个非常艰难的时刻。"他说,"我一周需要筹集 100 万美元,还只能作为政治捐款,不能扣税。我们把流动资产用光了,其他人又不跟上来。"

对克莱恩来说,2004 年初的这几个月是整个这场运动最黑暗的日子。对于他的合作伙伴来说,这也是一个转折点。随着各个组织竭力保持运动继续开展,运动内部开始出现紧张关系。据杰里·佐克说,一山不容两虎的思想迅速发酵,开始问鼎克莱恩的权力。到这场倡议运动发展到需要组建一个公司来运作的时候,全体成员都赞同克莱恩把他的非营利的组织"加州研究和治疗联盟"(California Research and Cures Coalition)转型为这场运动的领导机构。但当克莱恩自作主张任命他的前妻和他的助理进入董事会时,一向随和的杰里发飙了。"我记得我在和鲍勃谈话时高声大叫,"杰里说,"对一些需要决定的问题,鲍勃直截了当地说不,因为他控制着公司,他可以为所欲为。"他说,克莱恩证明他前妻的角色是合法的,因为他的资产有许多仍然是与她捆绑在一起的。他把他的助手包括在内,因为此人是佐克和科尔曼两家都很尊敬的,她是代表他们,也是作为对她的辛勤工作的奖励。

这个团队的办公室里,还有另外一场摊牌。政治顾问查克·温纳(Chuck Winner)两头调解,惴惴不安。他负责"赞成第 71 号提议"("Yes on 71")运动的信息。"鲍勃不会让步。"杰里说。这对杰里和他的妻子,以及科尔曼一家来说是一个转折点。"当时,我和珍妮特真的不得不做出决定,什么更重要。"他说,"我们认定,我们不能信任这个人,他不是一个诚实的人,但他有力量,我们需要他办成这件事。我们现在处于下风,他处于上风。我们依着鲍勃做,只是在我们认为重要的事情上,该发声时才发声。"

加州梦

★　　　　★　　　　★

也许,在那段时间,唯一的光明是,就在最需要的时候,这场运动里发出了一个非常重要的声音。南希·里根,自从她丈夫被诊断出患有阿尔茨海默病以来,开始看上了干细胞的潜力——干细胞揭露出不可治愈的疾病的奥秘。尽管众所周知,她丈夫持保守主义和反对堕胎的立场,南希采取了迄今为止更为大胆的步骤来支持科学。她越来越相信科学可以帮助数以百万计的患者,虽然这有赖于胚胎。2001 年,她给布什总统写了一封信,请求支持胚胎干细胞研究。仅仅几年后,她向参议员奥林·哈奇发出呼吁,此人是另一个持强烈的反堕胎观点、但赞同扩大干细胞研究的共和党人。哈奇在提案里建议国会禁止生殖性克隆,但允许治疗性克隆,以便生成胚胎干细胞。毫无疑问,这是他受到了南希的个人请求的影响。南希描述她丈夫病情在缓慢恶化,写道:"因此,我决心尽我所能来拯救其他家庭,帮助他们摆脱这个痛苦。奥林,有如此众多的疾病是可以治愈的,或者至少是可以减缓的,我们不能倒退。"

但直到 2004 年 5 月,当"治愈在现在"发动努力收集到足够的签名就推动干细胞倡议进行投票时,南希才向公众发出呼吁。在比弗利希尔顿(Beverly Hilton)酒店里举行的为青少年糖尿病研究基金会筹集资金的会上,她践诺勇敢地支持这一领域,第一次公开声明她支持干细胞科学。南希含着眼泪走上讲台,从迈克尔·J.福克斯(Michael J. Fox)——他于 1991 年被诊断患有帕金森病,是直言不讳的干细胞研究支持者——手里接过她的奖项,讲述了她看着她心爱的丈夫悄然逝去的痛苦,再次提出她向哈奇提过的请求。"罗尼经过漫漫长途,终于去到了一个遥远的地方,我再也联系不到他了。"她说,"科学为我们提供了希望,这希望称为干细胞研究,它能向我们的科学家提供许多长久以来我们不知道的答案。我们已经失去了那么多的时间。我真的不能忍受再失去了。"

当时是里根去世仅仅一个月后,南希的讲话添加了几多辛酸。在他去世的前两天,加州的干细胞倡议获准在 11 月的选举中投票。第一次,一个州将投票决定是否资助干细胞研究。

奥尔蒂斯告诉我,她知道她的 10 亿美元的拨款提案不会获得三分之二的多数支持,获得立法。但是,她想推出多项法案,来解决财政、法律和政策的多个问题。她把辩论看作公开财政结构的一种方式;而要在没有联邦政府支持之下,采取前所未有的步骤,由一个州资助一个新兴科学领域,就必须公开财政结构。

奥尔蒂斯帮助通过了使加州成为允许胚胎干细胞研究的第一个州的立法,但没能让拨款 10 亿美元资助干细胞研究的立法得以通过。事实证明,无论是通过的还是没有通过的立法都促使了选民支持第 71 号提议。2004 年 8 月,第一轮关于选民对干细胞倡议的态度的民意测验显示,加州人的态度几乎呈分裂状态,45% 的人表示支持州政府资助胚胎干细胞研究项目,42% 的人反对。

到 10 月,告别了秋高气爽的天气,第 71 号提议运动蓬勃开展,广告宣传、巡回演说,加上科学讨论会,花费高达 2150 万美元。许多人注意到,为了让修正案得以通过,运动的组织者克莱恩的努力看起来就像是一场政治竞选一样。

但没有人能否认他的筹款能力。随着倡议形成势头,腰缠万贯的富豪名人加入了进来,包括微软的创始人比尔·盖茨(Bill Gates),利夫兰骑士队所有人格登·刚德(Gordon Gund),还有因患色素性视网膜炎而失明的金融家、亿贝(eBay)创始人皮埃尔·奥米迪亚(Pierre Omidyar)和他的妻子帕姆(Pam),以及大批硅谷的风险投资家,他们贡献了 700 万美元。青少年糖尿病研究基金会贡献了

100 万美元。克莱恩又额外投入了他自己的 300 万美元。反对派，也就是女权团体对潜在的剥夺女性卵子的可能性表示担忧。相比之下，天主教堂只筹集到区区 20 万美元。

加州的运动不会是没有名人的运动。明星们，从布拉德·皮特（Brad Pitt）到迈克尔·J.福克斯都拍摄了电视广告，敦促人们对第 71 号提议投赞成票。在 11 月 2 日投票前的最后一个周末，演员克里斯托弗·里夫的一部电视遗作在全州各地播出。里夫于 1995 年因骑马事故瘫痪后成为一名不知疲倦的干细胞支持者，于电视播出一个月前刚刚去世，生前是第 71 号提议的支持者。影片开头就是一条来自他家庭的信息，指出这份声明是他最后的遗言。"请支持第 71 号提议，"里夫在短片里敦促，他靠呼吸机维持生命，"支持患有不治之症的那些人。"

2004 年 11 月 2 日，加州民众投票，结果以 19% 的优势，批准了这项具有里程碑意义的倡议，这是第一次以州资金投资一个科学领域。在洛杉矶贝弗利希尔顿酒店的胜利庆祝会上，克莱恩占据了舞台的中心位置。他直奔主题，让听众回忆第 71 号提议的历史意义。"即使我们所有人都活到 100 岁，也再没有机会像今晚的加州人已做的那样能消除未来人类的病痛。"他告诉聚集在舞厅里的数以百计的人们。

奥尔蒂斯露了面，她最初被拒之门外。最终，杰里·佐克把她带上了舞台，介绍这位第 71 号提议的倡议人。

法案刚一通过，胜利的欢呼就开始遭遇一大群严厉的批评。第 71 号提议的反对者精明地表达着他们的投诉，不涉及意识形态，但涉及财政。正如奥尔蒂斯的政治顾问所指出的，加州是美国各州里堕胎和生殖权利最自由的州之一。毕竟，加州几乎破产，需要贷款

151

来维持,所以批评人士将他们告上了法庭。公民主张和国家税收限制委员会(People's Advocate and the National Tax Limitation Committee)认为第71号提议所设立的机构——独立的加州再生医学研究所——违宪,因为非州立实体调度州资金是非法的,所以要求解散加州再生医学研究所。加州人公众责任和伦理科学会(Californians for Public Accountability and Ethical Science)提起另一项诉讼,控告加州再生医学研究所不适当地免除其成员受州利益冲突法的约束。

这并不影响加州再生医学研究所一致提名克莱恩为新董事会主席。根据他写入了修正案的复杂评选规则,州长、州长助理、财务主管和审计官四人都被要求提名推荐独立公民监督委员会(Independent Citizens' Oversight Comitte)——加州再生医学研究所董事会——主席和副主席候选人。其余25名董事会成员将对候选人进行投票。不过,令一些人惊讶的是,这四个人都提名克莱恩担任一把手。

不过,最后,甚至克莱恩的批评者也承认,鉴于这个无经验的机构在头两年里面临法律和立法的挑战,他可能是这项工作的最佳人选。在进行任何一项拨款和资助任何科学之前,加州再生医学研究所不得不应对诉讼的唇枪舌剑并抵挡住加州议会想要改变研究所的结构的图谋,以便矢志不渝地承担起重建美国国家卫生研究院的州级版本。

然而,这些正是克莱恩已准备接受的挑战。毕竟,他撰写第71号提议时,预计到有人要竭力推翻它。这就是为什么他笑着告诉我,他撰写第71号提议作为宪法修正案,要为干细胞研究割一块地盘,并把加州再生医学研究所写入加州宪法之中。有人说,这份提议本身是加州最长的文书——达到八又四分之一页。多数选民根本不可能在2004年11月的投票日,在各自的小间里通读整个文本。

要是他们真读到底,然后合上这份提议,也许他们会看到,新法最重要的特点在于:要对这份提议或对提议所创建的机构进行任何更改,议员必须要在提案被提出和通过之日后不早于第三个完整的日历年度后才能提出,而且要有70%的两院议员通过,并由州长签署。

奥尔蒂斯和别的熟悉加州政治的人都知道,这是一个虚有其词的保证,提议将会原封不动;这正如许多人说的,是"防弹玻璃"。

"这么写是为了把它与州政治分开,"扎克·霍尔(Zach Hall)一天早上早餐时在纽约谈到这份精心打造的提议时告诉我,他是一位神经生物学家,时任加州再生医学研究所的第一位临时总裁,"有一件事激怒了很多人——立法会议员和其他人,要对提议做任何改变几乎也是不可能的。但它也意味着即使是想要改也改变不了。"

事实上,霍尔在2005年接掌加州再生医学研究所时,明白这是条艰难的道路。霍尔是个聪明的、受人尊敬的科学家,还有良好的管理经验。2005年1月,他漫步位于洛杉矶的南加州大学(University of Southern California)校园里,准备出席研究所董事会的第二次会议时,认真参与了这件事。霍尔从1994年至1997年主持美国国家卫生研究院国家神经疾病和卒中研究所,此后,由于加州大学旧金山分校和南加州大学行政紧缩,霍尔到近洛杉矶的帕萨迪纳(Pasadena)工作,在那里担任医学院神经遗传学研究所主任。但霍尔居住在旧金山,他很想减轻往返通勤之累,正在考虑到湾区(Bay Area)担任他最后一份工作,然后退休。这时候,加州再生医学研究所这一新成立的干细胞机构的副主席艾德·彭霍德①(Ed Penhoet),问他是否会考虑担任加州再生医学研究所所长。得知任期为6年,霍尔说不,但附加了一句:"我不想工作那么久。"

但在参加了5个小时的会议之后,很明显,霍尔相信,这个研究

---

① 艾德·彭霍德,瑞士诺华制药公司创办人。——译者注

所需要迅速运转起来,董事会想要配备一个临时所长,同时寻觅永久所长。于是,他告诉彭霍德和董事会他感兴趣。

然而,霍尔很快就发现,董事会主席和研究所所长之间的职责分界相当模糊不清,在两年的任期里,他和克莱恩关系持续紧张。"当我到达时,我发现有一个例外,所有工作人员都是鲍勃的人,克莱恩把他们带进来运转研究所,这些人或多或少仍然向克莱恩报告工作。"霍尔说,"需要一段时间来理清眉目。"

霍尔做的是一件吃力不讨好的工作。在针对加州再生医学研究所的诉讼迁延不决的那段时间里,研究所不能拨付任何资金。研究所期望让联邦政府感到尴尬的梦想,期望在加州阳光海岸创建干细胞研究的安全港的梦想,明显暗淡下来,有人在说,这是报应。

讽刺的是,奥尔蒂斯成了研究所最直言不讳的批评者。仅仅在投票通过一个月后,在州立法会第一天在萨克拉门托复会时,她就提出一项提案,要求改变第 71 号提议的一些关键条款,以确保研究产生的医学成果和经济利益能反馈给加州公民。当我问她为什么要挑战她帮助创办的这个研究所时,她明确表示她的动机不是个人的。"别人带着他们的倾向解读,"她说,"但我是这件事的忠实支持者。我一直都是,永远都是。但我也清醒地认识到,我们是不是在过分吹嘘?是不是在炒作?最终会不会证明它没有我们大家以前所希望的那么大的治愈和治疗的前景?答案是,也许有一点。在第 71 号提议通过后,我肯定是要走出来,努力让监督和问责到位。"

奥尔蒂斯说她的首要目标是让加州再生医学研究所务必不脱离资助干细胞研究的使命。相反,天经地义地,要确保开展倡议运动时的承诺,确保资助这项工作的纳税人能够获得投资利益,因为对研究生成的产品的任何专利或许可协议创造的利润,州政府有权取得一份。这些产品提供给加州的贫困人口时,其费用应予减免,使他们更加承受得起。她说,第 71 号提议本身没有这样的保证,虽然它包含有关专利共享和版税问题的条款。奥尔蒂斯不满意研究所的承诺以及贯彻这些承诺的打算；她想要把这些写进法律。"看，我的立法是说了事实，我认清了你们（再生医学研究所）是不受政府管理的，有你们自己的规则。"她说，"但是因为你们自己制定规则，那请你们制定几条规则，以便确保加州得到某种利益，在我们的已经负担过重的医疗体系里对穷人有点回报。"

她说，她的呼吁完全不同于该所面临的那场诉讼案。诉讼案是质疑加州再生医学研究所作为独立、自治的实体，脱离州议会控制而调度纳税人的钱的合法性。

然而，尽管她的有违初衷的抗议，一些熟悉奥尔蒂斯的人发现，很难想象她不会感觉到自己至少是有点背叛了这项既成的事业，虽然她早期在研究债券问题，在推进加州立法上不懈努力，促使干细胞研究在加州成为可能。"鲍勃真的使黛博拉很生气，"杰里·佐克说，"我认为这就是为什么过了一段时间，她实际上开始采取行动对抗一切。鲍勃从不给她声誉。他总是说，这是他的创意，但是事实并非如此，是黛博拉·奥尔蒂斯。"

霍尔也同意，他推测如果克莱恩以任何方式承认奥尔蒂斯，加州再生医学研究所的头几个月可能会非常不同。"如果在第 71 号提议通过后鲍勃和她一起站在台上，说看我们做了什么，情况就会不同。"他说。

不管奥尔蒂斯动机如何，从克莱恩的角度来看，对研究所和它的使命来说，奥尔蒂斯在立法机关的搅局与诉讼同样有害。"当然鲍勃很快就将她视为敌人。"霍尔说。

克莱恩形容加州再生医学研究所在头两年虽然困难，但不令人泄气。"是非常非常艰难和辛苦，但我真的相信我们会熬过去。"他

155

说。原告之一的资助者"生命法律保障基金会"(Life Legal Defense Foundation)是一个反堕胎组织,反对胚胎干细胞研究。考虑到民意测验继续表明大部分加州人仍然支持加州在资助干细胞研究上充当主导地位,克莱恩自信加州再生医学研究所将胜诉。

但是,由于研究所资产在诉讼判决以前被冻结(禁止加州让债券流通,因为法庭可能宣布整个提议无效),研究所依靠一笔来自加州的 300 万美元启动贷款和一笔来自杜比实验室(Dolby Labraties)的创始人雷和达格玛·杜比(Ray and Dagmar Dolby)的 500 万美元的额外礼金幸存下来。但这点钱与研究所每年为推进干细胞科学承诺支出的 2.95 亿美元相比,几乎不够。为了找到打法律冻结的擦边球的途径,维持研究所运作,克莱恩说服州政府发行一种不同于寻常类型的债券,它要求投资者实际上不是购买债券,而是购买预期债券票据①,所以发售过程极其困难。另一项创造性的金融期权是买家甘愿接受这样的可能性:如果加州再生医学研究所败诉,该机构被认为非法,遭遇解散,投资不会偿还。尽管有风险,仍有 6 家私人慈善机构向几乎空空如也的研究所注资 1400 万美元。

随着票据出售,到 2006 年 4 月,加州再生医学研究所终于可以实现第一笔 1210 万美元拨款,资助一个培训项目,在全州 16 个机构培训下一代干细胞研究人员。但到研究所能发放它第一笔名副其实的供研究实验用的科学拨款,又过了将近一年,已经是 2007 年 2 月。即使到这时候,那也只是按科学标准来说是相对较小的 72 个项目,最大一项达到 80 万美元,总额 4200 万美元。这个数目大致等同于联邦政府发放的人类胚胎干细胞研究拨款。炮仗似乎没有响起。

---

① 预期债券票据(bond anticipation notes)是在预期将执行较大型债券发行的情况下发行的短期附利息证券,其赎回资金预期依靠稍后将发行的长期债券的收入来支持。——译者注

加州梦

★　　　★　　　★

在律师和会计师全力应付这 3 岁的研究所的法律和财务问题之时,加州再生医学研究所的科学拨款建议审查委员会提出了几个非同寻常的问题,并令人大感兴趣。由于加州的阳光法案要求受公众资助的机构会议公开,为了适应这一要求,加州再生医学研究所开始在其网站发表来自第一轮成功拨款报告书中评审员的评论

在科学界,如此反复晒出所提议的实验的优劣几乎是闻所未闻的,即使在授予拨款之后也几乎是禁止的。科学家认为,在科学实验的关键之处做闭门讨论,对于坦诚和自由地交换想法与意见是至关重要的,包括假设是否有效,方法是合适,或研究人员是否有资格处理有疑问的科学问题等。

然而这里是加州再生医学研究所,它发表了来自一位评论员的评论,评论指出由加州大学尔湾分校的汉斯·科斯泰特递交的旨在研究干细胞在脊髓修复中的作用的申请,在"科学上缺乏依据",但最终被接受;评论还认为加州大学旧金山分校新建的艾利和布罗德夫妇再生医学和干细胞研究中心(Eli and Edythe Broad Center of Regenerative Medicine and Stem Cell Research)主任阿诺德·克里斯坦(Arnold Kriegstein)博士提出的试验从人类胚胎干细胞培育神经细胞,用于治疗癫痫和帕金森病的申请近乎"幼稚"。

直接投票是一种新的资助科学的方式,它带来了一种评价科学的新方法。虽然有些不舒服,在大多数情况下,甚至被评价的研究人员都赞同,认为在公众面前有一点尴尬是微小的代价,最终可以获得机会,让他们卷起袖子干,开发和研究胚胎干细胞,并把它们变成治疗方法。

这可能最终成为加州的伟大实验的终极遗产——推动科学家打破熟悉的研究方式,遵循新的规则。到发放拨款的第 6 年,加州再

生医学研究所在研究人员和药物开发人员最危险的空间找到了它有利可图的市场。这一市场存在于早期试验与临床试验之间。早期试验显示富有前景,但进入临床试验,范围就更加广泛,费用更加昂贵,投资有可能完全打水漂,成为一个可怕的死亡谷。所以这是一片无人地带,是风险资本家不愿涉足的领域,这一阶段,一种疗法还没有被充分证明有前途,还不足以吸引制药公司的注意。但加州再生医学研究所的拨款可能正是把学术研究人员带过这个峡谷,到达另一边的桥梁。2008 年,研究所推出"疾病团队奖"(Disease Team Award)。这是一个创新的资助计划,旨在加速可供测试的疗法走向病人的进程。这一概念自始至终是培养思想,提供从实验室经由早期的动物实验,通向在人类患者身上首次进行安全性检测的资金垫拨,从而减少有前途的治疗方法因为缺乏资金而导致研究滞留的可能性。拨款维持四年时间,激励研究人员确保尽快完成基础科学和通向临床所需的研究。

这是一种全新的资助科学的方式,与国家卫生研究院一个项目接一个项目的方式大有不同。但如果取得成功,就可以作为一种开展科学事业的模式——特别是新科学,诸如干细胞研究。"这种由州一级政府资助干细胞研究的实验,比我们所想象的具有更为广泛的影响。"魏斯曼提到拨款时说,"他们正在改变美国的大学,旨在取代风险投资家。这是由加州再生医学研究所做出的投资,因为干细胞研究是一个新的领域。它需要一种新的思维方式。从现在起的 5 年,当我们培训了所有这些干细胞生物学家时,我们可以说:'州政府的职能是只资助他们的一部分工作吗?或者我们要继续资助,直到出成果吗?'如果加州居民在生活幸福、身体健康和经济收入方面都有净增长,我们可能会继续这样做。"

2009 年,尽管加州面临 200 亿美元的预算缺口,加州再生医学研究所已经摆脱了其日益增长的债务危机。但好日子只能暂时维持到债券销售利息到期之日为止。2004 年,干细胞研究的支持者可以得以依靠的是一次强有力的、超乎其他一切的争论,他们需要加州再生医学研究所介入政府和国家卫生研究院已退出的地方。毕竟,这是加州再生医学研究所存在的根本理由。而在选民投票支持运动之后的 5 年,联邦政府再次开始资助胚胎干细胞研究。当加州再生医学研究所 10 年期预算到期之时,加州的选民仍然会一如既往地支持干细胞研究吗?

克莱恩相信他们会的。"我们的承诺是对病人做出的。"他说,"我们可以把这些模式移用于开展治疗,其速度是国家卫生研究院很难复制的。但同时,国家卫生研究院的基础研究有助于奠定和加强科学的基础,然后我们顺势用到病人身上。我们的使命是让病人得到治疗——依靠更好地理解疾病过程,开展小分子疗法;开展人毒性研究,相比动物研究,这更具有预测价值,并可节省大量的时间和金钱;还有开展细胞疗法,我们可以更快地转入临床试验。如果你从结构上看看我们能做出些什么,我认为我们不仅将继续做出重大贡献,而且其他关注生物技术能力的州将需要一种机制来出售债券并提供一个稳定的基础,真正准备好帮助提供多种替代模式以开展治疗创新。"

这是一个宏大的计划,要不是因为加州再生医学研究所迄今所取得的成功,可能更多地被作为克莱恩摆谱的证据而很容易被忽略。对加州再生医学研究所抱着冷嘲热讽态度的观察家指出,克莱恩的人员任期在 2010 年结束——恰是在他 2004 年为研究所融资而售出的债券到期的日子之前——但董事会没有任命后继者。相反,它投票再次选举克莱恩连任 6 个月,以便在这期间找到合适的替代人。

第 8 章

卷入克隆之中

　　道格·梅尔顿观察着加州再生医学研究所在加州的坎坷旅程，看着这期间这家研究所遭遇的兴衰沉浮，有一件事还是令他羡慕不已。他的团队已成为从体外受精胚胎生成干细胞系的领袖，但他依然相信，正如他在刚进入这一领域的最初日子里所想的那样，他最终会需要从糖尿病患者自身生成干细胞。为了真正理解一种疾病，诸如糖尿病，以及精确了解为什么 β 细胞不再产生胰岛素，他需要追本求源。但他从不孕症诊所得到的胚胎，很少能满足这个要求。对于供体胚胎，他不能挑剔，他对所得到的胚胎怀有感激之心。虽然他确实还没有从这些胚胎中成功培育出 β 细胞，但他知道这只是时间问题。在他看来，这只是什么时候培育出来的问题，而不是他或者别人能不能从胚胎干细胞成功生成制造胰岛素的细胞的问题。作为科学家，他当然不会不愿意由他的实验室捷足先登，达到这一里程碑，但是作为两个糖尿病患儿的父亲，他也绝对乐于见到别人，任何人，取得这一突破。

　　然而，实现这一目标的唯一办法是采用克隆手段——维尔穆特用来创造多利所用的同样的技术，但这一同样的过程会让任何建议把这种技术用于人类细胞的科学家陷于伦理和政治的危险境地。

卷入克隆之中

为了实现从糖尿病患者体内获取细胞,并创造能生成梅尔顿需要的胚胎干细胞的胚胎,克隆是唯一可行的选择。还没有人成功地利用人类细胞的核移植生成一个活的人类胚胎。但在加州,科学家可向加州再生医学研究所申请资助,以便至少做这样的尝试。在梅尔顿工作的马萨诸塞州,州法律禁止科学家单纯为研究目的创造胚胎,这就有效地关上了各种通向治疗性克隆的大门。

但这并不意味着全美国没有人在尝试。这其中包括正统的科学家、生物技术公司、不孕症诊所。甚至,在干细胞的历史上,有一段最古怪和最搞笑的时期,还有一队落拓不羁的江湖术士,声称他们接近于生成第一个人类婴儿克隆。这群人中包括一个在芝加哥工作的物理学家、一对来自肯塔基州和意大利罗马的不孕症专家,以及一个法国的狂热分子。这个法国人相信地球上所有的生物,包括人类,都起源于外星人的一支善良种族的实验室。但这些尝试之中,没有一次尝试使基于克隆的科学研究变得较为容易一些。

美国政府似乎没有在可以或不可以克隆的问题上保持沉默。国会对什么政策才是正确的,完全没有取得一致。虽然几乎所有人,包括美国公众、站在堕胎辩论双方的议员,以及科学家,如伊恩·维尔穆特,都同意,仅仅是为了创造一个基因完全相同的婴儿的克隆,不仅在道德上不可接受,在医学上也是不负责任的。但对于克隆技术是否有任何其他合理的应用,则没有共识。

正如维尔穆特在宣布多利诞生后的那些日子里所担心的,克隆的两种不同的应用在公众头脑里始终模糊不清。虽然他和其他人试图重申,并非所有克隆都是一样的,但反对干细胞的那一派更成功地传达了这样的信息:克隆就是克隆,不论意图如何。

克林顿总统在 1997 年发布了禁令,确立了《禁止人类克隆法案》（the Human Cloning Prohibition Act）。该法案要求在5年里禁止将联邦资金用于利用核移植克隆人类，并自愿暂停使用私人资金从事克隆。这一提议大部分是基于国家生物伦理学咨询委员会的建议，克林顿曾指控该委员会审查人类干细胞研究。他提出的这一禁令也禁止通过克隆生成胚胎干细胞。然而，国会从来没有通过该法案，后续的关于人类克隆的几项法案也没有得到通过。相反，这个问题引发了多年争论，至今仍未得到解决。美国是少数几个仍然没有任何关于人类克隆的立法的国家之一，更不用说禁止婴儿复制实验的法律了。

这是一种僵局，一谈及胚胎，永远都是围绕堕胎问题进行。赞成和反对堕胎的议员环绕着核移植要走多远的问题争论不休。那些反对堕胎和干细胞研究的议员推动全面禁止所有克隆人类的活动，而那些支持胚胎研究的议员则主张有限地利用克隆，特别是用来生成干细胞。这些拥护者认为全面禁止克隆的禁令限制太过分。至今还没有人成功利用核移植生成人类胚胎，他们担心，没有政府对科学的支持，就没有人会做，至少在美国没有。他们游说一项较少一锅端的政策，以区分生殖性克隆和治疗性克隆。

然而，对于保护胎儿权利和反堕胎的议员，他们认为做出这样的区分就很难保护人类的生命。对他们来说，开放一端，允许生殖性克隆，就等同于首次打开缺口，让克隆人类加入到体外受精之中，作为又一种生育选择。人类生命的尊严将最终被贬低，成为一种筛选、混合和匹配基因特征的实验室过程。

在一段时间里，似乎他们可能是对的。在国家生物伦理顾问委员会发布它的建议之后两天，甚至在委员会的主席有机会正式向克林顿总统提交报告之前，一个穿着白袍、戴着运动头饰的法国前赛车手雷尔（Rael），宣布他正在推出一项克隆人类服务。雷尔是一个世界性的狂热组织的领袖，声称大约有35000个成员相信外星人创造了所有的人类生命,向不育和同性恋夫妇成员提供克隆人服务,价格"低至 20 万美元"。

几个月之内,一位具有哈佛学位的芝加哥物理学家理查德·希德(Richard Seed)也加入争论之中,他宣布也想创造一个人类克隆——他妻子的克隆。"越少人知道越好。"在一次关于他的这项努力的电话采访中,他神秘兮兮地向《渥太华公民报》(*Ottwa Citizen*)承认。他承认他的妻子将作为她自己的克隆体的代孕人直到克隆体出世。

到 1998 年 8 月,这股克隆热传播到海外。韩国的不孕研究人员声称他们已经经由核移植生成了第一个人类克隆。但这几个并无恶意的科学家声称实现这样一项惊天动地的突破没有能遵循基本的科学研究规则,不仅是在四细胞阶段①摧毁了他们的胚胎,而且也从未将他们的发现写成文章在科学期刊上发表,从而也不可能加以验证。

到 2001 年春天,这场克隆闹剧突然降临华盛顿特区,大有这世界上最招人的表演之势。全班人马都出场了。带头人是众议员约翰·格林伍德(John Greenwood),一个共和党人,召集了一次听证会,辩论人类克隆的正面和反面理由,并讨论对克隆实验的适当立法监管;雷尔教派扮演的是小丑角色,他们声称他们既有科学资金又有拨款,可以支撑人类克隆服务。但对于他们的说法,人们很难——如果还不是不可能的话——当真对待。甚至邀请他们作证的共和党人也觉得有点尴尬。显然,正如一个国会山的工作人员当时所承认的,他们希望那些穿着白长袍的信徒能让人们从此永久明白,克隆人类的整个想法是多么危险和荒谬。

在某种程度上,这一策略实际上取得了成功。最终的结果是所有涉及"人类"和"克隆"这两个词的努力都带上了负面意义,一些生

---

① 四细胞阶段就是受精卵在卵裂期,卵子先分裂成 2 个细胞,再分裂成 4 个细胞,参见本书导读"3.生殖细胞和胚胎发育"部分。——译者注

物伦理学家开始对其表现出反感。这就让国会的克隆法案陷于僵局。对梅尔顿来说，这意味着，虽然他已经成功地争取到资金，有钱从体外受精的多余胚胎提取干细胞，但要通过核移植创造胚胎做同样的提取干细胞的事，是一个完全不同的问题，因为它涉及克隆。

梅尔顿没有兴趣制造克隆婴儿。事实上，他始终反对纯粹为了制造一个活的克隆体而利用核移植。相反，他是痴迷于利用克隆技术从病人那里获取干细胞，因为它能提供前所未有的方式来观察细胞生长过程——从干细胞内胚层到胰腺细胞，最终生成能分泌胰岛素的 β 细胞的过程。这也将是唯一的一条潜在途径，可借以揭示为什么这种细胞失去了产生胰岛素或应答葡萄糖的能力。

但是，在实验室里创造生命供研究用，继而摧毁它，这么做引起的不安仍然同帮助病人的终极目的形成强烈的反差。甚至是霍华德·休斯医学研究所，虽然那么乐意资助梅尔顿开展基于胚胎的干细胞工作，也对治疗性克隆设定了限制。青少年糖尿病研究基金会也是如此，它的董事会支持梅尔顿先前的工作，因为他只利用注定要被丢弃的胚胎。

梅尔顿没有其他选择，只能是由他自己来创造他所需要的东西。当他从体外受精的胚胎开发新的胚胎干细胞系时，他已不得不学习克隆人类细胞本身。或者至少，他要招聘能做这件事的人。

如果查德·考恩第一次与道格·梅尔顿的会见让人想起《爱情故事》，那么凯文·埃根（Kevin Eggan）与梅尔顿的会见则更像《教父》（*The Godfather*）。

埃根是伊利诺伊州本地人，仍然散发着一种中西部人具有的合群性。在飞机上，他喜欢与邻座聊天。他一头黑发，英俊可人，曾经因此赢得《GQ》邀请，请他摆拍科学摇滚明星的特写镜头（他拒绝了)。但他绝非只是长相俊美,头脑也很是敏捷。他赢得过麦克阿瑟"天才"助学金和哈佛大学最年轻教职人员之一的荣誉。

到 2002 年,分子生物学博士学位在手的埃根逐渐确立了自己作为全国领先的核移植技术专家之一的地位。他正是梅尔顿正在寻觅的热切、才华横溢、积极进取的研究人才。在埃根接受旨在造就科学家的教育的那个时候,克隆正如日中天。他正如他的许多当时已获得了博士学位的同事一样,除了从事科学,别无他途。1996 年,当埃根快要在麻省理工学院完成他的博士论文时,维尔穆特克隆了多利。第二年,利用相同的技术,夏威夷大学(University of Hawaii)的一个小组第一次克隆了一只小鼠卡姆莉娜(Cumulina)。虽然卡姆莉娜几乎没有得到像多利同样的媒体关注,对于像埃根那样的理科研究生来说,小鼠出生的潜在意义可能更重要,因为,正如埃根所说,"羊和牛是克隆生物模型,用作分子遗传模型未必方便。"

像梅尔顿一样,埃根理解卡姆莉娜用作研究发育之谜所具有的价值。但他不像梅尔顿那样专注于糖尿病,这位年轻的科学家还没有完全理解克隆对于研究人类疾病所具有的价值。但他敏锐地感觉到这是一次千载难逢的机会,不仅可以目击,而且可以开创一个新兴的科学领域。"这似乎是一项令人难以置信的发育生物学的新进展,我不想错过这个机会,"他说,"所以我立即进了鲁道夫的实验室。"

梅尔顿就是在那里发现了他。那时,鲁道夫·耶尼施对小鼠胚胎干细胞相当熟悉,在这上面已研究了将近二十年。耶尼施专注于研究克隆过程的细节,并试图概括出成体细胞为重编程自身从而发育成为一个全新的动物所必须经过的步骤。作为这些研究的一部分,他分配给埃根的任务是学习和完善小鼠核移植技术。埃根这么做了,由于这一技能,他最终吸引了梅尔顿的注意。

埃根善于侃大山,让人娱乐一番。他讲述梅尔顿怎样把他从麻省理工学院招聘到了哈佛大学。他从未见过梅尔顿，只知道梅尔顿声名在外。与传统的做法几乎完全不同，没有神经紧张的面试和盘根问底的审查，事实上，他说，这更像是展现他个人的"教父"传奇。

"有一天我在实验室里四处走动，鲁道夫的实验室里那个以色列博士后走过来对我说：'嘿，凯文，我那位在道格实验室的以色列朋友说道格想见见你。'"他开始讲道。"我几乎不知道（梅尔顿）是谁。记住，道格是相当低调的，不大抛头露面——你几乎必须经过寻找才能发现他在哪里。说得科学些，我总是想象他是坐在意大利餐厅的后部，你懂我的意思吧，"他说着，一脸的笑容，"于是我对我的朋友说：'好吧，你告诉你在道格实验室的朋友，我想见见道格。'"

"就这样，过了一个星期，这家伙来到我这儿，说：'我在道格实验室的朋友说，道格希望你来主持一个研讨会。'我当时的回答是：'好吧，你告诉你在道格实验室的朋友（这事变得不可思议）我会来的，并且主持一个研讨会。'所以整件事都是通过这个以色列人居间安排的，我和道格之间没有任何直接的联系。"

时间进入 2002 年深秋，几个月后，埃根顶着寒冷，沿着查尔斯河（Charles River）骑了 15 分钟自行车，从麻省理工学院的肯德尔广场（Kendall Square）到达哈佛广场梅尔顿的实验室。在埃根做了自我介绍之后，两个人走进梅尔顿的办公室。"这是我第一次听到他直截了当地明确表达了他的思想。他说：'为什么不利用你的技术和我现有的技术创造人类胚胎干细胞，以实现无限量地供应带病的人体细胞？如果我们能这么做，我们肯定可以弄明白诸如糖尿病那样的疾病是怎样发生的。'"埃根停顿了一下，以强调这一思想对他的影响。这一思想在现在是已为人熟知，但在 2002 年，在梅尔顿的头脑还只是像一粒种子，还在思考过程中，尚未成熟。埃根说，对于他，在那之前，他学习核移植技术仅仅是学习一种技术和手段，借以更好地了解细胞自身如何重编程回到胚胎状态。克隆只是一个工具,借以为了科学的目的,回答科学问题。但当他第一次发现梅尔顿唯一醉心的是找到治愈糖尿病的方法时,他突然看到了把克隆应用于治疗和治愈疾病的潜力。"把细节放在一边,思考了片刻,"他说,"我被说服了。我立刻接受了。"

对于埃根,这真是醍醐灌顶。他用了将近 4 年时间完善小鼠细胞的克隆技术,并急切想在人类细胞上尝试。

但基于他做小鼠实验的经验,他知道这远非易事。

★　　　★　　　★

当耶尼施要求埃根学习核移植并在麻省理工学院他的实验室里建立核移植技术时,埃根坦率承认,他从事这项精致的显微操作工作需要有资质证书,但他仅有的那些证书还不大够格。"(就像是在玩)超级马里奥兄弟①(Super Mario Brothers)。"他直截了当说到他操作显微镜和处理胚胎的技能。所以在试图对小鼠进行克隆的头一年半里,没有令人惊喜的成绩,他承认,"没有大的成绩。实际上是痛苦不堪。"

耶尼施意识到了其中的困难,他派埃根到夏威夷学习核移植技术的细节,那是只有那些已经尝试过的人才能教的。而这个时候,夏威夷的科学家在卡姆莉娜出生后已经成功地繁殖了好几代克隆小鼠崽。

然而,到了檀香山,埃根没料到所看到的情况竟是这样。实验室完全不像是在麻省理工学院常见的那种现代化的、配备众多高技术设备的中心。实验室占据一座无窗的、用煤渣块砌成的房子的未使用部分。这里原本是个装货码头,为大学供应食品。研究人员把小鼠养在一个旧的、关闭了电源的小型冷库里。并且由于没有想到要安

---

① 这是日本开发的一种游戏的名称。——译者注

装高水平的科研设备,实验室还缺乏防震动的实验台,这是任何大学的任何理科院系的主要配备。相反,学生做实验是在 20 世纪 50 年代的那种结实的桌子上做的,桌子腿末端用剪开的网球包住,当作缓冲垫。这是借鉴了老年人步行防滑跌的同样办法。这些网球就是试图防止桌子在有人在高倍显微镜下做精细的操作时,桌子滑动太多,例如穿刺微小的鼠卵,给它们注入移液器里的精子。

"我当时的反应是:'哇。'"埃根回忆他对阿罗哈(Aloha)实验室的最初印象时说。"我想:'我基本上就是要在这样一张桌子上做组织培养,做胚胎干细胞培养了。'"他停顿了一下,摇了摇头,"这条件,真够做实验的。"

在埃根看来,条件似乎原始,但实验室还是搞得很好的。领导人是一个精力充沛、备受瞩目的日本科学家柳町隆造(Ryuzo Yanagimachi),位列重要的生物学顶级人物之中。柳町隆造,又称柳町,其为人所知的贡献是他采用更为精细而且能定准目标的压电式吸液管把精子注入卵子,提高了体外受精的成功率。

结果是,同样的技术让他的团队在克隆领域也取得了成功。不过,说实话,这并不完全是柳町最初想要他的实验室追求的。克隆卡姆莉娜是一项里程碑式的实验成就,但达到这一成就,却是因为柳町的一位星级博士后研究生不会游泳。

若山照彦(Teruhito Wakayama)是一个害羞、拘谨的人,当他从日本抵达檀香山时,从来没有想到他会在克隆领域获得这样的名声。我们在纽约的第一次会见是 1998 年在他刚刚取得克隆突破后不久,他为他的英语道歉,尽管他的英语完全可以接受。他不愿就他的工作说得太多。在柳町的实验室,他的第一个项目,是在分子水平上打破受精行为,以弄清楚精子如何充分刺激卵子,促使其分裂而长成为一个胚胎。事实证明,神秘的因子是跨越不同的物种的——你可以把海胆精子注入小鼠卵,卵也会开始分裂,就像是小鼠精子受精一样。胚胎最终会死,但就在那几天里,其行为给人的感觉仿佛就像会成为一只小鼠幼崽。

这正是若山集中关注之处——海胆的精子。他的实验室地处夏威夷群岛最富裕的沿海水域,这是一个明显的优势。"成本是零。"他最近一次在日本神户他的办公室同我谈话,说到他的海胆资源时告诉我。他现在在那里领导着理化学研究所(RIKEN)发育生物学中心的一个实验室。唯一的问题是,他必须自己去收集这种多刺的生物,每周几次。对于任何醉心于太阳、冲浪和海洋的人来说,这是一举两得,几近完美——几乎每天都可以到海滩去,游泳,同时收集海胆,一天的其余部分则留在实验室做实验。如果你不讨厌游泳,那真是理想的生活方式。但若山却不然,收集海洋生物对他是一件不受欢迎的苦差事,而不是可以放下沉闷的实验室工作轻松一番。"我必须走出大学到海里去,但我不会游泳。"他解释说。

然而,就在实验室隔壁,在那个经过改装的冰库里,生活着另一个更容易获得的物种——小鼠。所以他决定改换实验对象。用小鼠做研究较为昂贵,但至少不需要为了收集小鼠而入海,把身体浸泡在冰冷的海水中。

若山读过伊恩·维尔穆特创造多利的成功经验。受此鼓励,有天他试图在小鼠身上做类似的实验。在收集已排卵的雌性鼠的卵的过程中,他经常还取走了称为卵丘细胞(也称为积云细胞)的东西,这东西正如它们的名字所提示的,就是包围着卵母细胞的像云一样的营养组织。与卵子和精子只包含半数的染色体不同,卵丘细胞是完全发育成熟的成体细胞,它的每一条染色体都有两个拷贝。仿照维尔穆特创造多利的做法,若山决定取出一个鼠卵的核,代之以来自另一个雌性供体的卵丘细胞的核,目的只是看看会发生什么。令他惊讶的是,实验获得成功,18 天之后,他看见了一窝小鼠幼崽。

"我非常惊讶,"他告诉我,"我相信小鼠克隆是不可能的,因为许多论文说小鼠是最难克隆的物种之一。我相信论文和教科书。"

非但他很惊讶,柳町在听说这个实验并同时获悉实验已取得成功时,更是如此。"我做了这个实验,但没有告诉他。"若山笑着承认,"他直到实验成功才知道。"

这不是一个博士后令导师高兴的最好途径,但若山成功了。由此,柳町实验室被列入了干细胞研究这一火热的领域里为数不多的实验室之中。

埃根仍然是开开心心的样子,他回忆起他在檀香山的开头一段日子以及实验室从事的高度复杂的工作与这个实验室更像是回到了原始时代的落后之间的不协调。"楼里气温同外面一样,所以实验室里气温是27℃,"他说,"只剩下一群日本和美国的小伙子在做显微操作,衬衫也不穿。这样的环境真是不可思议。"

虽然如此,协作是互相有利的事。随着柳町的团队继续克隆更多窝的小鼠,他们开始注意到,从怀孕开始,通过核移植方法和通过常规体外受精技术受孕出生的幼崽之间存在着差异。克隆过程流产率高,而如果怀孕足月,幼崽往往是体型较大、超重。柳町实验室里另一名日本博士后安久津秀夫(Hideo Akutsu)开始考虑成体细胞的重编程是否有些错误。耶尼施是征询这个问题的最佳人选。在夏威夷人完善克隆技术期间,耶尼施在揭露分子重编程的奥秘方面取得了进展——弄清了成熟的成体细胞是如何逆转生物钟并重写它的发育历史的。埃根将向安久津学习核移植方法,安久津将到马萨诸塞州学习更多分子重编程的未知知识。

对于埃根,这个夏天过得不坏。"一天的日子从7点钟开始,因为小鼠的激素周期,我们基本上到3点钟就收工了,"他回忆说,"我

卷入克隆之中

骑着秀夫的自行车到威基基(Waikiki)海滩,在那里玩冲浪直到日落,然后回酒店睡觉,第二天也是一样过。"他嘻嘻哈哈地说,"过得不错。"

然而,当他回到波士顿试图展其所学时,事情却没有这么乐观。不管他怎么努力,细胞似乎不"理睬"他,埃根一次又一次遭遇失败,没能把成体鼠细胞成功植入卵母细胞并生成干细胞。他又去了檀香山几次,带上了他的组织培养液、化学试剂、生长因子和酶等一大堆东西。他与安久津已结成好朋友,希望他和安久津能弄清楚他的配方错在哪里。

安久津说,一次次的失败让埃根痴狂地要掌握这门技术。"凯文学习非常非常投入,务求掌握显微注射技术。"他说。

但是,尽管多次努力,埃根就是不能像在檀香山那样让细胞生长。核移植是一个非常繁琐的过程——甚至若山和夏威夷的团队做的胚胎也只能达到2%到3%的最高效率。"有一年半的时间,在麻省理工学院遭遇的是彻底的失败。"埃根说。日复一日,他坐在显微镜前,希望看到他的小鼠卵子在注入了鼠皮肤细胞后开始分裂,但日复一日,他失望了。胚胎几乎好像在嘲笑他。他可以看到卵子里被注入的细胞的核,所以他知道发育过程是开始了,但不知道为何一次又一次,在第一步上就停住了。

他沮丧不已,担心是他的技术有误,他建立了控制对照实验,在檀香山和波士顿两地做完全相同的操作步骤,但仍然是细胞在夏威夷生长,而在马萨诸塞州不能生长。"于是我知道那不是我的原因。"他说。他陷于绝望,甚至试图在波士顿冻得死人的冬季里模拟夏威夷群岛实验室里他的组织培养室的湿度和温度。"麻省理工学院里我的显微操作室气温是27℃,因为我们试了一切。我不知道哪里错了。我明知几乎已进入险境禁区,我想如果我做不成,就只好另起炉灶了。"他说。

结果，终于证明，罪魁祸首是一种试剂，若山用它来激发精子。埃根说，没有多少生物学家使用它，也没有多少人想到使用它，但它是若山的神奇组合的一部分。事实上，他没想太多，从来没想过这可能对他的成功却是关键的。埃根在经历了 450 天的失败后，最终弄明白，就是单一的化学试剂造成了他在檀香山和波士顿两地的结果差异。"当我们修正了这一点后，一切又都正常了。"他说。

但即使夏威夷"配方"最后完成，核移植技术更像是艺术而非科学。同样的方式，手工操作是相似而不相同的，经核移植产生的干细胞系会稍有不同，取决于谁移植了供体细胞核，然后培养干细胞。

埃根已非常擅长这一技术，是美国大陆第一个生成小鼠克隆的人。但受到梅尔顿的启发，他的终极目标是把这一技术应用于人类细胞。因此，在 2004 年，他最终准备亲自从头开始整个实验过程，但这一次是用人类细胞做。梅尔顿答应了他。"我想要做人类核移植，这就是我去道格实验室的原因。"埃根说，"道格相信我能够说服大学让我做。"

★　　　　★　　　　★

最后，大学同意了。但需要 8 个不同的审查委员会 2 年强化的审查，实验才能批准。虽然他们的目标不是要建立人类克隆，但埃根和梅尔顿提出的实验从本质上讲是克隆实验。为了获取干细胞，他们要克隆人类胚胎，然后再加以摧毁。

现在，这一策略就是：在伦理上，把人类核移植和使用多余的体外受精胚胎生成胚胎干细胞系区分开来。后者就如梅尔顿以往做的那样。反堕胎团体、天主教堂的领导人和反对堕胎的拥护者强烈反对任何这样的研究人类胚胎的想法，坚决维护生命始于受孕，因为这类研究贬低了人类生命的神圣性。

埃根和梅尔顿以及其他科学家，诸如约翰·格登，环绕着这些胚胎,开始划出自己的道德底线,他们争辩说这样的治疗性克隆实际上不能,也不应该,被认为是克隆,他们创造的 4 天到 5 天的胚胎不构成生命,以此抵挡反堕胎支持者坚持的说法。这些研究人员运用生物学标准界定潜在的可能性,相信人类胚胎在植入子宫之前,不可能已经有了人类生命,因此不能认为它具备与已植入胚胎相同的价值和权利。

"通常,人们不认为,或者选择不认为,人类胚胎是潜在的人,因为它还没有被植入子宫。"格登说,"在没有植入子宫的情况下,无法想象胚胎会成为人。人们可以理直气壮地说,植入前的人类胚胎完全没有人的潜力。"

然而,这并不意味着,从事研究的干细胞生物学家对人类生命有任何不尊重,或过于冷酷,不能欣赏他们手里的实验材料的性质。例如,在埃根自己的实验室内,研究人员开始认识到他们作为干细胞科学家的角色在伦理上是多么复杂。

作为埃根的博士后之一,约翰·迪莫斯(John Dimos)在 2007 年末正忙于从带有疾病基因的体外受精胚胎开发新的干细胞系。这时,他接到一个电话,要他到附近的体外受精诊所去取一些捐赠的胚胎。迪莫斯来到埃根的实验室正是因为埃根有兴趣把干细胞技术转化为新的治病方法。他知道埃根致力于把核移植应用于人类细胞,并渴望参与这些研究。与此同时,他利用来自患有已知疾病的供体的胚胎,尽可能多地创造干细胞系。这些疾病大部分属于多基因或单基因疾病,是在体外受精胚胎植入前做基因诊断时发现的,例如囊性纤维化、杜氏肌萎缩症、脆性 X 综合征、镰刀状细胞贫血。技术人员摘出包含 4 个到 10 个细胞的囊胚(大约在受精后 3 天到 4 天后在培养皿中形成)的一个细胞,分析其特异的染色体突变。如果胚胎检测结果呈阳性,则不予植入。如果父母同意,就或是销毁,或是捐赠做研究。那天,迪莫斯被告知一家与哈佛大学实验室合作的诊所有几个带有亨廷顿氏病基因突变的胚胎。他同意把它们取过来，于是他打车驶往马萨诸塞州列克星敦市（Lexington）。

"当我到达时，我见了医生。她非常心烦意乱。"他告诉我，"显然她知道这对夫妇，他们的胚胎有亨廷顿氏病，却不能说什么。胚胎储存在他们的小小的带有条形码的试管里，当她交给我时，可以看得出她是在发抖。"亨廷顿氏病可以通过基因检测被发现，但筛查也触发了一系列困难的伦理问题，诸如有患此病风险的人对于是否应该进行测试拿不定主意。此病无法治愈，所以并不是每个人都乐于知道他们是否带有亨廷顿氏病的基因。这个胚胎是从一对夫妇来的，但这对夫妇决定他们不想知道他们是否是这种基因的携带者。但是因为他们的胚胎带有这种疾病，它的母亲或父亲，或甚至可能两人都带有基因异常。尊重他们的愿望，没有告知他们的胚胎呈亨廷顿氏病阳性；他们只会被告知，他们的体外受精没有成功。

这次遭遇提醒了迪莫斯，令他考虑他在显微镜下做的每一步操作有什么危险。他说，这并非仿佛他突然间对他所选择的职业感觉不安。更多的是，他意识到他的研究还有别的一层含义，这是以前没意识到的。"如果我说我在乎这另一层含义，或者说受到了触动，那是在说谎，"他说，措辞谨慎，"但确实是意识到了。"当他回到实验室，从这些胚胎提取干细胞时，他说："这是第一次，我意识到我不仅仅是在获取干细胞，我是在破坏人类胚胎以获取干细胞；第一次，我有了我在毁灭人类胚胎的感觉。我意识到了这工作有，至少是应该有，更广泛的影响。"

梅尔顿也不是无视他的工作的道德影响。他看重他所具有的科学史学位，他陷于棘手的伦理问题，这是由他的工作所带来的。他同迈克尔·桑德尔（Michael Sandel）一起执教一门关于干细胞科学的伦理的本科课程。桑德尔是政治哲学教授,以一门名为"正义"
的本科课程而闻名遐迩,广受欢迎。梅尔顿和桑德尔为学生设定多
种不涉及政治辞令或政治困惑的情景,以揭露他们所认识的人们关
于胚胎地位的核心信念。

　　他最喜欢的例子之一,是他要求学生考虑,如果一家生育诊所
发生火灾,他们只有时间拯救一个受害者,那么在一个 6 岁的孩子和
一盘胚胎之间,他们会选择哪一个。这堂课也使梅尔顿有机会与干
细胞研究的主要反对者互动,其中包括美国天主教会主教理查德·
杜尔弗林格(Richard Doerflinger)和布什总统的总统生物伦理委员
会(President's Council on Bioethics)主席利昂·卡斯(Leon Kass),
他们被邀请出席作为批评梅尔顿工作的一方。在杜尔弗林格与会
讨论时,梅尔顿提出的一个著名的问题:如果梅尔顿成功使用人类
胚胎干细胞开发出一种治疗药物,治愈某种影响杜尔弗林格的一个
孩子的疾病,基于道德上的考虑,他是否会拒绝使用这种药物?"我
说,原则上我不会说拒绝,"杜尔弗林格告诉我,"但同时我希望我会
为这样一个世界工作,在这个世界里,(治愈)不是我们必须处理这
些疾病的唯一方式。"梅尔顿和杜尔弗林格都记得,当时课堂上是一
片嘘声。

　　梅尔顿相信,这样的讨论,直达我们如何界定我们的道德哲学
的核心。把干细胞辩论带出政治舞台,例如剥离诸如"胚胎"和"生
命"这些词语所搭载的含义,让它们仅仅作为一种对你自己的孩子
做出决定的选择,他说:"这真正说到了你的信仰的核心。因为如果
某件事是错误的,那就是错误的。你不会去做。"

　　在与桑德尔的讨论中,梅尔顿得出与人类胚胎研究小组曾在
1994 年所得出的相同的结论——事物,包括生物,可以在不同的层
面上受到尊重,但并非必定要处于平等的道德地位。桑德尔经常使
用橡实来作类比,橡实有长成橡树的潜在能力,但注意,人们不会像

对待原始森林那样对待橡实。在他看来,事实是所有的人都曾是囊胚,但并不意味着所有的囊胚都是人。

哈佛大学机构审查委员会最终赞同了这一理由,于2006年承认埃根和梅尔顿提出的研究项目——通过核移植开发人类胚胎——是合理的,在伦理上是正当的。该大学的这个项目是全美国首个请妇女自愿捐献卵子用于纯粹研究目的的项目(自20世纪80年代以来,女性一直在捐赠卵子,以帮助不育夫妇怀上孩子,但还没有搞学术的科学家请他们自愿地接受侵入性的并且有潜在危险的手术,对卵巢施以高强度刺激以释放卵子,然后通过手术摘出,并且不是为了创造婴儿)。"我们当然意识到,所有的目光都注视着我们。"埃根在宣布该计划的那一天说。

横过美国,在美国的另一端,在加州大学旧金山分校,时任该校人类胚胎干细胞研究中心(Human Embroynic Stem Cell Research Center)共同主任的蕾妮·R.佩拉(Renee Reijo Pera)博士也开展起类似的项目。佩拉(现在在斯坦福大学)、埃根和梅尔顿意识到:如果无法从患者身上生成干细胞系,整个细胞科学领域就会受到显著阻碍。甚至连哈佛的项目,即便它已成为全国最大的收集多余体外受精胚胎并从中生成干细胞的项目之一,也仅有几个胚胎带有已知疾病的基因。即使是这些胚胎,也是靠着患有这些类型疾病的夫妇采用体外受精实现生育,才有可能获得诸如镰刀状细胞贫血和肌萎缩症这些罕见遗传性疾病的胚胎,那是比更为普遍的糖尿病、帕金森病和心脏病等远为罕见的。

埃根和梅尔顿看上的是由拉里·萨默斯(Larry Summers)担纲的富有远见卓识的大学管理机构。萨默斯总的说来是积极促进生命科学发展的,特别热衷于在缺乏政府对这一领域的明显支持下,把哈佛建设成为首个干细胞研究所。然而,哈佛终究还是一个科学孤岛,处于政治上敌对的反对派的汪洋大海之中。但由于干细胞批评者把治疗性克隆与生殖性克隆混为一谈,把克隆的危险性极度妖魔化,造成没有一个政府团体推介人体细胞的核移植,更不用说确立指导方针或协议来创建和运行项目。最近的支持治疗性克隆的全国性伦理小组是 1994 年的人类胚胎研究小组。而 1999 年的国家生物伦理顾问委员会和布什政府时期的总统生物伦理委员会都建议反对联邦政府支持研究。立法方面,《迪基-威克修正案》依然有效,该修正案禁止使用联邦基金进行任何伤害或破坏胚胎的研究。

就这样,梅尔顿和埃根与哈佛大学机构审查委员会一起工作。他们必须拟定开创性的方案,招募卵子捐献者,其工作的基础是他们现有的与波士顿体外受精诊所的关系。而审查委员会的建议是通过报纸和其他广告招募这类妇女,而不是通过波士顿体外受精诊所,以避免任何强制的意味。但评审委员遭遇的挑战和迄今为止最大的问题是:是否应该向这些妇女支付费用? 在全国别的地方还没有这样的项目,哈佛的努力是开创先例。捐赠卵子供作干细胞研究与供作其他类型的研究是否不同? 或者,他们是否保证是在超乎伦理可接受的范围之上或超出其外考虑这个问题? 卵子捐赠供作干细胞研究类似于例如卵母细胞供作生殖目的(供卵的妇女是获得金钱补偿的),或者卵子捐赠供作干细胞有所特殊,要求某种类型的特别保护?

最终,哈佛大学机构审查委员会认定,捐赠卵子供作干细胞研究与自愿提供卵子用作生殖目的,这两者没有不同,并决定像体外受精诊所那样,给予供卵妇女金钱补偿。埃根支持这一立场。"随后,"他说,"所有人都介入了进来。"

"所有人"包括了直到那时还对治疗性克隆的伦理争论保持沉默的研究所和组织。但是因为梅尔顿打算使用以霍华德·休斯医学研究所的钱创建的地下实验室,他告诉了托马斯·切赫,说他想用这个实验室做更富争议的治疗性克隆的研究基地。

切赫在研究所成立了一个生物伦理小组,主要包括同样一些人,以劳丽·左罗思为首,正是她曾建议切赫同意梅尔顿先前的请求,即从体外受精多余的胚胎开发人类胚胎干细胞系。但这一次,伦理的风险更高。"他们是考虑使用捐赠的卵子做体细胞核移植研究的第一批人,但我认为他们把事情弄糟了。"埃根说。一望而知,他在这一问题上非常反感,"他们作为生物伦理学家,头脑是清楚的,但我不认为他们对以人类为主体做研究有什么高见。他们基本上是从第一原理①出发看问题。在我看来,他们是在摆出大家长的架势下结论。"

埃根和左罗思彼此之间虽然继续保持着友好关系,但对于小组的意见看法不一致。左罗思的生物伦理小组不主张给予为治疗性克隆研究捐献卵子的妇女金钱补偿,"有些事情需要超乎市场关系之外。"左罗思解释她的小组的理由说。她指的是器官捐献和人类性行为的那些事,社会将这类事视为不道德的,属于非法金钱交易,人卵应该属于同一类情况。"我们不能购买身体器官;我们不做某些事情,因为我们觉得有些东西是不应该被买卖的。"她说,"因为市场经济是一种思考正义的可怕的方式。"

埃根的信念不同,指出这些理由是伪善。妇女捐献卵子供作生殖的目的之用是冲着金钱来的;不必说,药物临床试验和其他各种各样的治疗试验也是如此。"我们付钱请人在美国参加人体试验,这是比捐赠卵子更危险得多的项目,"他说,"他们没有任何益处。"(左罗思注意到,环绕捐献卵子和精子供作体外受精的政策大部分"没有经过生物伦理学家的审查。我们居身事外,他们没有问过我们。"因为政府限制胚胎研究,这就促使许多项不孕研究流入了私人部门)

----

① "第一原理"(first principle)指的是最基础的、无法从其他原理或假设推出的原理或假设,即数学上所称的"公理"或"公设"。——译者注

卷入克隆之中

在埃根看来,干细胞科学的身份在公众,甚至在生物伦理学家和立法者头脑里变得"特别",这不会给这一领域带来任何好处。由于在黄金时段播送布什关于这一领域的行政命令,以及国会山无休无止的辩论,现在,任何关于干细胞的讨论都打上了凯斯西储大学生物伦理学家玄英洙(Insoo Hyun)称之为"干细胞例外论"的印记。

这种看法渗入到国家科学院起草的卵子捐赠指导方针,连该文件也反对给予捐献卵子供作干细胞研究的妇女金钱补偿。没过多久,加州,然后是密苏里州,甚至是作为哈佛大学干细胞研究所发源地的马萨诸塞州都通过法律反对给予补偿。"他们的想法是:干细胞领域已经被纠缠上了来自右的、胚胎的道德地位的问题,所以我们承担不起来自左的、关于妇女生殖健康问题的纠缠。"埃根说。

结果证明,报酬问题是哈佛大学项目的丧钟。最后,尽管有来自潜在的志愿者的最初的一阵兴趣,直到将近一年之后,梅尔顿和埃根决定终止该项目为止,只有一名妇女同意参加。

在校外,情况也没有更好。在华盛顿,胚胎干细胞研究,特别是核移植,遭受的压力继续增加。到 2006 年,科罗拉多州众议员戴安娜·德盖特和特拉华州众议员迈克·卡斯特(Mike Castle)发起努力要求扩大联邦政府支持胚胎干细胞研究,在参众两院都成功获得一些支持。坚定的共和党人和反对堕胎的政治家,包括比尔·弗里斯(Bill Frist)和参议员奥林·哈奇,也加入其中,支持干细胞研究,并两次帮助通过这一领域的更为广泛的立法。但这两次,甚至这些有力的拥护者都没能获得三分之二的多数而得以通过,未能推翻总统的决定。布什则诚如他在 2001 年的承诺,一进白宫,立即就行使他的权利中止了这两个法案。

很明显,任何干细胞研究,仍然无法在美国开展,更不用说尝试通过治疗性克隆获得干细胞了。

总统生物伦理委员会,是一群经布什精心挑选的专家,旨在研究生物医学问题,特别是干细胞,正忙于炮制关于干细胞科学的影响和应用的报告。但他们的评论对于在干细胞问题上谨慎以对的白宫都是四平八稳、无懈可击。委员会以利昂·卡斯为首,他是一位分子生物学家,但把精力转向了考虑科学引起的道德和社会问题。委员会发布了几份关于人类克隆、干细胞研究和干细胞的可替代来源的白皮书。卡斯以谨慎闻名,主张在科学上走坦途,而不要走他所谓的"令人反感的智慧"的邪路,在伦理上和道德上错误的时候,要相信内心的直觉。1997 年,他在《新共和周刊》(*New Republic*)上撰文,说"反感是深邃智慧的情感表达",回应多利的诞生是"毫无道理的逞能"。卡斯当时告诉记者,该委员会的第二份关于干细胞的报告,专注于不涉及胚胎的获取干细胞的方法,促进研究人员"创造性地"考虑既能满足发掘干细胞的科学潜力,又能解决道德困境的方法。

但是,不管委员会的语言是多么中性和开放,报告其实是在科学界的伤口上撒盐,继续刺痛布什限制资助细胞研究者所造成的创伤。委员会概述了获得多能干细胞的其他四种方法,认为借此可以开发干细胞的应用前景而不破坏胚胎。这四种方法是:(1)从死亡的胚胎中提取干细胞;(2)从取自胚胎的单细胞活检材料培育干细胞;(3)从人造、胚胎样的、缺乏关键基因(从而阻止细胞成长为完全的胚胎)的"细胞系统"获取干细胞;(4)重编程成体细胞,使之直接回到胚胎状态,而不经过胚胎阶段。

无论从科学还是伦理的观点看,前两种方法相对较为简单,因为这是有先例的。器官捐献就涉及使用来自最近死亡的组织和器官;体外受精诊所常规对植入前胚胎做遗传学诊断,经过活检带来了成千上万的健康婴儿。最后一项选择在当时是一个科学幻想,应该是努力追求的目标:简单地逆转一个成熟细胞的时钟,完全绕过对于卵子和胚胎的需求。

提出剩下的第三种选择的,是委员会成员中的一个佼佼者,来自斯坦福大学的医生、生物伦理学家威廉·赫伯特(William Hurlbut),他坚持生命始于受孕的反堕胎的立场。赫伯特提议对核移植稍做修正,使得胚胎——按他的定义所界定的胚胎——永远不能被创造出来。换句话说,创造出来的是另一个只是类似于胚胎的东西,按其设计绝不会发育成为一个活的人类。他坚持说,"修正的核移植"所创造的不是一个有缺陷的胚胎,而是一个"实验室构件,一个人造物,不具有连续性和完整性"。事实上,他认为,这东西比较接近于畸胎瘤——一个没有组织结构却能疯狂和随机地生长的团块,其细胞来自机体的不同组织,而不是一个胚胎。

甚至在细胞重编程的突破使得最末一项选择变得更为现实之后,赫伯特仍然相信修正的核移植是获取干细胞的一个合理的选择。他坚持认为,他关于什么是胚胎的严格定义与反堕胎捍卫者给出的胚胎定义并行不悖。"决定胚胎特征的是其内在的、即将发育的能力。"他解释道,"它需要外部环境给予保护和营养,但它内部具有自我发育的机制。不像零件装配那样,生物体一开始就是作为整体的活的生物,然后身体其他部分发育。在生物学上,是整体在前,然后生出各个部分。这就是为什么一个单细胞的胚胎就是一个活生生的人类。"

赫伯特对于干细胞所持的立场源于坚信胚胎的道德地位一成不变,从受孕的瞬间就已足具。他说,修正的核移植方法"是创建一个细胞系的方法,具有组织培养的特点,但不是一个完整的个体及其各种不同的部件,不具有可以界定为一个胚胎、一个生命体的特征"。

至少,在生物学上,修正的核移植是可行的。在描述这一过程的赫伯特的白皮书发布后 7 个月,麻省理工学院的鲁道夫·耶尼施把这一想法付诸实验。他生成了一系列小鼠,缺乏一个对于发育形成滋养外胚层(这是胎盘的前体)来说至为关键的基因。没有完整的滋养外胚层,胚胎就无法植入子宫,无法进一步发育。耶尼施把一个缺陷引入负责生成小鼠尾细胞的主要基因,他使用这些经过了基因改造的细胞作为核移植的供体。由此产生的囊胚,如所预料的,没有发育出完整的滋养外胚层,因为多种因素而产生了异常。但它们仍能生成内细胞团,这是胚胎干细胞的来源,无论从哪方面看都已是从正常小鼠尾细胞生成的像干细胞那样的多能细胞。

然而,耶尼施也承认这个过程还有问题,并强调,还没有证据表明相同的基因,或甚至别的基因,也能以同样方式在人类细胞上实现阻碍生成囊胚。另外,他不得不使用逆转录病毒阻止有缺陷的基因进入细胞,但这些病毒可能促发细胞癌变。

对于像梅尔顿那样的干细胞科学家,修正的核移植代表的是在媒体、国会和白宫上演的另一轮玩弄胚胎、生命和道德地位等辞藻的游戏。无论从科学还是伦理的角度来看,梅尔顿看不到创建这样一个故意操纵的胚胎样实体对于解决核移植造成的道德困惑有任何作用。"胚胎就是胚胎。"在我们有次讨论到修正的核移植时,他告诉我。他在《新英格兰医学杂志》上发表评论,他和他在哈佛干细胞研究所的同事说修正的核移植是一种谬误。把一个缺陷基因引入胚胎就说它不再是胚胎,对梅尔顿来说似乎只是生物学的语义花招。他反驳说,你也可以认为在缺陷的基因被触发前,这样的胚胎是"正常"的,然后毁掉这个胚胎。梅尔顿问道,直接做核移植会容易得多,在他看来最终也会在伦理上更加好说,为什么要经历一个把胚胎搞坏的过程呢?

★　　　★　　　★

驱使梅尔顿倔强地推进用人类细胞做治疗性克隆的,首先是它的诱人的可能性。如果他或其他人取得成功,所得到的报答甚至可能在细胞层面上揭露疾病的原因,这就会是巨大的成就。2002年,耶尼施和当时还是实验室里的博士后的乔治·戴利(此人后来在波士顿儿童医院继续从事血液干细胞研究,并加入哈佛干细胞研究所)证实,治疗性克隆确实可以治愈疾病。他们研究患有因为基因突变引起免疫疾病的小鼠,使用核移植技术从有病的动物克隆细胞,就如夏威夷的柳町团队在小鼠身上所做的那样,然后摘出胚胎干细胞,修正有缺陷的基因,然后再把现在已经是健康的细胞重新引入患病的动物。立刻,小鼠生成新的、健康的免疫细胞。

然而,人与鼠之间的鸿沟毕竟太大了。对于人体治疗性克隆计划而言,这仅仅是一个很小的成果,埃根必须为人卵发育寻找可替代子宫的环境。他所需要的是某种包含尽可能多的卵子发育必需的因子的混合环境——独特的生长因子、激素、酶和其他蛋白质,使胚胎环境成为展开其发育潜能的温床。他估计胚胎干细胞从这样的环境里孵化出来,仍保留这一环境的某些关键的特点,他把一个人类成体细胞与梅尔顿实验室所生成的一株人类胚胎干细胞系融合在一起,结果,干细胞确实能成功地沉默成体细胞的DNA,基本上实现了对它的重编程,形成了三个胚层——外胚层、中胚层和内胚层。但因为带有许多替代品的特点,替代品毕竟不是真身。因为所有它的重编程能力是在基因里进行的,所生成的细胞有两套染色体——一套来自成体细胞,另一套来自干细胞。在经典的核移植实验中,卵子的DNA是要被摘除的,留下的是干细胞的那一套,带有单一一套染色体。但在融合版里,摘除DNA就除去了重编程能力之原,所以它被留下了。这就意味着生成的细胞具有太多的染色体,绝对不可能被移植入患者体内作为富有潜力的细胞疗法,达到治疗疾病的目的。

　　这是一次勇敢的努力,但埃根知道这次努力只是一个临时落脚点。他没有能够使用供体的卵子诱导出胚胎干细胞系。

　　他没有实施人类细胞的第一次核移植实验。但其他人很快就会。

第9章

一位"最高科学家"的沉浮

经常,在外面还是漆黑的夜晚,黄禹锡(Woo Suk Hwang)已经离开他地处韩国首都首尔郊外的家了。政府给他指派了司机,他的车飞快驶过通常是拥挤不堪、但在5点钟时还少有人迹的马路,只用了半个小时,就把他送进了国立首尔大学(Seoul National University)校园里的85号大楼。从地下室的车库到他六楼的实验室,几乎没见到什么人。他可能遇到的仅有的一些人就是他自己团队的成员。他们经过一夜的研究工作,睡眼蒙眬,精疲力尽。他的细胞研究工作已经成为国家的骄傲,不仅是对于黄禹锡的实验室而言,而且对于韩国国民作为一个整体而言都是如此,甚至包括那些从未踏进过科研实验室,不知道什么是干细胞的人也是如此。到上午6点钟,他穿上蓝色的纸质连身衣,从脖子到脚踝盖住全身,配套的帽子又把头发也盖住。他这一头黑发梳得整整齐齐,刚刚开始带了点灰白。他脚穿纸拖鞋,还戴上了口罩。

像航天员准备进入飞船舱内一样,黄禹锡通过一道又一道门,进入灭菌越来越严格的无菌室,直到一间像壁橱那样的小房间跟前,房间两侧都装有玻璃门。他走进房间,把自己锁在里面,有风从四面八方阵阵吹来,掸去任何可能沾到他那一次性的蓝色工作装上

185

的浮尘、毛发或病原体。走出这间气流净化室,他进入里间,就是这里,保存着世界上第一批专门定制的人类胚胎干细胞。这些细胞保存在一个世界上最先进的、不大于小型冰箱的培养箱里。黄禹锡打开培养箱,里边有几十个透明塑料盘,整齐地排列在箱内的托架上。黄禹锡选了一盘,转向附近的显微镜。不消几分钟,他就要审视这些世界知名的细胞。这是一项常规工作,只要他不外出旅行,这是他一年之中每天都要做的事情。

黄禹锡大约花 1 个小时来完成他对这批成千上万的细胞的常规检查。但精确地说,在整个 2004 年和 2005 年里,在这每日黎明的检查中,他仍然不清楚在显微镜的另一端究竟看到了什么。在一年里,这些细胞将成为国家调查和大学质询的焦点所在,也是在近年的历史上最令人困惑不解的医学丑闻的源头。

我第一次见到黄禹锡是在 2005 年的春天。他是一名训练有素的兽医学家,那时已经在韩国取得了相当于摇滚明星的地位。在全球范围内,他是干细胞领域里最受欢迎的研究者。2004 年,他似乎从科学的苍穹飞天而降,登上了世界各大报的头版。当时他声称已经成功从一个克隆的人类胚胎培育出一株干细胞系。在短短两年里,他再次登上这一里程碑,生成了第一株由带有疾病基因的人类细胞转化而来的胚胎干细胞系。

他的壮举出现在多利之后将近十年,在杰米·汤姆森和约翰·吉尔哈特创造出第一株人胚胎干细胞之后六年。这段时间里,科学家们始终你追我赶,勇猛精进,想把这两项成就结合起来,取得另一种类型的突破——从一个成人皮肤细胞生成胚胎干细胞。自从多利诞生以来,利用核移植克隆的动物名单已经很长,而且越来越长——鼠、猫、马、牛、兔、山羊,甚至是白肢野牛那样的稀有物种。

并且,自从汤姆森第一次从冷冻的体外受精胚胎培育出人类胚胎干细胞以来,一些研究人员也能够这样做了,生成他们自己的人类胚胎干细胞。但是还没有人能够像维尔穆特用绵羊细胞所做的那样克隆人类细胞,并像汤姆森那样让它们在培养液中保持存活。

这是直到黄禹锡出事以前的情形。黄禹锡在 2004 年 2 月 12 日提前出版的《科学》杂志上发表了他的突破。这就立即让黄禹锡的实验室和韩国这个小小的半岛之国成了科学的焦点。由于美国科学家仍然受到布什的限制性研究政策的管制,像韩国这样的国家看到了在这一新兴领域里下工夫的机会。没有人知道干细胞会导致什么结果,或者是否可能就像许多这一领域的支持者所希望和承诺的那样,能利用它们的潜力治疗疾病,但很明显,尽管它们背负政治的包袱,但这些非凡的细胞,像它们之前的基因工程和基因治疗一样,代表了生物科学的下一波进展。对于像韩国这样的国家,渴望在生物医学研究中驶上通向科学和经济声誉的快车道,黄禹锡,以及他的干细胞,正是他们需要的引擎。"黄禹锡的成就影响了相当多的韩国人。"2005 年,任觉冰(Jeong Bin Yim)博士这样告诉我,他是一家新成立的、由政府资助的、达到最先进技术水平的研究所标美优(Bio-MAX)生态工程公司的所长。这家研究所是韩国生物医学和干细胞研究的中心。任觉冰说:"黄禹锡毕业于国立首尔大学,纯粹的韩国科学家。大多数韩国人知道黄禹锡是谁,理解他做出了非常重要的贡献。"

当时,标美优还只是一个在建的工地,就在国立首尔大学校园里,任觉冰推窗可见。它是一长串以黄禹锡的成就为基础的新项目之一,由韩国政府和私人企业推出。国家领导人在为他们这位本土的科学家构筑巨大的希望,想象能在具有高度竞争性和潜在有利可图的干细胞科学领域,为他们的小国带来光明的未来。

无论对于韩国政府还是各蓬勃发展的工商业集团,黄禹锡的惊人声明给了他们似乎是科学上和经济上不能错失的投资机会。他的成就正在全世界的专家之间传颂，媒体报道称韩国为新的干细胞创新中心。来自全世界的干细胞领军科学家，包括维尔穆特、埃根、戴利，都拜访了黄禹锡的实验室，他们的朝圣活动，既是表达敬意，也是希望同这位科学家开展潜在的合作。

黄禹锡的故事还包含着以弱胜强的成分，这对韩国民众是不可抗拒的骄傲。当时，整个国家自吹自擂也只有十来个干细胞研究人员。相比之下，美国有几百名。虽然美国政府不再将钱投入人类胚胎研究，但美国国家卫生研究院还是支持关于成体干细胞的研究，每年投入的资金总计达到2亿美元之多。黄禹锡的实验室每年只有100万美元经费，还是这个领域之最。对于极具自豪感和紧迫感的韩国人来说，黄禹锡成为凯旋胜利的爱国主义象征。卑微的兽医以21世纪最有意义的医学进展，打败了世界上最优秀的人才和最富有的设施。

在我于2005年春天第一次拜访他期间，黄禹锡派了他的一名研究生邱玉株(Ok Jae Koo)陪伴我度过从酒店到大学的45分钟的旅程。邱玉株文静友善，21岁，这是他进入黄禹锡实验室的第二年，他承认他认为自己成为这个世界上最为人谈及的科学团队的一员真是幸运。"他就像是一个电影明星。"他对我这样谈到他的导师，对这一切梦幻般的超乎寻常惊讶不已。一旦有发现黄禹锡在校园里散步，敬畏的学生常会请这位教授稍作留步，索要签名。儿童书籍在讲黄禹锡的故事——他如何从一个放牛娃成长起来，在学校里如何出类拔萃，终于被国立首尔大学录取——作为努力工作和坚持不懈的品德典范。他成了一个自豪的民族的象征和代表，这个民族热切期望载入崭新的干细胞科学领域的科学史册之中。

当交通的早高峰把我们堵住时,邱玉株告诉我,在无数次的采访中,黄禹锡可以说是已经变成了一个标志。"教授说我们擅长操作细胞是因为我们使用金属筷子①。"邱玉株说。我将从黄禹锡那里再次听到这个故事。他对这个问题的轻松、简洁的回答,到下一年被证明对他来说是远为难以回答的。

当我到达时,我被领进黄禹锡的办公室参观。房间小,拥挤,只有一扇单窗,而且还辟出一角兼作助手间。奇怪的是,靠门口还有一个小洗手池和镜子,环绕一张矮桌还摆放了两个沙发。明显地,这位韩国最著名的科学家没有私人盥洗室,只有他自己的洗手池,可以在饭后擦把脸,刷下牙,这明显是一种"洁癖"样的习惯。他书架上的书包括克里斯托弗·里夫的《还是我》(Still Me),以及关于兽医学和细胞生物学的书刊。小小空间的整堵墙面还贴着几个小小的镜框,那是黄禹锡与一头母牛——第一批成功克隆的韩国品种——的合影,以及表彰他的科学成就的纪念牌匾。黄禹锡为他的英语不好道歉,并邀请他的合作者、系里的另一位兽医姜松庆(Sung Keun Kang)博士,开始回答我的问题。

姜松庆戴着眼镜,态度友好,三十来岁,看上去精通核移植的复杂细节。作为黄禹锡 2004 年论文的共同作者,他向我详细介绍了他所称的他们的团队为了实现人类细胞核移植的成功而做出的创新。他充实了一些在《科学》杂志上发表论文未提及的细节,解释他们如何获取韩国女性捐献的卵子,对每一个卵子摘除核,代之以供体的皮肤细胞。他提到了筷子——研究生们灵巧而绝无抖动的双手轻轻地挤迫娇嫩的卵子,这是保证卵子完好无损并更愿意接受新的供体细胞的关键。然后注入核,并用特殊的化学制剂浸泡以激活细胞开始分裂,这段时间长短不同。他描述了他们如何在这段长短不同

————————————

① 此处所谓"筷子"是个比喻性用法,实际是指两根纤细的签子,用以夹、挤卵子用,状如中国之筷子夹食物,下同。——译者注

的时间里坚持观察等待。他们观察了2个、4个、6个小时，发现两个小时最为理想，适合促使卵子自身开始分裂成为胚胎。姜松庆自豪地解释了他们如何用不同的化学配方做实验，团队反复研磨，终于得到了最佳的人类卵子激活方案。"我们实现了最高29%的卵子激活率，这几乎就是我们从牛和猪的卵母细胞获得的数值。"他说。62个卵母细胞有19个成功地与新遗传物质融合，开始分裂。

姜松庆越说越激动，确切指出了整个过程中他和他的同事们希望在哪里再提高效率。他们曾经使用了242个卵子来获得一个被认为是活的干细胞系，结果核移植过程的效率比利用已经是低效的体外受精胚胎过程的效率还要低得多。

"从体外受精胚胎，我们可以从5个胚胎获得至少2个干细胞系。"姜松庆告诉我。这就很清楚了：他的团队与世界其他团队在生成干细胞的技术上处于同一水平。他声称，他们的成功有赖于他们如何从球形的囊胚提取干细胞。一些研究人员正在使用免疫外科学技术，瞄准囊胚细胞的外层，那里不含有任何干细胞，用能识别外层的抗体绑定，然后杀灭，于是留下干细胞。另一种方法就是等待，不做任何事情，直到囊胚细胞自然"孵化"，或附着到子宫，此时研究者用机械方法剥离出内细胞团，所寻找的干细胞就包含于其中。黄禹锡的团队混用这两种方法，依据囊胚细胞的年龄和状况来决定哪种策略生成的细胞更多而损毁的数量更少。

姜松庆接着描述过程中最富意义的步骤：确定干细胞的身份。像汤姆森和吉尔哈特一样，黄禹锡在他的论文里详细说明了他生成的细胞如何在培养液里得以形成包含三种原始生殖细胞的畸胎瘤并最终形成所有机体组织。至少从论文上看，他似乎已生成了干细胞。

在我听完生物学课后，黄禹锡准备并热切希望引导我参观他的

实验室。一条走廊把六层楼平分成两半。那次访问期间,我所看到的是他操作了一半的实验动物,它们被关在走廊的一边。另一边是禁区,有严格限制,只能透过走廊墙上的一个小窗口看到里面。直到我在几个月之后第二次拜访时,他才让我进入这个藏有人类胚胎细胞的秘室。

在第一次拜访时,动物实验室的工作开展得蓬蓬勃勃。在第一间房间里,大约 15 名穿着相同蓝大褂的技术人员忙于处理牛和猪的卵巢。黄禹锡一天三次从屠宰场收获新鲜卵巢。这些器官送达时装在保温瓶一样的容器里,首先要经过 12 小时到 44 小时的培养,以帮助其中的卵母细胞成熟。然后由研究生手工提取卵子,这是一个费力而枯燥的过程。

第二间房间光照更暗,只有从 8 台沉重的显微镜那里来的光线。几个研究生用筷子轻轻点住动物的卵子,然后从中挤出遗传物质,他们的筷子功夫确实了得。这些卵子看上去好像失去了它们的填充料,就像果冻甜甜圈被咬掉了一口。从载满基因的核刚刚流出的缝隙里,黄禹锡的学生注入一种新的细胞,包括核和全部,以取代卵母细胞失去的 DNA。接着通入电流造成震动,打碎这两种不同的部分,又让它们融合在一起。然后就用化学物质给这样的混合物提供营养,让它们开始分裂。5 天到 6 天后,嘿! 一个正在分裂期的胚胎就可以植入代孕动物的子宫,有希望创造出一个克隆。

因为培养细胞是一个一年 365 天、一天 24 小时的不间断过程,"我们的实验室没有假期,即使在韩国感恩节或元旦。"黄禹锡说,他说话间带着轻松的幽默,让所有见过他的人都对他有一种亲近感,"有一位外国科学家曾把我的实验室叫作军队,把我叫作指挥官。"

这是一个有趣的比喻,但到第二年,真是一语成谶,其时有关这个实验室里的不端行为得以披露,暴露出这个学术研究部门的等级结构达到了何等程度,以及黄禹锡在他的实验室成员中间所鼓励的忠诚,由此造成了一种黄禹锡不可超越的感觉,这可能就导致了他的垮台。对于大多数学生来说,黄禹锡就像是第二个父亲,经常称他们为"孩子",担忧他们被禁锢在这几间六层楼的实验室里所度过的漫长时光。

崔景浩(Jiho Choi),当时在读硕士,现在已获得哈佛大学博士学位。在毕业的几年后,我们谈论他的前导师时,他记着黄禹锡的慷慨。"他不仅仅是研究人员的头头,"崔景浩说,"他为学生支付学费,为(僻远)省份来的人提供小额住房或宿舍津贴。他为我们做了一切。"崔景浩说,黄禹锡的目标是提供一个让学生们会感受到鼓励和鼓舞,专注于研究,不被生活杂事所分心的环境。这样,他就能为韩国播下新一代干细胞科学家的种子。"如果我遇到问题或疑难情况,我可以和他谈。"崔景浩说。仍然用韩语的敬语"sunsengnim①"称呼黄禹锡,表示对一位富有成就的、受人喜爱的上级的尊重。

午餐时分,在教职人员就餐的中式餐馆里,黄禹锡解释了为什么尽管有来自一个自豪的国家额外的关怀,他宁愿让他的实验室保持小规模——他的核心团队,不包括来自本校其他系的合作者,一直始终维持同样的规模:45个成员。"在我们看来,这项工作必须手工完成。"他说,"这种类型的工作,需要有一种精神,不仅使用机器,而且要用心和精神。需要有人情味。"

这是认识黄禹锡的精神世界的第一条线索。就像许多韩国人一样,黄禹锡是一个虔诚的佛教徒,经常去寺庙参加宗教仪式,净化心灵,规范道德。正如许多干细胞科学家一样,他面对他在实验室里所做的工作与他的思想观念之间的冲突时,保持着自己的平和心

---

① 这里是韩语的英文拼写,相当于汉语"先生"。——译者注

态。他解释说,在他看来,他研究动物,目的是改良家畜;他研究人类干细胞,是为研究疾病的新疗法做贡献。为了这些目的挑战道德是正当的。

当我们点单传统的韩国米饭和佐餐菜肴汤羹时,我问了他一个令从事同样工作的许多西方科学家困惑的问题。我问他从哪里弄来那么多卵子。

黄禹锡谈到了在取得突破之后,他们得到的令人难以置信的支持和关注。他告诉我,甚至在论文发表之前,是女士们渴望为研究做贡献的慷慨提供了足够的卵子,供作实验和完善繁复的人类细胞核移植技术。与哈佛团队面临的挑战相比,黄禹锡似乎有足够多的志愿者参与他的干细胞研究。

★　　　★　　　★

午餐后,黄禹锡曾计划去养猪场,并打算做一次胚胎移植,这是他的团队每天几百次在做的工作,以生成克隆动物。"他做移植只要 20 秒钟。"一个密切合作者李炳春(Byeong Chun Lee)告诉我,态度明显地钦佩不已,"看着他。你会很惊讶。"

但是无论和黄禹锡到任何地方,都不是一件简单的事情。他就像总统,到东到西都要考虑到安全的细节,包括指定给他两名保镖,一天 24 小时不离开。除了每天早晨派车送他去实验室,他们也陪同他出国。他在国外发表演说,广受欢迎。这一天,他们把 85 号大楼折腾了个够,电梯在六层楼和地下车库之间不停上下,黄禹锡的汽车停在地下车库随时待命。这是出于前总统卢武铉(Roh Moo-hyun)本人的好意。黄禹锡承认有点不好意思,他最初拒绝了他们,但他显然难以拒绝总统。

当我们离开了城市拥挤的街道,景象就此不同。光怪陆离的霓虹灯广告,闪亮发光的钢结构、玻璃幕墙和混凝土建筑渐渐淡去,代之以越来越茂密的树木和看似无边无际的农田。车窗外,是一片片的稻田,郁郁葱葱,向后飞驰过去。在首尔的最后一抹光影溜过之后,越来越浓的田园风光一定让黄禹锡回忆起他在家乡农村度过的自己的童年,以及他开始走上通向科学巨星的非凡之路。

黄禹锡 1952 年[①]出生于韩国忠清南道,这是一个农村省份,离韩国首都有 3 个小时的路程。刚过了韩战,就像许多家庭一样,他家不够幸运,没能留在首尔、釜山那样的南方大城市地区过日子,那里就业和经济复苏来得更快。他们一家几乎连饭也吃不饱。五岁时,他的父亲去世,留下他的母亲独自抚养她的 6 个孩子。

对于他们这样的家庭,家畜是生存的关键。年轻的黄禹锡很快学会了放牛。他爱他的职责,照看这个家庭终于有的三头牛。"即便是那三头牛,"他承认,"也不真的是我们的牛,是我们从我们富裕的邻居那里租来的。"这个小男孩,身高还只能够到牛的眼睛那么高,感到与动物有一种特殊的亲和力,会经常和它们聊天,发誓要照顾它们。人牛之间的宁静世界吸引着他。他每天要喂牛,要跟在牛后面打扫洗刷,这可能给黄禹锡带来了一个坚定不移的感觉。正是在日复一日的午后与牛为伴,黄禹锡开始梦想着成为一名兽医。

在高中,黄禹锡成绩优秀,足以令他的老师建议他考虑报考国立首尔大学的医学院。国立首尔大学是全韩国最受人尊敬的大学,入学竞争非常激烈,但这个勤奋好学的男孩赢得了梦寐以求的一席,成为 1977 级的新生。然而他拒绝成为一名医生,他第一次表现出自己坚定不移的自主性格,他选择了国立首尔大学的兽医学院,依然决心研究动物。在获得动物繁殖学博士学位后,他第一次离开韩国,渡过日本海,争取到北海道大学(Hokkaido University)的研究职位。作为一名研究者,黄禹锡对胚胎分裂的精致的过程产生了兴

---

① 此处原文是 1953 年,译文已订正。实际是黄禹锡出生于 1952 年 12 月 15日。——译者注

趣。每隔一段时间,大自然似乎就会生成同卵双胞胎,但黄禹锡想让这个过程有更多的发生率。这就把他引入了克隆。

当黄禹锡回到韩国,他回到了他的母校。他说,他在忠清南道长大,只有两件事是他的志愿——成为科学家,成为国立首尔大学教授。他身怀能赚大钱的技能,又懂得如何优化生殖过程。他的目标是提高牛奶和肉牛的产量——这是几个世纪以来农民和农业专家一直在追求的目标。黄禹锡认为他可以把在实验室里学到的东西用于畜棚,利用技术的力量,实现这个目标。他想克隆最合乎理想的"精英"牛,从而作为种子,让韩国的牛群全都产出优质的牛奶和牛肉。1993 年,他培育出第一头试管牛,利用体外受精技术让一个牛卵在培养皿里受精,然后把所得的胚胎移植入代孕牛的子宫,妊娠发育。

两年后,黄禹锡终于成功地分割了一个胚胎,并在韩国创造出了第一头克隆牛。但是胚胎分割不是真正的克隆。从技术上讲,这是运用科学手段实现孪生。此后,苏格兰传出新闻,维尔穆特成功创造了多利,这是一个真正的哺乳动物克隆,是一头成年母羊的精确的基因复制品。就像对于这一领域里的许多科学家那样,多利的存在在这个时候对黄禹锡的思想产生了深远的影响。多利的出生让他相信,使用核移植,有可能更大规模地克隆动物。

黄禹锡将这项技术用于牛卵,仅仅过了两年,就通过核移植培育出了自己的克隆牛。但他从未在科学期刊上发表他的实验,而是选择在媒体上宣布克隆牛诞生。黄禹锡说,这是第一头韩国的克隆牛,作为礼物献给韩国人,还可以供人拍照。对于这一做法,其他科学家既不确认,也不否认,更不仿效。

在回实验室的途中,我问了黄禹锡关于保持人类胚胎干细胞健康的挑战——如何保持这些细胞的纯性和干细胞性,阻止其分化为某种其他细胞的趋向。

他点了点头,稍稍想了一想,然后回答。"我一直担心污染,"他说,"特别是在人类干细胞实验室,因为我有过痛苦的经历。有几株人类胚胎干细胞被污染,被废弃。克服污染花了 6 个月。"

这可揭露了一条令人吃惊的内幕消息！如果这是真的,则鉴于这事是过了 6 个月之后才揭露出来,就大有戏文可究了。损失干细胞系是一件大事,损失人类胚胎干细胞系更是灾难。科研实验室要获取人类卵子非常困难,甚至在当时,黄禹锡从这些卵子生成干细胞的效率极其低下:他 2004 年报道称 242 个卵子只生成了 1 株干细胞系。

我问有多少株细胞系被毁。

一部分,但不是全部,他回答。大楼里通风系统的结构显然污染了相对无菌的实验室;空气中的病原体不会打扰普通人,但可能落入细胞培养液,毁灭细胞株。

事故发生之后,政府介入,迅速净化空间,采用了更可靠的通风系统,并建造了独立的、严格调控的空间专供干细胞实验室的人员使用。在这一点上,黄禹锡想要什么,就能得到什么。

也真是令人吃惊,一名科学家所具有的影响之大,堪比国家的最高政治领导人。这是黄禹锡在韩国的新的高度的本质。他在那时已不再只是一名科学家,甚至也不仅仅是全国最富竞争力的大学的教授。他是民族英雄。不管怎么说,他都是一个标杆,显示出韩国是什么,以及韩国想要成为什么。在我拜访他一个月后,黄禹锡被授予韩国"最高科学家"的称号,这是政府打造的一个新的名誉称号,以表彰他把国家带领到世界科学舞台上的努力。在黄禹锡身上,卢武铉总统看到了韩国终于领先、世界其他国家跟随其后的机会。有了干细胞,韩国有机会建立相关的基础设施和专业,卢武铉和他的政府认为这就会让韩国无论在金融上还是在政治上都会在全球经济中获得红利。

但卢武铉在这位兽医科学家身上看到的不仅仅是政治机会。卢武铉,像黄禹锡一样,是一个白手起家的人,在贫困中长大,通过上法学院走上仕途。在黄禹锡身上,他发现了一个如同弟兄那样的人,一个志趣相投的人,在等级社会里进入了权力和影响力的上层,这样的壮举如果不是闻所未闻,也是罕见的。

"卢武铉总统对我说:'我想成为以集中发展科学和技术留名的总统。'"黄禹锡带着一丝自负和骄傲告诉我,然后加了一句,"我承诺(他会)是的。"

当时,我没有听出黄禹锡的话的全部含义。但这些话将被证明孕育着深刻的意义。2009 年,卢武铉因受贿丑闻自杀。而这一承诺,以及誓言之中所包含的期望,可能已经是黄禹锡末路的开始。

★　　　★　　　　★

"我得到的印象是他承受着巨大的压力。"玄英洙说。他是凯斯西储大学的一名教授,在克隆实验室里度过了 2005 年的夏天,那时黄禹锡的声望在韩国达到最高点。玄英洙前往首尔富布莱特-海斯学院研究中心(Fulbright-Hays Faculty Research)研究韩国的知情同意制度。就像许多人一样,他有兴趣了解韩国人是如何能够从这么多女性志愿者那里获得卵子,从而开展干细胞工作,以及知情同意制度如何建立起来,以保护捐赠者。他想知道,为什么这个突破发生在韩国,为什么会有这么多女性愿意捐献卵子供作研究。

玄英洙随和,平易近人,这位韩裔美国人懂韩语,并承认韩语说得结结巴巴的,但立即被黄禹锡作为同胞接受了。"他问我的第一个问题是,'你会说韩语吗?'"玄英洙说,"我说,'我说得不是很好,但是我懂大部分。'他说,'好!'在那之后一切都是用韩语进行的。"

即使在首尔的时间短暂,玄英洙目睹了令人厌倒的黄禹锡受欢迎的程度,以及伴随着这样的名声而来的负担。在餐馆里吃一顿简单的晚餐变成了军事性质的安全操作,黄禹锡被护送出厨房门,而玄英洙和其余随行的摄影师心神不宁地站在前门。

与科学家在美国获得资助的方式不同。美国是一个项目一个项目逐个申请,即每一个新的实验或者假设需要一笔新的拨款和新的提案。在韩国,政府资助科学家本人。也就是说,它支持某特定研究人员的实验室,让他可以任意研究、挑战他所选择的理论,做他想要做的任何实验。“比如说,他们的做法是,把一切放到黄禹锡的篮子里。”玄英洙说,“我们资助他,他和他的实验室,给他大量的资金。黄禹锡的资金来自政府主管技术和业务发展部门,而不是像美国的卫生和公众服务部。所以,显然,这里对于研究有业务或者金钱的关系。”

当黄禹锡走过通向他办公室的亮蓝色门的时候,肯定会回忆起他这样的每一天。墙上,他的名字上方有一行字“浦项制铁主席”(POSCO CHAIR),确认他在兽医学院被授予该公司主席称号,这是国立首尔大学第一个这样的头衔。浦项制铁(POSCO)是韩国领先的建筑公司,公司希望让自己沾上黄禹锡的光环,同意补贴黄禹锡的工资,以确保这位科学家留在韩国,不会被吸引到海外去从事他的干细胞研究。

在我第一次访问结束前,黄禹锡问我将在首尔留多久。他没有透露为什么要问,但他邀请我出席一个新闻发布会,这是他计划下一周要在仁川国际机场(Incheon International Airport)召开的。机场离首尔一小时的路程。他显得很得意地对细节含糊其辞,只是说我会“非常感兴趣”和“惊讶”。

“他刚降落,”我听到广播员在他的手机上向另一端的他的制片人报告说,“他已在途。”

一位"最高科学家"的沉浮

这是 5 月 20 日下午 4:20,黄禹锡在自己的新闻发布会上已经迟到了 20 分钟。电视台记者在他的移动电话里明显表现出兴奋,在机场小小的玉兰厅和外面的走廊之间来回走动。黄禹锡在任何时间都是新闻。摄影师靠墙站立,大约有二十来个记者,其中有许多是固定盯着黄禹锡的,报道这位科学家的一举一动,对黄禹锡的迟到毫不惊讶。他们似乎习惯了迟到。

半小时后,黄禹锡终于走进大厅,表现出真正的摇滚明星的气派,被他的保镖引领着走进来,一群摄影师推推搡搡,抢占最好的拍摄位置。

当他走进房间时,黄禹锡向大多数记者逐个问好、握手,触摸他们的摄像机、话筒之类的装备。这是最常见的西方打招呼的方式,不同于韩国人通常在正式场合采用的较为含蓄的、与客人有所距离的鞠躬方式。

黄禹锡在房间前部就座,并用韩语对全房间的人发表讲话,说话缓慢,有时甚至富有诗意。他说到工作,但仅仅几个月之后,就证明只是虚构一通。

新闻发布会之前那一周,《科学》杂志已发表了备受期待的关于黄禹锡 2004 年所取得的成果的后续研究成果。这一次,他的克隆过程是先做克隆,然后再从脊髓损伤和 I 型糖尿病患者身上提取胚胎干细胞。更令人震惊的是,他说,这样做,就把这一繁复过程的效率提高了 10 倍,从 185 个卵子里创造了 11 个干细胞系。

直到那时候,还不清楚是否可以用克隆健康人细胞相同的方式克隆来自患者的细胞。从理论上讲,没有理由不能,但实际上,没有人知道病变细胞是否可以被重编程和培养。依据他的第二篇论文,黄禹锡证明它们是可以被克隆的。

在面对这一小群人讲话时,黄禹锡直接面对着镜头。无论他当时是否知道这些细胞并不像他所说的那样,他没有显示出有任何可疑的迹象。

"我们问自己，'如果我们从患者那里提取细胞，我们能生成干细胞吗？'这是以前从来没有做过的。"他开始说，"实际上，人类干细胞现在是在动物滋养层细胞上生长的，这意味着他们不能被用于人类，因为已经沾染了动物蛋白。所以我利用患者自己的细胞，创造出滋养细胞。并且我们发现人类滋养细胞比小鼠细胞对于培育人类干细胞效果更好。我们使用 185 个卵细胞生成 11 株干细胞系。与我们去年的研究相比，效率提高了 10 倍。这意味着我们可以从一个卵子收获周期中生成一株干细胞系。我现在已经证明，可以从患者那里获取细胞，培养成干细胞，然后返回给病人。"

这场演讲表现得驾轻就熟，尽显黄氏风格，礼貌、魅力和信心兼而有之。

6 个月后，他将再次面对许多相同的记者。但这一次，这群人就不那么友好了。他 5 月份所描述的细胞被揭露出是欺诈。下一次面对相机时，黄禹锡的发言是非常不同的。他将因为他在令人大吃一惊的学术造假案中扮演的角色而道歉，向全国和全世界道歉。黄禹锡作为一个科学家的诚信和他的整个干细胞工作全都崩溃了。

★   ★   ★

有时候，最明显的问题却不被问起，最基本的假设被证明是最危险的。这在任何学科中都是真的，但其中大多数是在自然科学中。在自然科学世界，每一次质疑都是一个机会，每一次调查都是一扇窗口，可以向黑暗的未知世界射入亮光。

黄禹锡惊人的成功是从克隆胚胎生成第一株人类胚胎干细胞系，这需要极度依赖一样东西——卵。或者更确切地说，是一批乐于捐献卵子供作研究的女性。为了黄禹锡 2004 年的突破，他使用了 242 个卵生成一株干细胞系。他在《科学》上发表的论文中描述这一过程,指出,这些卵来自 16 位女性,她们都签署了知情同意的表格,了解她们捐献卵子是为了研究的目的,没有因为捐献而得到经济补偿。

2004 年 5 月,仅仅在《科学》发表黄禹锡团队的里程碑式的成果后 3 个月,关于他凭借什么能力让那么多女性捐献卵子的问题开始浮出水面。出于好奇,《自然》杂志(该杂志是《科学》的竞争对手)记者大卫・西拉诺斯基(David Cyranoski)开始询问一些黄禹锡的论文共同作者和批准这项研究的汉阳大学医院(Hanyang University Hospital)审查委员会的成员,卵子是哪里来的。令他吃惊的是,论文的一位共同作者邱嘉敏(Ja Min Koo)承认,出于一股爱国主义的自豪感,她和一位同事都捐献了卵子供作实验。

然而,第二天,邱嘉敏打电话给西拉诺斯基,改变了她的说法。她说她英语很差。她告诉他,她完全没有捐献任何卵子,她想说的是,如果她能捐献,她会非常高兴。但机构审查委员会,这是审查人类研究的医院委员会,禁止下属参与他们的实验室的领导人进行的研究,以避免潜在的强制性。邱嘉敏是双重的不合资格的捐献者,因为她不仅是黄禹锡的员工,也是这篇论文的共同作者,因此能够从研究获得经济上和专业上的利益。

西拉诺斯基不相信邱嘉敏的第二种说法。在最初的采访中,她详细描述了她捐献了卵子的那家医院,并谈到了她的愿望,说作为韩国女性,既然她已经有了两个孩子,就要帮助黄禹锡。西拉诺斯基接下来试图通过联系汉阳医院的机构审查委员会和黄禹锡本人,确定黄禹锡 242 个卵的来源。据西拉诺斯基说,黄禹锡否认邱嘉敏捐献过卵子供作研究,但没有提供证据来支持他的否认。

5 月 6 日,《自然》发表了西拉诺斯基的报道,质疑黄禹锡的研究中获取的卵子是否合乎伦理。在这篇报道中,他引用了邱嘉敏的话。这些指控促使韩国生物伦理协会(Korean Bioethics Association)

和参与民主人民团结委员会(People's Solidarity for Participatory Democracy)要求调查黄禹锡2004年的论文的伦理问题。

接下来的一周,黄禹锡还是否认有任何不道德行为,他现在还得到来自汉阳医院机构审查委员会主席、妇产科教授穆-艾尔·帕克(Moon-Il Park)的一封信的支持。黄禹锡在一份致韩国记者的电邮里提出:在受到帕克质疑后,一位机构审查委员会的成员说他确信黄禹锡的团队里没有人捐献过卵子。

不过,怀疑总是会越来越大,而黄禹锡的一度惊人的成功故事现在显示出疲软的迹象。伦理学家,其中许多人由于宗教原因,从来就对研究人类胚胎的想法感到不安,开始发声,对黄禹锡如何进行他的研究表示关切。关于卵子捐献的问题现在为他们提供了表达他们的保留态度的机会。这意味着黄禹锡的最高科学家的桂冠上出现了潜在的裂缝。韩国蔚山大学(University of Ulsan)医学院医学伦理学教授邱永墨(Young-Mo Koo)告诉《自然》,他感到被他同事的研究"深深地出卖了"。

这就足以推动韩国生物伦理协会行动起来。在5月22日发布的一份声明中,该组织敦促黄禹锡和机构审查委员会清理这些挥之不去的疑问:这些卵子捐献者是如何招募来的,以及是否给了她们钱。该协会还致函《科学》编辑,宣称黄禹锡的团队可能未经适当地审查克隆研究引起的伦理和道德问题,就进行了克隆研究。

黄禹锡立即做出回应,驳斥不当行为的指控。"他们试图谴责这项研究。"他说。

黄禹锡似乎表现得很有信心,他的实验都是正当的、合乎情理的。他预料人体胚胎研究会遭遇审查,会有争论。在2004年末,在他最初的论文引起的狂热退潮之后,黄禹锡联系了一位律师兼汉阳大学伦理学家郑圭永(Kyu Won Jung)。郑圭永曾在2001年发表过一篇论文,支持干细胞研究,这是不受全国大多数生物伦理学家欢迎的立场,他们采取的是更为保守的立场,反对研究胚胎。

黄禹锡告诉郑圭永说,他想要一位伦理学家帮助编写一份无可挑剔的知情同意书,能让他的第二个用患者细胞进行的实验经得起审查。郑圭永同意了,虽然他有点担心,黄禹锡所认为的有可能创造人类胚胎干细胞是太过轻松了点。在与黄禹锡辩论这一主题时,郑圭永回忆说,大多数专家预计,需要 10 年或更长时间,科学家才能够利用核移植培育出人类胚胎干细胞。"但黄禹锡说不用 3 年就可以了。"他说,"我认为不会那么快。"

郑圭永坚持严格的知情同意制度,要求三次独立的当面交谈,以确保妇女出于正确的理由捐献,没有强迫,也不觉得是由于经济的、职业的,或者被误导的爱国主义的原因而捐献。在郑圭永设计的制度中,捐卵女士必须与黄禹锡的科研团队的一位成员、郑圭永(或另一名生物伦理学家)以及一位妇产科专家面谈。这是他与玄英洙一起发表在《美国生物伦理学杂志》(*American Journal of Bioethics*)上的一篇论文中描述的过程。

郑圭永后来得知,黄禹锡和他的团队并不总是忠实于他这位伦理学家确定的这一严格的过程。郑圭永亲自与几位女士进行了面谈,还最终拒绝了几位,因为他觉得她们给出的理由都不正确。有女士到弥兹曼迪医院(Miz-Medi Hospital)①自愿捐卵,但黄禹锡在这家医院的合作者都没有重视知情同意书这回事。"问题是他们没有遵循知情同意。"郑圭永说。

与此同时,黄禹锡享有的全国知名度达到了高峰。奖励以及在科学性质的或其他性质的活动上发表演讲的邀请蜂拥而至。他已经靠着几次用金属筷子灵巧地夹挤卵子的功夫,成为名人显要。大韩航空公司赠送他和他妻子到这家国有航空公司能到达的任何地

---

① 弥兹曼迪医院是韩国难孕治疗医院中首家得到 ISO 认证的医院。——译者注

方终身免费旅行。国有航空实际上变成了他的私人飞机。在我们会面的那段时间里,他自豪地拿出最新的三星手机,那是当时市场还没有发售的新款,是这家电子巨头的继承人亲自送给黄禹锡的,作为对黄禹锡的成就的赞赏。

但结果是,黄禹锡可能是利用了这样的声望来转移关于卵子贡献者的严厉质疑。6月,他宣布,韩国将成立一家新型的干细胞银行,这是第一家这样的银行,将为全世界任何有兴趣利用干细胞治疗疾病的人培育和保存干细胞系。他想象这家银行将作为全球性的资源,将有需要做细胞置换的患者与最可能接近匹配的干细胞连接起来。

即使关于卵子捐献者的诸多质疑继续环绕着黄禹锡。2005年10月,在世界干细胞中心(World Stem Cell Hub)开始接受愿意捐献他们的皮肤细胞的患者网上或亲自递交申请的那一天,中心收到了许多请求,以至网站崩溃。到第一天结束,有3500名患者登记成为捐赠者,所有人都来自韩国。有许多人,有些还坐着轮椅,亲自前往国立首尔大学医院登记,渴望发挥自己的作用,他们希望这一努力能创造历史,治愈他们的疾病。

在我2005年第一次拜访期间,甚至在黄禹锡的第二篇论述患者特异性干细胞的突破性论文之前,黄禹锡筛选了要求同他合作的科学家的名单。他向我提供了一张简明名单,包括他的首选人选、完整的电子邮件地址和所属的机构:伊恩·维尔穆特;洛伦兹·斯图德(Lorenz Studer),纽约斯隆-凯特琳癌症纪念中心神经病学家;罗杰·彼得森,现在英国剑桥大学;库尔特·希文(Curt Civin),癌症研究者,当时在巴尔的摩的约翰霍普金斯大学。

位列黄禹锡的那张名单顶部的是杰拉尔德·夏腾(Gerald

Schatten)博士,他是匹兹堡大学(University of Pittsburgh)的一名生物学家。近两年,黄禹锡和夏腾被看作是科学界的"兄弟",发展起密切的专业上的和个人的友谊。他们两人彼此充满激情,迅速建立起密切关系,这使夏腾在黄禹锡的第二篇干细胞论文上赢得了梦寐以求的共同作者的地位,尽管只是作为一个顾问。夏腾也是世界干细胞中心国际董事局主席。

但是双方出现了争议,蜜月就此结束。在 2005 年 11 月 12 日的一个秘密的新闻发布会上,夏腾断然结束了他与黄禹锡的合作,令人摸不着头脑。这时间正好是在世界干细胞中心开张一个月之后。夏腾拒绝解释理由,只说"我注意到有资料表明可能有虚假信息存在"。

他的话就像在干细胞界扔下一颗炸弹,引发了爆炸,所有的人都惊慌失措。打算参与世界干细胞中心的研究人员暂停了他们的计划;想要从黄禹锡那里获得干细胞系以供研究的科学家的希望也破灭了,很少有人愿意在黄禹锡的疑云得到澄清之前再向前迈步了。

没有人比黄禹锡显得更为震惊。刚下飞机,他就在首尔机场航站楼受到一群熟悉的记者的欢迎和拍照。有人问到夏腾的突然变心,这是黄禹锡和他的同事,包括他的副手安·居里(Ahn Curie)第一次听到这个消息。

焦虑不安之中,他们立即打电话给他们的新朋友玄英洙,他刚回到美国。周末早晨 5 点钟,在克利夫兰的家中,他的电话响了。"他们问我:'我们怎么办,我们怎么办?'我告诉他们:'我不能告诉你,因为我不知道发生了什么事。但无论发生什么事,如果你做了错事,马上道歉,并澄清事实,等事情平静下来,我会和你谈。'天哪,他们绝不会平静下来,此后再也没联系我。"

相反,黄禹锡和他的小圈子顾问,其中包括居里、姜松庆和李炳春,选择了一种不同的方法:坚持他们是无辜的,并否认,否认,再否认。

"除了夏腾宣布了与我们分道扬镳,我别无所知。"黄禹锡在首尔告诉记者,这已是在那位美国科学家令人震惊的宣告发布后两天,黄禹锡终于回应公众。夏腾坚持沉默不言(他仍然没有与记者讨论他与黄禹锡中止关系的原因),这就进一步把事情搞复杂了。黄禹锡承诺一旦他有机会查明夏腾的原因和弄清真相,他会说明他这一边的事情。"到时候我会和盘托出。"他说。

6月1日午夜刚过,韩国一家地方电视台的爆料账号收到一封电子邮件。这家电视台有一档调查性的新闻节目《PD 手册》(*PD Notebook*)。制片人开设这个账号征求社会信息,通常是匿名的,涉及任何形式的有新闻价值的丑闻,从违反伦理道德、受贿到单纯的不良行为。他们开展调查并做成节目,在黄金时段播出。大约就在媒体吹捧新型的世界干细胞中心的公告的那段时间,一名研究人员,显然来自黄禹锡的实验室,给这个账号发了封电子邮件,依据的是几个月后发表在《科学》的一篇文章。制片人之一的金博修(Bo Seul Kim)打开了邮件。作者自称是黄禹锡团队的一员,他承认,鉴于他对造就了具有里程碑意义的 2004 年论文的那段研究工作的了解,他对于黄禹锡正在受到的关注越来越感到不安。然后,这位爆料人丢下一枚重磅炸弹:黄禹锡关于卵子的说法是在撒谎。这项研究中使用的卵子有一些确实来自黄禹锡的实验室里的女士。他有一封来自她们其中一人的电子邮件,证实了黄禹锡要求她提供卵子。

《PD 手册》的另一个制片人,韩汉洙(Hak Soo Han)通过举报者确认了这些检举材料。韩汉洙说服了黄禹锡团队的其他成员揭露实验室的内部运作。他还请来三位熟悉细胞生物学的科学家,开始梳理黄禹锡的科学论文。这些顾问也许还是第一批仔细检查黄禹锡的说法的人,他们的细致审查足以注意到黄禹锡的研究的明显的异常之处。其中,第一个突出的问题是,在 2005 年的论文中,黄禹锡未能运用畸胎瘤测试证明他所声称的来自患者细胞的 11 株干细胞系中的每一株确实都是真正的干细胞。黄禹锡的团队在论文中仅仅说到有 2 株形成了畸胎瘤。

但仍然不清楚,这只是有意识地简化论文给出的数据,还是提示故意作假。在这样的真假不清之中,有一位顾问想要弄明白这些干细胞系是否只是从体外受精胚胎生成的,而不是如黄禹锡声称的通过艰难的体细胞核移植过程生成的。然而,要证明这一点,这些阴谋论者就既要获取干细胞系,又要获取生成这些干细胞的供体的 DNA。

他们提出要求以获得来自弥兹曼迪医院里生成的 15 株干细胞的 DNA 数据。这家医院向黄禹锡提供了一些来自体外受精胚胎的卵子,一旦有夫妇捐献卵子供研究用,他们便保存下来。科学家们还设法找到一些借口,说服了黄禹锡的团队的一个成员协助调查,偷出 2005 年的论文中描述的一个干细胞系样本。当他们把这些细胞样品送到实验室测试后,他们得知,这株干细胞的 DNA 与来自弥兹曼迪医院的 15 株细胞系之一的 DNA 是匹配的。这可能意味着,黄禹锡没有利用核移植创建任何核干细胞系,或者他没有生成出像他所说的那么多干细胞系。

当韩汉洙在 10 月 19 日通过电子邮件收到这一令人震惊的消息的时候,他不在首尔。他正飞往匹兹堡采访金宣俊(Sun Jong Kim),金宣俊是黄禹锡团队的研究人员之一,曾被借到夏腾的实验室,这样夏腾可以学习韩国人完善的克隆技术。韩汉洙的时机非常完美。有了测试结果,他借助了一种世界各地的警察对付告密者最古老的把戏。这是因为即使有 DNA 匹配的报告,韩汉洙还不能确定黄禹锡实际上并未如实报告他的工作。但他告诉金宣俊,使金宣俊相信,他已经有了足够的证据让黄禹锡因欺诈被捕。韩汉洙还使用一台隐藏的摄像机把金宣俊的应答拍摄了下来。

这一招很管用。金宣俊开口了。他承认,黄禹锡现在作为自豪、诚信和成就的象征,受到整个国家的尊敬,指示他伪造提交给《科学》的照片,把 2 株干细胞系表现为单独的 11 株。

金宣俊从来没有公开说到他与韩汉洙有牵连,也没说他供认了事实。但根据黄禹锡的实验室的成员的说法,夏腾突然决定同黄禹锡分道扬镳,原因很可能就在于此。

随着问题不断堆积,黄禹锡采取了短暂回避的态度。黄禹锡原来信仰天主教,现在改信佛教。他像许多韩国人所做的那样,在危急时刻,隐身于一座佛教寺庙。

只有黄禹锡自己知道他的旅程的真正目的,以及他是意图恢复或悔改。他又出现了,显然是焕发出新的面貌,戴着一个手工制的镯子。他说,这是一个和尚给他的,意在提醒他要振作精神。"他告诉我,我应该记住佛的悲悯和真爱。"黄禹锡说,"他给了我洞察力和智慧,这是我一生中克服挑战和危机所需要的。"

仍然不清楚黄禹锡是否还会面临挑战。在夏腾突然断交一周后,黄禹锡在弥兹曼迪医院的主要合作者卢顺奕(Sung Il Roh)承认一些卵子捐献者(她们的卵母细胞供作了 2004 年的创造历史的研究)因捐献而收到了钱。卢顺奕说,向同意提供卵子的 20 名女性的每一个人都付了钱,总共花了 150 万韩元,即 1400 美元[①],这是卢顺

———————————

① 这里原文是 1500 美元,这既与依据韩元兑换美元的汇率计算的结果 1400 美元不符合,也与下文会提到的 1400 美元不符,故译文更正为 1400 美元。——译者注

奕自己的钱。"我做了这件事,但没有问过黄禹锡博士,因为我觉得它可以帮助寻找治疗无法治愈的疾病的新方法。"卢顺奕说。

当天晚上 11 点。韩国文化广播公司(Munhwa Broadcasting Corporation,简称 MBC)播出了一部纪录片,揭露了他们与爆料人合作,对黄禹锡的研究中卵子捐献问题进行调查的结果。制片人采访了声称向卢顺奕任职的弥兹曼迪医院出售卵子的女士。这些卵子有许多后来提供给了黄禹锡的干细胞研究。一些接受采访的女士(她们的名字被隐去,脸部经过改妆)说她们不知道卵子会用作干细胞研究,这与黄禹锡坚持说捐卵者都是签署了机构审查委员会批准的知情同意书,并充分意识到她们在做什么相矛盾。

伦理支撑着每一项科学决策。而这样明显地漠视伦理的行为,造成各个方面都亮起了红灯,结果是城门失火,殃及池鱼,危及到了干细胞本身。节目警告说,允许为了获得干细胞而克隆,只会为剥削强迫人类以及人类的身体提供更多的机会。

过了几个星期,在美国感恩节那一天,黄禹锡公开承认了撒谎,说他的两名研究人员捐赠了卵子供作研究。然而,他坚持说,他只是在事后才听说了捐献的事。在这两位女士最初表达她们想通过提供自己的卵子来帮助研究的愿望时,他拒绝了。但他说,这两名实验室的初级人员是自己到弥兹曼迪医院去的,据说是使用假名成了捐助者。黄禹锡在含泪道歉中承认"过于关注科学发展",他"可能没有看到与他的研究有关的所有的伦理问题"。他说了一番简短的痛悔话语,包括辞去了世界干细胞中心主任的职务。

郑圭永对这条消息感到震惊。他仔细制定了知情同意制度,审查了他亲自做的与他所采访的女士面谈的记录,以及黄禹锡的团队交谈过的捐卵女士的记录。在 2005 年的前六个月中,郑圭永同大约二十几个潜在的捐赠者谈了话。其中,他只批准了十一或十二个。郑圭永更仔细地看了黄禹锡的实验室保存的供 2005 年研究用的供卵者记录,他感到惊讶和失望,他发现他制定的严格的制度并没有一直被遵循。

这是黄禹锡第一次承认有不道德行为,承认对各方面造成了影响。这样一来,一些在与黄禹锡竞争资金中遭受了挫折的韩国科学家,现在需要发泄他们的不平之气。"其他科学家似乎存在着根深蒂固的不满情绪,这是在黄禹锡誉满天下的辉煌时期受到压抑的、难以开展工作的情绪,"玄英洙说,"但他们现在在网络上寻找,核查来自黄禹锡的论文的照片并揭露所有的问题。他们在梳理黄禹锡所有的东西。在我看来,鉴于韩国资助科学家(而不是科学项目)的资金结构,有些人是出于职业的嫉妒,并想看他失败。"

他们不需要等候太久了。当政府宣布将继续每年资助黄禹锡的实验室300万美元,以匆忙拯救它在世界干细胞中心的投资之时,居里飞往美国和日本,为期十天之久,争取控制损失。但当她回来的时候,却没有带来好消息。

"对于与海外实验室合作,我们完全不能乐观。"世界干细胞中心的一位官员孙明候(Sung Myong-hoon)告诉新闻发布会上的记者。12月初,道格·梅尔顿和凯文·埃根曾要求黄禹锡在即将到来的会议上当主讲人,而现在做出了艰难的决定,收回了邀请。埃根给黄禹锡发了邮件,婉转地说调查必定占据了他的大部分时间,礼貌地提出重新排定讲话时间。"他懂的。"埃根说。

然而,奇怪的是,虽然科学界撤销了对黄禹锡的支持,韩国公众对他却是倍加支持。在多数人看来,他是一个受害者而不是罪犯,他是嫉妒的合作者和受到操纵的同事的靶子。他们相信黄禹锡的解释,他不公开他的实验室成员捐献卵子,为的是尊重她们的隐私。"最后,我不能忽视研究人员保护她们的隐私的强烈要求。"他在记者招待会上表示。

黄禹锡的支持者并不满足于仅仅赞扬他们的英雄的无私和令

人钦佩的品质。利用国家的高度连线的社交网络,他们在网络留言板上暴力威胁韩国文化广播公司制片人,因为他们播放了质疑黄禹锡的卵子获取流程的诚信问题的原始录像片段。他们走上街头,在首尔的韩国文化广播公司大楼外举行示威,《PD 手册》的 12 家赞助商有 11 家终止了他们的资助。这个节目被迫中止了几个月。

但是在科学界,情形完全不同。黄禹锡已经从黄金宝宝变成了弃儿,他决定在卵子捐赠问题上撒谎,这使他成了一个贱民。如果他对此撒谎,研究人员就要问,他还隐藏了什么? 干细胞专家对任何违反方案的做法特别敏感,本来已是十分警惕的公众会感觉这是干细胞科学有危险的证明。这些科学家知道每一个过失都是这一领域里潜在的致命失误。

★　　　　★　　　　★

在华盛顿特区,发表了黄禹锡的两篇里程碑式的论文的《科学》的编辑乱作一团,以确定他们的审查过程是否让韩国论文里的重要缺陷悄悄溜了过去。对外,杂志主编为出版审查过程辩护。"(韩国文化广播公司的)这些指控没一点是可信的,"唐纳德·肯尼迪说(Donald Kennedy),"除非你们能针对黄禹锡博士的发现向我们递交专门的、科学的报告,否则我们不作任何猜测。"

2005 年 12 月 4 日下午 11:29,在华盛顿特区的《科学》编辑收到一封来自黄禹锡的电子邮件,提醒杂志,2005 年的论文附带的补充材料照片复制有误。"我们出了一些无意的错误,大约有 4 张照片是多余的。"他写道。经过重新编制所提交的书面记录和电子邮件通信,《科学》编辑确认,错误出现在该研究的最终网络版本上,而不是出自韩国团队最初提交的那部分材料上。在发表之前,编辑曾要求论文作者之一夏腾随论文同时提供高分辨率图像。夏腾在从黄禹锡那里得到图像后提交并告诉了编辑。没有人注意到这些图像

干细胞的希望——干细胞如何改变我们的生活

是重复的,并且与原先随论文提交的照片不一致。

第二天,匹兹堡大学宣布,基于这些图像混乱,对论文展开自查。

几乎是立刻地,黄禹锡因为疲惫和压力,住进了国立首尔医院大学医学中心。照片上的科学家一反常态,胡子拉碴,蓬头垢面,两眼紧闭,躺在医院的病床上。韩国媒体潮水般蜂拥而至。

在这位 52 岁的人退隐在病房里时,夏腾写了一封 56 页的信给《科学》,详细说明了他所知道的黄禹锡的违规情节。夏腾要求《科学》把他的名字从 2005 年论文中删去。但该杂志的政策是,在论文提交并证实了内容的有效性之后,没有一个作者能收回他的名字。

在《科学》与黄禹锡接触之后,黄禹锡和他的团队承认,2005 年报告中有细小的笔误,并对卵子捐献者做了重大修正。在卢顺奕承认他提供的供作研究的卵子是付了钱的之后,《科学》刊登了一条澄清,说明一些供卵者大约为供卵收到了 1400 美元。

但最令人震惊的消息接踵而至。12 月 15 日,黄禹锡的有争议的伙伴和供卵中介人卢顺奕,探访了这位住在医院里的四面楚歌的兽医。卢顺奕揭露了骇人听闻的消息:黄禹锡承认伪造了干细胞。"我听见了一些我没有意识到的东西……胚胎干细胞不存在。"卢顺奕说。

第二天,黄禹锡走到话筒前,仍然坚持他是无辜的。

"我们的研究团队生成了患者特异的胚胎干细胞,我们有技术生成它们。"他说,还在捍卫这项工作。他承诺解冻剩下的 5 株细胞系,证明它们匹配来自制造它们的皮肤细胞的捐献者。

不幸的是,黄禹锡错了。国立首尔大学的调查人员发现,剩下的细胞系与体外受精胚胎匹配,而与黄禹锡在 2005 年的研究里的皮肤细胞捐赠者不匹配。此外,也无法确认 2004 年的细胞株源自核移植。

一位"最高科学家"的沉浮

这是一个令人震惊的承认。整个领域所依赖的突破,现在显然是一个骗局。黄禹锡声称的首次从人类细胞培养出来的干细胞,从来没有真正存在过。

在 2005 年最后的日子里,黄禹锡本人承认了事实。"我感觉如此崩溃和屈辱,我几乎没有精力说我很抱歉。"他老泪纵横,在一个新闻发布会上这样说。然而他坚持这并不完全是他的错,而是起源于他在弥兹曼迪医院的合作者,他们欺骗了他,让他认为他们已经成功地从他的团队创造的胚胎里诱导了胚胎干细胞生长。他说,"我百分之一百信任他们告诉我的话。现在我相信他们彻底欺骗了我。"

经过长达 3 年的调查和接下来的法庭立案,黄禹锡因伪造他的成果和挪用政府资金接受审判。他坚持他的团队有技术能力克隆人类细胞,以生成干细胞系。直到最后,他从未动摇这一信念。然而,真相是,尽管他们可能有克隆细胞的技术,他们缺乏培养细胞、让它们存活下来的知识和经验。

这份诈骗责任,根据崔景浩和邱玉株所说,是落到了一个叫金宣俊的人肩上。他是弥兹曼迪医院的研究人员。他成为黄禹锡实验室的一员是因为他有细胞培养的专业知识。黄禹锡的实验室善于核移植,但作为兽医学家,他们不太熟悉细胞培养——只依靠正确的媒介物和生长因子,使细胞保持在多能状态下存活。

然而,尽管反复尝试了数以百计的卵子,金宣俊还是不能让人类干细胞系在培养液里生长。然后,邱玉株说,几乎在一夜之间,细胞系开始苗壮成长了。"我们实验室的研究人员也曾试图从囊胚分离干细胞。"邱玉株有次在首尔遇见我时告诉我,就是在这一天,黄禹锡被认定犯有欺诈罪和挪用公款罪,被判缓刑两年。"但我们全都失败了。靠着金宣俊,每一次尝试,他都能获得干细胞。"他说。

人人都认为,金宣俊成功的关键在于他所使用的滋养层。滋养细胞是活的地毯,覆盖培养皿的底部,模仿自然环境,养育细胞成长。对于人类胚胎干细胞,这实际上是由鼠的囊胚细胞构成的,它们分泌正确的生长因子、酶和营养物质的组合。马丁·埃文斯和盖尔·马丁都曾首次用作培育小鼠细胞。每天早上,金宣俊会从他在弥兹曼迪医院的实验室带来一种滋养细胞的特殊调和物,用以滋养黄禹锡团队提取的人类干细胞。"当金宣俊准备好滋养层,几乎每天都能收获干细胞,"邱玉株说,"我们称他为分离干细胞之神。"

然而,不到几个月,科学家们指出,随同黄禹锡2004年发表的论文一起的图像之间有可疑的相似性,提示团队没有生成像他们所说的那么多的干细胞。大学调查之后,很明显,黄禹锡的干细胞系完全不是来自于核移植,但确实来自更为传统的体外受精胚胎,特别是那些在弥兹曼迪医院不孕诊所经历了试管受精的夫妇。邱玉株怀疑,金宣俊的滋养细胞已经包含了来自体外受精胚胎的干细胞,由此带进了黄禹锡的实验室,冒充为核移植的干细胞系。

甚至是丑闻后的几年里,仍然不清楚为什么这位年轻的研究人员要冒这样的风险,把他和黄禹锡的前程带入危险之中。我问过邱玉株,金宣俊的可能动机是什么。他停顿了几分钟,然后给出了他的观点:他的这位同事一定感受到了培育出这些干细胞的期望和责任。他说:"在韩国,教授是非常受人尊敬的。更重要的是,如果黄禹锡教授说了些什么,他说的就是我们实验室的法律。对于金宣俊,这可能是非常紧张的,他应该从囊胚分离出干细胞。已经花费了太多的钱,惊动了那么多的人,他们都与这个项目相关。从卵子捐献者那里获得卵母细胞并进行核移植,但只有金宣俊能在这么一个非常大的项目上做这件工作。通常是一个教授就会对一个学生造成很大压力……但就金宣俊而言,大约有十个教授,而金宣俊是唯一的学生。"

黄禹锡仍然没有提供他的说法,以说明在2004年至2006年之间的这几个月里到底发生了什么,他面对媒体坚守沉默。据仍然与他亲近的那些人说,直到那时,他仍反复实验——这回是真的,想证明自己是正确的。在国立首尔大学获悉他的丑闻因而解除了他的教职之后,他成立了一家公司,名叫苏姆生物技术研究所(Suam Biotechnology Institute),致力于动物克隆。

尽管涉及人类细胞欺诈,有一项科学成就仍然属于黄禹锡,他克隆了第一条狗。随着 2005 年末对他的实验室的学术不端行为的指控开始蔓延,这个实验室两年里的第三个里程碑,也受到怀疑。但经过一家独立的实验室确认,来自供体猎犬的 DNA,与名叫史纳比(Snuppy)的克隆小狗的 DNA 是相同的。这要归功于黄禹锡的成功。

不过,他的名誉损害,至少在科学界,已经铸成。黄禹锡不再可以在韩国从事人类胚胎干细胞工作。虽然有传闻说他与国外合作者合作,重复他的人类克隆研究。虽有丑闻,他的吸引力依旧。几乎所有他的实验室成员,除了少数反对者,同他一起留在苏姆公司工作。崔景浩是其中之一,他仍然很忠于黄禹锡。他们仍然常有电子邮件联系。在到美国搞研究前,他甚至要求黄禹锡主持婚礼,以表达他对前导师的尊重。"他是一个诚实的人,一个勤奋的人。"崔景浩说,"他不是骗子,不会欺诈;他从来不会做这样的事。"

对于干细胞界,却只意味着一件事:回到出发点。没有人已经能够直接从患者自身的细胞生成胚胎干细胞系。

第 *10* 章

安 全 港

在埃斯蒂斯(Estess)家两姐妹的头脑里,干细胞真是再遥远不过的东西。姐妹俩在伊利诺伊州的岩岛(Rock Island)长大,事实上,除了在夏季,在她们的儿童房里偶尔解剖一下青蛙、蚱蜢或蝴蝶,一时还能迷住一下瓦莱丽(Valerie),生物学家和医生并不是姐妹俩热衷的职业。

对于珍妮弗(Jenifer)来说,尤其是这样。她在五个兄弟姐妹之中排行第三。读中学时就已首次登台,显示出一定的表演天赋。后来全家东迁,到了纽约的哈里森(Harrison),就是孩子们的外公外婆居住的地方。

但迷住珍妮弗的不是舞台和聚光灯,而是幕后工作。在她从纽约大学毕业、获得戏剧学位后,她为自己谋得了一份好工作。作为《赤裸天使》(*Naked Angels*)的制片主任,只要需要,珍妮弗什么都干,以维持一个非百老汇剧院的生存和演出——发掘人才,培养人才,筹集资金,最重要的是,保证演出质量上乘。在珍妮弗在任的那段时期,公司成员玛丽莎·托梅(Marisa Tomei)、罗勃·莫罗(Rob Morrow)和吉娜·格森(Gina Gershon)都在某种程度上登上过《赤裸天使》的舞台,珍妮弗感到自豪的是,她知道剧组以人才辈出而赢得了声誉。甚至小约翰·肯尼迪(John F. Kennedy Jr.)①也加入过董事会。"有时候我夜晚都在思考工作,我太兴奋了,没法入睡,"她在2005 年的回忆录《床上故事》(*Tales from the Bed*)中写道,"我发疯似地热爱我的工作。"

糟糕的是没有钱付租金。5 年后,珍妮弗忍痛离开了《赤裸天使》,她渴望继续做她自己的好莱坞之梦,她要制作影片。她收入更高了,但不满足,对工作不满足。瓦莱丽告诉我:"她在纽约处于升势。她真的是卡莉·布莱德肖(Carrie Bradshaw)②类型的人物,但更酷。"

珍妮弗,一头厚厚的浓密的黑发,灰色的眼睛能洞穿人心。她住在曼哈顿,那里是她梦想之所在。她住入一套精美的公寓,桌子、沙发和城市生活所需的各种装备都经过精心挑选,以满足她生活和事业的需要;她相信她的最佳拍档即将登上舞台,至于怎么登,那倒无所谓。

像任何好的制片人一样,她有宏大的计划,永远看到的是大场面。她从未想象过,她的才华最终没有投向制作大片或者戏剧;取而代之的是,不久,她会精心策划一项医学的奇迹。

她的身体出现了第一批病象。但这并没有让她停下来。事实上,这些病象比任何其他东西更烦人。她变得行动迟缓,妨碍她到她需要去的地方办事。走路只要超过一条马路她就汗水涔涔,而且是越来越难了。上楼梯更是费力。从特别矮的凳上站起来成了问题,有时真让她有点不好意思。接着出现了震颤。说不清地,珍妮

① 小约翰·肯尼迪美国律师、记者和杂志出版人,是美国总统肯尼迪担任总统后才出生的儿子,后因飞机失事去世。——译者注

② 影片《欲望都市》女主角,一位专栏作家,富有才华又是单身女性。——译者注

弗的两腿会突然开始自己抖动起来。踢踏,踢踏,踢踏,踢踏,踢踏。

瓦莱丽和她的妹妹梅莉提丝(Meredith)认为珍妮弗呼吸费力、抽搐,虽然很奇怪,但实际是压力大的缘故。珍妮弗一开始也是这么认为的。手里各种各样的事情那么多,等全部折腾完,哪有不喘息一会的。要知道,她全部时间都在工作,为她日益成形的制片公司制订计划。再说又是生活在成熟的、快节奏的曼哈顿,她的身体怎么不会感到疲劳、渴望休息一下? 但无意识的痉挛是越来越难以忽视。"我能看到你的腿。"梅莉提丝说。这是代号,意思是说珍妮弗的腿又在抖动,令人害怕,这像是一种舞蹈动作那样的抖动,感觉肌肉和神经元都着火似的。

1997 年 3 月,因为痉挛,她终于就医。这是埃斯蒂斯全家第一次听到"运动神经元疾病"这组词。

"当我听到'运动',我立即想到是去什么地方,想到起床和到外面练跑步,以及想到永远不停止,"珍妮弗写道,"运动神经元疾病这几个字本身没有让人想起任何特别的东西。"

但情况很快就变了。当这几个字,与另外几个不那么难听的字——"肌萎缩性侧索硬化症(ALS)"联系在一起时,她的最终诊断很快就渗进了全家的生活,影响到珍妮弗的兄弟姐妹每个人各自的生活。"我也是这样。"瓦莱丽告诉我 ALS 如何影响到她的生活。

从她和她的姐姐第一次听说有关那命中注定的神经肌肉疾病以来,已经有十几年了。瓦莱丽是个体格健壮的运动型美女,一头完美的金发,眼睛同她姐姐一样清澈透亮,她现在是"A.L.S.计划"(Project A.L.S.)的科学研究主任。这是一个非营利性组织。由她、梅莉提丝和珍妮弗发起成立于 1998 年,以拯救珍妮弗的生命。瓦莱丽现在精通深奥难懂的神经变性。她自学 ALS,直到听起来完全像个专业人员,讲起医学术语头头是道,描述最新治疗方法有条有理,而且既实事求是又充满信心,足以媲美任何科学家。"ALS 是针对运动神经元的破坏,运动神经元是一种大型的神经细胞,大部分存在于脊髓,但也有部分存在于大脑之中。"她开始讲起来,"没有人知道运动神经元为什么会受到损坏,但的确是损坏了。随着运动神经元死亡,人的说话、呼吸、吞咽能力——任何自主运动能力,都损坏了。想象这些神经元在 2 年到 5 年的过程中进行性地损坏,这就是预后。不那么妙。但是没有措施可以改变这一进程。"

瓦莱丽应该是知道的。她目睹这种病是多么"不妙"。一块接一块的肌肉被累及,令她的姐姐失去了走路、说话、哭笑、呼吸的能力,最终失去了生命。瓦莱丽选择了一间简陋的小房间作为我们第一次会见的地方,位于纽约市哥伦比亚大学(Columbia University)医学中心校园里的 A.L.S.计划/珍妮弗·埃斯蒂斯实验室外。实验室有 5000 平方英尺之大,位于四层楼,这是珍妮弗的遗产。2003 年,就在圣诞节前夕,珍妮弗·埃斯蒂斯死于 ALS。也正是这种病夺走了卢·格里克[①](Lou Gehrig)的生命。她合上明亮的灰色眼睛,永远不会知道她个人与这种疾病的斗争是如何催生了第一间基于干细胞研究这种疾病的实验室;也不会知道她对于促进 ALS 研究的贡献是如何推动了 ALS 成为可能应用干细胞疗法治疗的第一种疾病。

珍妮弗要是泉下有知,她会大声疾呼要让她的姓名和肖像出现在一间设备一流的分子生物学实验室的门上。她也不在意有人说她的故事会感动数以百万计的人捐出数以百万计的钱财,以研究一种她从未听说过的疾病。

她是个创造型的人,凡事自有主张,说起话来长篇大论,滔滔不绝。她酷爱电影,芭芭拉·史翠珊(Barbra Streisand)主演的电影《滑

---

① 卢·格里克是美国传奇棒球明星,因患 ALS 死去,因此在美国 ALS 也称为卢·格里克病。——译者注

稽女郎》①(*Funny Girl*)是她的最爱。她总是想象不断,把自己嵌入某处的某个角色。瓦莱丽则是全家的主心骨,当埃斯蒂斯家族有什么不顺当时,总是由她拾掇,涉险渡难,重整旗鼓。瓦莱丽15岁时,她父母就离婚了。之后,母亲在婚姻解体中又挣扎了两年,终于走之夭夭,基本上退出了这个家庭的生活,但有时也回来在床上舒舒服服躺几天。他们的大姐艾莉森(Alison)离家上大学去了,弟弟诺亚(Noah)有癫痫病,被送到了他们的父亲那里。于是这个家就剩下了瓦莱丽、珍妮弗和梅莉提丝。瓦莱丽很快成了一家之长,担当起从橄榄球传球到解剖演示,到家庭会议和午餐的一切。这个家凡有什么不顺当的事,总是瓦莱丽出来担当。

这年3月份,情况没有什么变化。珍妮弗的病情开始缓慢地,但不可阻挡地在向纵深方向发展——开始还是轻微的,但最终肌肉扭曲僵硬,而且似乎一天比一天严重。珍妮弗希望保持生活尽可能"正常",她请梅莉提丝同她一起工作,她腿不听使唤了就让梅莉提丝接替。再后来,她心爱的71号大街上的公寓,这块城市里宁静怡人的乐土,她居住和生活的地方,却成了出了门不靠别人就再也回不来的地方。最后是她手臂和腿部太多的肌肉因为ALS沿着脊髓向上蔓延而变得僵硬,她就唯有卧床不起了。那张大床成了她的避难所,锚定了她的快速旋转、失控的世界。瓦莱丽说,她们想都没想,她、梅莉提丝和珍妮弗一致同意"离开这里"。她们估计会有地方有人有办法治疗ALS。怎么会没有呢? ALS研究中心是她们的希望所在。实验室里的科学家肯定在摆弄烧杯和培养皿,可以帮助珍妮弗。

但尽管电话打了又打,外出访医一次又一次,瓦莱丽,自然地是

———

① 《滑稽女郎》描述的是歌舞片明星的传奇式的故事。出身于纽约下层社会的范妮,雄心勃勃地要成为百老汇的红星,经过一番艰苦奋斗,她终于得到了歌舞大王齐格飞的赏识,成了红极一时的明星,但她在私生活方面却经历了许多痛苦。——译者注

这个家庭的 ALS 的权威,发现没有这样的中心存在。"我们发现没有一家中心能领袖群伦。"她告诉我,"我们去了诸如肌萎缩症协会和 ALS 协会;我们搜寻寻常的可能的机构。我们找到的主要是资助病人服务的机构,这些机构帮助病人找到轮椅、步行器、辅助设备和其他应对的方法等,帮助人们适应疾病——所有这些都是非常重要和关键的。但是他们花在实际科学研究上的支出只占预算的较小部分。这令我们感到震惊。"

最后,她决定同梅莉提丝一起乘火车到贝塞斯达,向国家卫生研究院查询有关 ALS 的最新研究进展。作为全国领先的基础医学研究单位,这是一个合乎逻辑的起点。但那是在 1998 年初,杰米·汤姆森和约翰·吉尔哈特尚未宣布他们各自在干细胞上取得的突破。至于说到大脑疾病,即所谓神经退行性疾病,包括阿尔茨海默病、帕金森病和亨廷顿氏病,科学家还在追求各种各样的令人感兴趣的治疗方法。但因为还不清楚大脑和神经系统究竟是什么样的,当时的研究方向还不能在短期内提出任何真正的治疗或治愈措施。当时的许多研究还停留在非常基础的科学层面,远远不是在病人身上试验任何类似于治疗的方案。然而,这恰恰是埃斯蒂斯两姐妹在寻找的东西——任何能帮助她们的姐姐的治疗方案。

大多数这些专家最终意识到,真正的前景,是利用干细胞,无论是作为研究的工具,借以解开究竟是什么导致像珍妮弗那样的运动神经元突然停止工作的谜团,还是希望发明新的治疗方法,都需要借助干细胞。

瓦莱丽继续周游全国,经常带着梅莉提丝,而把珍妮弗留在家。珍妮弗那时坐着轮椅,住入了梅莉提丝家。

还在"当教练"的时候,瓦莱丽就沉浸于 ALS 文献之中。她在家自学深奥的神经生长和发育以及恢复功能的最新理论。1999 年,她偶然遇到位于巴尔的摩的约翰·霍普金斯医院（Johns Hopkins

Hospital)的 ALS 研究者杰夫·罗思坦(Jeff Rothstein)。如果评选有名望、重临床、以治疗病人为目标的医生,这位医生可能就是模范。他年轻、实事求是,甚至率直以至唐突。在珍妮弗、瓦莱丽、梅莉提丝以及她们的母亲挤进他在沃尔夫大街(Wolfe Street)的小小诊察室之后,罗思坦开始了一个 ALS 101 讲座,珍妮弗家的四个人都听讲了。

"毫无疑问你有 ALS,"在通过一种滑轮试验检查了珍妮弗之后,罗思坦告诉她们,"你的运动神经元正在死亡,永远不会长出新的来替代已死亡的神经元。"

对于这个家庭来说,这不是新闻。这次访问中更有意义的是珍妮弗对这条冷酷的消息的回应:"我们能替换受损的心脏和肾脏,为什么不能替换运动神经元?"

为什么不能替换运动神经元?

这是一个简单的问题,一个合乎逻辑的问题。如果 ALS 是一种运动神经元死亡的疾病,为什么不用更为活跃的神经元来替换?到那个时候,汤姆森已经证明,可以从体外受精胚胎获取胚胎干细胞。那么,除了别种用途之外,这些干细胞是否也可以经过诱导,成为运动神经元,在珍妮弗的脊髓里生存下来?

"细胞移植?这是科幻小说。"罗思坦回答说,就这样迅速浇灭了珍妮弗询问中希望的火花。他对于刚刚起步的干细胞研究不屑一顾。弄清楚干细胞是否可以作为移植用的新细胞的来源还需要几年。他一锤定音,向她们说出了他的意见,试图打消珍妮弗关于用干细胞治愈疾病的任何幻想。

但是珍妮弗和她的妹妹们都不是这样轻易打发得了的。"珍妮弗的问题真的让我们继续思考这个想法,我们不会懈怠。"瓦莱丽说。

为什么不能替换运动神经元?

安全港

几个月之后,她们再次问起这个问题。这一次,她们问到了在波士顿儿童医院工作的一位神经病学家埃文·斯奈德(Evan Snyder),他研究"颤抖小鼠"。这些小鼠生来就有一种遗传性疾病,它们的中枢神经系统和肌肉之间的联系通道发生短路,造成这些小鼠,正如它们的名字所表明的,不由自主地颤抖。斯奈德痴迷于干细胞移植的潜力,和珍妮弗一样,想知道为什么他不能替换他颤抖小鼠的受损神经元。于是,他把一管神经干细胞注入了几只小鼠的脊髓。正如他在《美国国家科学院院刊》上所描述的,其中的一些小鼠停止了颤抖。

"这消息对像我这样的人来说真是太好了。"瓦莱丽说。如果在颤抖小鼠那里获得成功,那么就可能在患有 ALS 的小鼠那里获得成功。并且这也许就意味着在珍妮弗那里获得成功。

在读了斯奈德的论文之后,瓦莱丽打电话给他,说服他用 ALS 小鼠做同样的尝试。"我们刚刚勾了小指头。"她说。

结果:失败。"不幸的失败。"瓦莱丽告诉我,强调这结果真是难以置信。他们低估了哺乳动物神经系统的复杂性。"我们非常失望;我们崩溃了。"她说。

然而,关于干细胞,还有些东西是埃斯蒂斯姐妹动摇不了的,就称为一种感觉,或者鼓舞,甚至称为一往无前、义无反顾吧。"从那一刻起,我们知道,干细胞里有黄金。"瓦莱丽说,"关于干细胞,有一些东西,至少在理论上(如果不是在初步的实验,不是在第一批的实验中)存在着。我们决心要估计一下我们可能发掘到什么。"

这是一个好主意,但是像第一批采金者一样,科学家没有如何让干细胞度过早期发育阶段的指南,也没有真正理解干细胞是什么,更不用说如何操控它们成熟成为像运动神经元那样复杂的东

西了。

1998 年 11 月,埃斯蒂斯家族聚在一起度假,瓦莱丽显得很不耐烦。看着珍妮弗从借助手杖,到使用步架,到最后坐到轮椅上,她看到疾病每天都在发展,她对能否找到某人——任何人——帮助她姐姐停止运动神经元死亡越来越感到焦躁不安。她觉得时间在流失。

令瓦莱丽感到沮丧的是 ALS 基础研究的方式。她看到杰出的科学家彼此互不联系、独自工作,就像乐队的音乐家各按各的节拍、音调摆弄他们的乐器,互不同调。最终的结果是一种生物学的无序现象,而不是一曲互相契合的旋律。

"我记得我说过:'让我们把最聪明的科学家们锁定在一个房间里,把枪顶在他们头上,直到他们想出一个行动计划,就像曼哈顿计划那样。'"瓦莱丽说,"他们造出了原子弹,为什么治不了 ALS?"

就这样,就在感恩节前夕,A.L.S.计划在梅莉提丝的客厅里诞生了。想法很简单:筹集资金。埃斯蒂斯三姐妹——珍妮弗、瓦莱丽和梅莉提丝三人——一起凑钱。珍妮弗具有在纽约非百老汇戏剧界的制片经验,瓦莱丽是做企业广告的,梅莉提丝的专长是在时尚界做推销。她们相信她们可以轻而易举地联系到全美国主要的神经科学家。

但是,这笔钱附带着非常严格的使用条件,因为姐妹们决心要治疗珍妮弗。条件只能是每年越来越严厉,主要是因为瓦莱丽坚持每个研究人员要记得他们的研究目的。"我的工作是让科学家盯住任务。"瓦莱丽说,她是典型的结果驱动型,"真正重要的是,要让每个人都理解,我们需要某种里程碑式的成果。我们资助一个项目,与其说是一笔拨款,还不如说我们在给你们支付工资。"

斯奈德的实验失败后,即使是瓦莱丽也认识到需要退一步,重新精确评估干细胞能做什么,以及怎样最好地利用它们来治疗 ALS。瓦莱丽擅长招聘人员,她把哥伦比亚大学的神经科学家托马斯·杰塞尔(Thomas Jessell)带进了 A.L.S.计划的大家庭。"我们很快懂得了,不应直接把细胞注入瘫痪动物,然后要它们站起来跳舞。"瓦莱丽说。

杰塞尔是个思维敏锐又好追根究底的英国人,他对埃斯蒂斯姐妹企图搞干细胞移植的想法踩下了刹车,把 A.L.S.计划的资源重新转向首先回答关于正常神经发育的一些更为基础的问题。"如果能在基础水平上理解神经通路形成并实现其功能的机理,那么在一开始患病时就会有更好的机会加以干预和调控。"他这样说明他的理由。他认为,关键在于一要尽可能多地了解神经元形成的正常进程,二要观察干细胞在培养皿里生长时,如何从干细胞生成神经元,并把两者加以比较。

杰塞尔已经花费了 20 年的大好时光追求这一系统性战略——不是研究干细胞,而是对各种不同的基因和分子做系统的筛查,首先查明哪些是共同作用于运动神经元的基因和分子(运动神经元是人体内 5000 种到 1 万种神经细胞亚型中的一部分,也就是连接到肌肉的专门神经),再查明这些运动神经元如何连接到它们各自特定关联的肌肉(人体有 600 组不同的肌肉群)。他已经取得显著的进展,确定了一个似乎是调节这一过程的基因家族。

"但瓦莱丽告诉我不要再浪费时间做这项研究,而开始思考如何把这些基础研究和观察所得实际应用到某个可能对某人在某种情况下有用的地方。"他笑着说到他与瓦莱丽最初的会面。

起初,杰塞尔不是干细胞途径的粉丝。事实上,把研究重点放到利用胚胎干细胞生成新的组织源并移植到病人身上这样的思想,令他警惕。"我有点不愿意参与这一领域,因为生物学和科学直到那时还不是那么先进,还不能接受没有坚实的科学基础的猜想和假设。"

但是实验室里一位聪明的博士后说服了他。海涅克·维赫特莱(Hynek Wichterle)当时正在洛克菲勒大学攻读他的博士学位。他研究大脑的神经发育。当时第一批人类胚胎干细胞已被分离出来。他对于利用干细胞生成新的神经元的思想很感兴趣,但他不是为了任何临床的目的——他的工作深入到驱动神经前体形成5000种到1万种不同亚型的神经的复杂的细胞过程。他只是想梳理出从一个胚胎干细胞出发,最终演变为特异性的运动神经元这全程所需经过的所有步骤。经过两次努力,他说服杰塞尔让他试一试。"我认为这是一个牵强附会的想法,因为如果运动神经元的形成来自神经前体的可能性是一千分之一,那么从胚胎干细胞形成运动神经元的可能性还要小得多,更像是一万分之一或五万分之一。"杰塞尔说。他给维赫特莱6个月的时间。如果这位博士后不成功,那他必须转向另一个项目。

很快,维赫特莱向杰塞尔证明他的怀疑是不成立的。维赫特莱巧妙地应用了他的导师20年来在神经发育上积累的研究成果,成功地让小鼠胚胎干细胞从神经前体出发,通过它们各不相同的发育阶段,成为运动神经元。更重要的是,他还把他的实验室生成的细胞引入小鸡胚胎的脊髓,证明它们能适应而存活,并且其功能就像在萎缩的四肢里正常形成的运动神经元。

杰塞尔不得不承认,也许干细胞毕竟不那么无用。

维赫特莱的成功是新兴的干细胞领域里的一个里程碑。它第一次证明,特定类型的细胞可以从胚胎干细胞经诱导发育出来。是的,这只是在小鼠身上。但如果在小鼠身上是可能的,很可能对人类细胞也是可能的。事实确实如此。其他人,包括维赫特莱,用人类胚胎干细胞重复了这个过程,虽然效率低得多。生成人类运动神经元,也花费了更长的时间,而且最初还令维赫特莱感到困惑。"我

安全港

采用用于小鼠的完全相同的方案,历时 7 天,失败了。"他说。他把
研究延长到 14 天,还是什么都没有。然后又延长到 21 天,还是没有
运动神经元。人类神经发育要经过大约一个月,这使维赫特莱注意
到使用人类细胞进行研究是多么至关重要,特别是为了理解从胚胎
干细胞起的分化过程。在科学家反复研究、获取新知识的过程中,
小鼠模型是有用的,但并非总是人类的优秀替身。

维赫特莱的下一步是对杰塞尔 20 年的工作进行测试,他使用杰
塞尔为培育出各种类型的运动神经元而写的方法,评估哪些运动神
经元在类似 ALS 那样的疾病中会死亡,哪些不会。"在 ALS 里,并非
所有的运动神经元都死得一样快,"杰塞尔说,"所以基本的研究方
法是:分别培育出在这种疾病里永不死的运动神经元和很快趋于死
亡的运动神经元,并弄清它们之间的差异,然后就可以理性地思考
治疗干预。"

然而,为了做到这一点,他们需要人类干细胞系。这就是 A.L.S.
计划能帮到他们的地方。2006 年,瓦莱丽和梅莉提丝创办了以她们
的姐姐命名的实验室,希望它成为一个任何想要研究人类胚胎细胞
但因为联邦政府的限制而做不了的人的安全港。她们自己不做政
治声明,但同时,她们也不愿看到任何人仅仅因为不能研究而不研
究。"她们带着这个想法,并愿意资助这个实验室研究人类运动神
经元和解决所有这些问题。在哥伦比亚我自己的实验室里开始研
究人类细胞,会是一个令人非常不愉快的想法。"维赫特莱告诉我。
他承认,如果没有 A.L.S.计划提供场所和资金,推动他进入人体细胞
的研究,他可能完全不会做。"如果没有这个实验室,我不会参与人
类运动神经元的研究;我不会参与这项试图更直接地针对治疗运动
神经元疾病的临床应用的研究。"他承认,"我可能会研究基本发育
的问题,诸如运动神经元为什么会呈现多样性。"

★　　　　　★　　　　　★

当然,埃斯蒂斯姐妹并不孤单。由于政府只限于资助少数人类胚胎干细胞研究项目,病人和研究人员都在寻找进行研究的其他途径。私人慈善事业即使强大,对于支持生物医学研究而言,决不能与政府的庞大财力相比。这不是一个理想情况,但也不失为是一条途径。

正如瓦莱丽·埃斯蒂斯和她的科学智囊团所发现的,他们有一个优势是小而灵活。他们能比像国家卫生研究院那样的巨头更快地接受新思想,开展实验,而如果被证明没有价值,就立马丢弃。他们方法灵活,所以开始吸引习惯了官僚机构惯性的研究人员。

这就是纽约干细胞基金会(New York Stem Cell Foundation,简称NYSCF)背后的思想。

★　　　　　★　　　　　★

2005 年,纽约市潮湿的 8 月的一个夜晚,一组知名科学家和病人倡导团人员应苏珊·所罗门的要求,在曼哈顿聚会。所罗门是个黑头发、慈母般的人,是一名企业律师。她把自己描述为更适合在幕后运筹帷幄、不习惯出头露面的人,但最后她还是站了出来。她抚养着一个 I 型糖尿病的儿子,还要照顾处于阿尔茨海默病最后阶段的母亲,她感到政府限制干细胞的政策是不可接受的。但直到她接到哈罗德·瓦尔姆斯的电话,她才被推出来开展行动。

瓦尔姆斯,时任斯隆-凯特琳癌症纪念中心总裁,并没有忘记干细胞的战斗,这场战斗占据了他在华盛顿的最后一段日子。布什的政策执行了三年,他对未能从病人倡导者那里听到他期望的抗议和呼唤声感到困惑。在迁居曼哈顿之后,瓦尔姆斯得知所罗门是一个青少年糖尿病研究基金会的活跃分子。他问她,所有的病人团体都在哪里？他们为什么没有站出来支持干细胞科学？

"大型的病人倡导组织在观望政治态势，"当我们在她在林肯中心（Lincoln Center）附近的办公室谈话时，所罗门说，"他们在筛选病人。他们觉得现在出来为干细胞研究呼吁为时过早，几乎肯定会激怒当局。他们认为保持沉默，保持观望态度，争取他们自己的国家卫生研究院的拨款份额，可以更好地为成员服务。事情真是太糟糕了。"

所罗门越想越意识到，正如梅尔顿所认为的那样，推动干细胞科学发展，并将其转化为治愈疾病的手段，这副担子要靠私人组织来挑。但它不能只是任何不受联邦资助的团体，而必须是即使在干细胞研究不受欢迎且财政上有风险的情况下也愿意让干细胞研究成为优先项目的私人机构。这样的私人机构必须来自草根。

所罗门聘请到瓦尔姆斯，然后是道格·梅尔顿，以及汤姆[①]·杰塞尔和洛克菲勒大学的诺贝尔奖得主保罗·纳斯（Paul Nurse），以及一些在本领域领先的专家进入医疗咨询委员会，从而完成了基础的智库建设工作。她还吸引到一些杰出的病人倡导者，包括恰克·克劳斯（Chuck Close），他是一位超级写实主义画家，患有癫痫，让他留下部分瘫痪。还有匿名人士向这个非营利组织捐赠了 100 万美元作为启动资金。

闷热的晚餐桌上，委员会检查了干细胞领域三大关键需要：源源不断的年轻研究人员，以确保下一代的科学家将继续像梅尔顿和杰塞尔这样的先驱开创的工作；一个培养干细胞科学家的基地，据以在智力和精神上培养干细胞科学家；以及一间安全的避风港实验室，欢迎干细胞科学家，对人类胚胎干细胞研究不加限制。

最终是纳斯赋予了纽约干细胞基金会第一项也是最重要的一

---

① 汤姆（Tom）是托马斯（Thomas）的昵称，所以汤姆·杰塞尔就是托马斯·杰塞尔。——译者注

项使命——资助尚处于培训期的年轻科学家,这些科学家可能因为政府的限制性政策而不敢进行干细胞研究。"他说我们已经失去了一代人,而人们并没有意识到这一点。"所罗门说。研究生和博士后研究人员对置身于干细胞领域心生顾虑,因为最大的拨款机构大幅度减少对这一领域的资助。许多人正转向神经科学,觉得干细胞科学太不稳定。

由于干细胞科学界仍然是个破碎的团体,所罗门还看到一个机会,可以新成立一个基金会,推动研究人员联系在一起,分享成果,交换意见。很少有科学家能够筹集支持人类胚胎干细胞研究工作所需要的私人资金,很少有机会聚集一起,互相学习。因此,第二年,纽约干细胞基金会召开了第一次年度研究会议,会议主题是"治愈疾病,从实验室到临床"。所罗门,就像埃斯蒂斯,不想让科学家们忘记他们为什么在那里。

那一年,基金会还批准了纽约干细胞基金会的第一个会员。这是一位洛克菲勒大学的博士后,因为她提议研究毛细胞和皮肤癌中的胚胎干细胞。现在基金会在纽约地区资助 17 位会员。对于一个初出茅庐的科学家而言,纽约干细胞基金会不仅提供财政支持,更重要的是提供了访问离哥伦比亚大学校园不远的一家一流实验室的门径。

★　　　　　★　　　　　★

纽约干细胞基金会实验室是干细胞研究的安全港。事实上,2006 年的第一个项目就是凯文·埃根和道格·梅尔顿利用核移植生成人类胚胎干细胞。当时,马萨诸塞州州长米特·罗姆尼(Mitt Romney)反对所有形式的克隆,所以为了确保没有违反州法律,埃根在纽约干细胞基金会实验室进行了他的第一次人卵克隆尝试。后来,埃根还把他的技术传给了一个博士后,后者是纽约干细胞基金会的会员,他不断完善人类细胞技术,并传承下去。2009 年,纽约州议会通过一项法律,允许研究人员对捐赠卵子供作研究的女性给予经济补偿。所罗门希望此举将刺激足够多的志愿者捐赠卵子,这样研究就能继续下去。

这家实验室仍然是美国仅有的几家能让科学家学习这一关键技术的实验室之一,无论他们是尚在培训之中,还是已经成为专业成员,在继续工作。学术机构担心联邦和非联邦研究机构相互交流资源,而这家实验室则持欢迎态度。"我们就像瑞士那样取中立态度,"实验室主任斯科特·诺格(Scott Noggle)说,"作为一个独立的研究基金会,我们的任务是进行协作,并提供一个安全港。"

就像梅尔顿所做的,诺格的团队也从多余的体外受精胚胎生成了自己的人类胚胎干细胞系,分发给需要它们的实验室。随着科学的发展,基金会变成只是一个标签,没什么实质用处。随着操控胚胎干细胞并把它们变成特异细胞的知识变得成熟,研究人员的需要也在不断增加。例如,加州再生医学研究所渐渐发现,科学家正在把他们的注意力转向利用干细胞系筛选新药,这也是纽约干细胞基金会在规划的,后者加大力量,采用与那些初创的生物技术公司同样的方式,筛选数以千计的化学药物。

所罗门说,纽约干细胞基金会可能是出于政治需要成立的,但它会留下科学的足迹,它将远比任何政策都带来更长远的影响。"我们当初是因为政治的缘故需要一个做实验的安全港。"她说,"但这个安全港最终是形成了专业技术的大汇合,形成了自己的富有凝聚力的圈子。"

对于被瓦莱丽·埃斯蒂斯"锁定"为 ALS 工作的那些科学家,也是有利的。这些科学家先前是分散的,后来一起努力,神经学家和干细胞科学家已经发现了一个可能破坏运动神经元的新罪魁祸首。事实证明,神经元本身可能并无病变,而只是附近的其他神经细胞的有毒副产品的受害者。这是一条提示潜在的治疗方法的线索。埃斯蒂斯说,虽然它可能会或者可能不会产生任何有用的东西,但总算是向前迈出了一步。"珍妮弗这么教导我说,你必须前进。"她说。

第 *11* 章

震动来自日本

京都市在日本历史上占据着特殊的地位。作为具有 1200 年历史的第二首都,这里有最初的皇宫,也是日本一切文化的心脏,从茶道仪式到竹编手工艺品和纺织品。优雅宁静的日本式旅馆,贴着墙纸的古老家居一度主导着京都社会的庭院,都体现出一种追求与大自然共享和平与和谐的生活方式。石头花园,精心打理的禅宗绿洲,仍然吸引着数以百万计的游客,有日本人,也有外国人,来寻找精神的意义和宁静。

北山是京都的北界。从北山奔流而下的鸭川,清澈见底,但并非宽阔,它穿过城市的中心,像一把日本武士刀,精确地把京都市分成不均等的两部分。河床受河水侵蚀,饱经沧桑。经过设计,几百年来,河水沿着皇宫蜿蜒而过,正好为天皇和他的帝国臣民送水解渴。

河堤以发人遐想著名,哲学之道的两边,樱花树婆娑成荫。这条道路的命名是为了纪念在这条沿河大道漫步的无数日本思想家。在现代京都,运河也用作划分过去和现在:河西坐落的是京都皇宫,而对岸则是连片的京都大学闪亮的新建筑,展现出最新的高科技创新成就。如果说皇宫标志着京都传奇的过去,那么大学就象征着它雄踞鳌头的未来。

正是在这里,在校园的一间二楼实验室里,干细胞科学的一项最重要的突破发生了。2006年,山中伸弥让细胞实现了逆转。

山中伸弥,戴着眼镜,身体微屈,为人极是谦逊,完全没有作为科学家的傲慢或者外科医生的狂妄,他就是这样开始他的职业生涯的。他兼具日本人的礼貌文化和美国人的随和友好,是两者的现代结合,因为他在加利福尼亚州生活过一段时间,至今他在加州仍然保留着一个实验室。与新认识的人相处时,他喜欢让对方轻松自在。他每次在科学会议上做报告,听讲者爆满,数以千计,他都要夹杂一些笑料,让人轻松。2009年,在西班牙巴塞罗那的国际干细胞学会(International Society for Stem Cell Research,简称ISSCR)的会议上,山中伸弥提交的研究报告附有两张他的实验室人员的幻灯片。这些照片可说是他的演讲不可或缺的部分,用以表达资深研究人员对实验室的学生和博士后的努力的感谢和认可,这些人是他们实验室的生机所在。但山中利用时机,让通常是严肃的会议放松气氛。他打破传统,以一张团队照片开场,照片上一位男性学生,穿着精心缝制的艺妓服饰。到最后一张幻灯片,同一学生再次出现,这次穿着蓝色的兔女郎服饰。"这个男孩还是那副怪怪的模样。"他说,迎来一房间的笑声。

在我走进山中的办公室之前,在前沿医学科学研究所(Institute for Froutier Medical Sciences)的二楼,我看到一张临时牌子,用电脑打印,贴在两扇可伸缩的栅栏之间。这种栅栏就像在机场所见到的那种,用来阻挡拥挤的人群。牌子上用日文写着警示:本实验室未经邀请,不准入内,谢谢合作。

这是因为这位内向的科学家所赢得的巨大声誉和认可令访问者趋之若鹜,而他总是不太愿意显山露水。楼外还有更多地方显示他的影响力:几步之外,有一大片用油布遮盖的工地,那里将会是山中的新"家"——五层楼的 iPS 细胞研究和应用中心（Center of iPS cell Research and Application,简称 CiRA）,这是一座献给山中造就的非凡干细胞的新设施。

在他的中等大小的办公室里,会议桌上方,吊着两大盆兰花,白色的花朵散发出阵阵幽香。仅仅在两周以前,他被授予拉斯克奖（Lasker Reward）[①],这是一项令人梦寐以求的奖项,彰显获奖者的科学成就,许多人感觉这是诺贝尔奖的前奏。这兰花来自祝福者,以示庆祝。但这个房间是高度专业化和功能化的,除了花,很少有私人用途的迹象,体现着这位使用房间的科学家的品格。占据房间最大空间的是一张长条会议桌,把小小的房间变成了实验室成员的会议室。

就是在这个房间里,环绕着这张桌子,山中解决了如何重编程成体细胞的种种细节。这项技术,现在回想起来,是既简单而又辉煌,代表着科学信念的真正飞跃。但是,如同许多这样的科学的和非科学的突破一样,它差一点就没有发生。

"我很擅长在小鼠身上做手术,但不是在人身上。"山中承认,"我不知道为什么。"

"我不相信这是真的。"我说。

"这是真的,"他认真地说,"我发现自己不擅长做手术。"

山中的谦逊是他的特点,因为话题是他自己,他感到不自在。但每次他隔一段时间闭上眼睛思索,他总是那么迷人,并且遣词用语常带风趣,描述着把他带进干细胞领域的那段迂回曲折的旅程。

山中的父亲鼓励他成为一名医生。所以在 1987 年,孝顺的儿子

---

① 拉斯克奖是美国最具声望的生物医学奖项,每年 10 月颁发,素有"美国的诺贝尔奖"之美誉,创立于 1946 年。山中伸弥于 2009 年获得该奖。——译者注

从神户大学毕业，获得了医学学位。他在大阪国立医院（Osaka National Hospital）矫形外科当住院医师。这些医生都是做手术的好手，许多人把他们的手术工具——钻、锯、砂纸和其他家用工具——吹得天花乱坠，无论对付硬骨、软骨，或矫正畸形，置换受损关节，他们都是应付自如。两年后，性格内向的山中发现自己对于在手术室里逗能失去了兴趣，他更多地被基础科学的严格、智慧和严密性所吸引。

他考上了大阪市立大学（Osaka City University）医学研究所的药理学博士生。在那里，在三浦筱原胜之（Katsuyuki Miara）的实验室，山中被引入转基因小鼠的"魔法"之中。这是一种经过基因改造的啮齿类动物，其基因组中包含人类基因，并且在该基因中有表达。他的工作是操控基因，山中从此如鱼得水。

获得博士头衔之后，山中遍地开花式地向美国的大学实验室申请从事小鼠分子遗传学研究，从东海岸直到西海岸。但他们几乎没有兴趣，甚至没有给予回复。"这很自然，一个失败的外科医生，又没有分子生物学经验，很难找到职位。"他在《自然医学》（Nature Medecine）的一篇评论里写到他试图找到一个研究员职位时这样说。

一个例外是旧金山格拉德斯通心血管疾病研究所（Gladstone Institute of Cardiovascular Diseases）的托马斯·英纳利提（Thomas Innerarity）。英纳利提研究脂肪代谢，他第一个向这位日本科学家伸出了援手。他发回传真，表示他有兴趣聘用山中。

山中兴奋万分，收拾他的行李，带着妻子和两个女儿从日本到达加利福尼亚州。格拉德斯通是一个港口。这个新创建的研究所坐落在旧金山的使命湾（Mission Bay），是一幢奇特的玻璃和混凝土复合物，将成为城市科学中心的中枢。大楼沿着城市的东南边缘，从建筑物东面一排的几乎所有实验室或办公室，都能看到旧金山湾的壮丽景色。加州与拘谨的日本文化相去甚远，山中发现格拉德斯

236

通的科学环境真是一片滋生他科学好奇心的沃土（偶尔，他在加州的这一段生活，会在他的遣词用语中流露出来。）。

但在当时，山中全神贯注的是涉及胆固醇代谢的基因。他对于干细胞甚至不感兴趣，这方面的兴趣是后来才产生的。英纳利提正在研究一种蛋白质，叫作载脂蛋白 B（apolipoprotein B，简称 apo B），它是"坏"胆固醇的主要组成部分，这是一种低密度脂蛋白（lowdensity lipoproteins，简称 LDL），顽固地覆盖于动脉壁，导致动脉粥样硬化和心脏病。已证明，有一个单一的基因，产生两种形式的这种蛋白质——一种版本，生成完整的蛋白质；另外一种版本，生成一种缩短形式的蛋白质。山中推测，这种较短的蛋白质，可能有助于减少低密度脂蛋白颗粒生成，从而减轻胆固醇的沉积。

他很快就弄明白，关键是一种酶，这种酶从制造它的细胞核里释放出来，负责切割蛋白质。山中发现，完整的长链蛋白是在肝脏合成的，在进入肠道时，这种酶能高效地切割蛋白质，使它变成更短小的、更少危害的形式。他的理论是，胆固醇大部分在肝脏生成，诱导肝脏产生更多的这样的酶，从而生成更多的短载脂蛋白 B 并降低心脏病的风险。

山中对他的工作的潜在临床效用兴奋不已，急切地希望在一群兔子和小鼠身上测试他的理论。他生成了包含编码这种酶的人类基因的转基因动物品系，然后测试了这些动物的血液胆固醇水平。令他宽慰的是，这些动物的低密度脂蛋白水平明显低于没有这种基因的正常动物。

但很快，山中意识到，这些小鼠出了问题。"原来，这个基因实际上还具有致癌基因的功能，"他说，"很多这样的转基因小鼠的肝脏长了肿瘤。"对于山中，这是一个毁灭性的打击。他本希望这种基因会对心脏病患者有某种治疗作用。

山中感到失望，但他没有被吓住。下一步，他把注意力转向追究原因：为什么编码蛋白质的过程会导致肿瘤形成？当编码这种酶的基因在肝脏里过度表达时，开启或关闭了什么其他基因吗？

没过几个月，他追踪到了答案：是另一个基因在作怪。他把这个基因叫作 NAT1，它的蛋白质被过早剪切。是这种缩短了的蛋白质导致了肝细胞肆意地生长，成为肿瘤。山中知道，如果要了解更多，他就需要繁殖不带这种基因的小鼠。只有通过研究这些小鼠，包括它们的生理、代谢，或它们发生的机体异常，他才能了解这个基因所制造的蛋白质影响代谢过程、组织和器官的全部情况。

而这样的研究只有培育出小鼠胚胎干细胞才能进行。但是，尽管山中熟悉小鼠，在干细胞方面却没有经验。

但是走过大厅，他的同事鲍勃·菲利斯（Bob Farese）却有这方面的经验。菲利斯是个态度可亲、皮肤总是晒得黝黑的加州人，看起来好像他可能更乐于在太平洋沿岸冲浪，而不是蹲在分子生物学实验室里看显微镜。他是格拉德斯通研究所里的一个生物化学博士后，他像山中一样对与肥胖症和糖尿病相关的脂质代谢和能量代谢感兴趣。他还是一个培育胚胎干细胞的奇才。"一旦知道怎么做，从某一品系的小鼠培育出干细胞并不那么难。"菲利斯说，"人人都在从特定的某一品系的小鼠那里培育小鼠胚胎干细胞。我第一次做就成功了。"

山中学会了他能从菲利斯那里学到的一切，开始看到了干细胞作为系统研究基因作用的平台所具有的力量。这项技术的简单易行吸引他务求做到精确。他能生成干细胞，开启或关闭特定的基因，并观察基因的开启和关闭如何影响小鼠的发育。山中当时还不知道，他正打造一个舞台，就在这个舞台上，他完成了对成熟细胞重编程的开拓性工作。

三年的研究员职位到期，山中于1996年返回大阪市立大学。这次，他获任药理学教授。但他不是独自一个人来。作为纪念品，他带回了 NAT1 和带有 NAT1 基因的 3 只嵌合体小鼠。他的近期目标是找出哪些基因会受到 NAT1 的影响。他想知道,如果 NAT1 丢失,小鼠会发生什么变化。

但在一个致力于阐明新药治疗疾病潜力的系里,这项研究小鼠的工作是非常不合适的。他很少得到智力上的支持,他的实验所得到的科研经费甚至更少,山中雇不起任何人饲养他的动物,而这是他的实验的关键。于是饲养动物的责任落到他自己身上。所以每个星期,他都要亲自清洗和更换鼠笼,这是全世界任何地方任何大学的任何教授闻所未闻的事。然而,山中完全明白这是他为了继续他的工作不得不付出的代价,所以他愿意这么做。

他还要付出另一个代价。他缺乏一个像他在旧金山所有的那种志趣相投的生物学家圈子。"(大阪)研究所里只有少数科学家理解小鼠胚胎干细胞的重要性,"山中告诉我,"他们认为从医学研究的观点看,这个项目太基础。所以我不得不亲自饲养许多小鼠。并且我很难得到资金。"

具有讽刺意味的是,就在他情绪低落的时候,他达到了事业的高峰。他所分离出的 NAT1 基因,虽然在药理学领域几乎无人感兴趣,实际上是小鼠早期发育中的一个重要因子。山中培育出了缺失这个基因的小鼠胚胎细胞。这些细胞正常生长,表达出它们应该具有的所有基因。但是,这些细胞不能完成发育,它们绝不会继续成熟并分化成为特化细胞;相反,它们仍然处于未分化状态。它们仍然是胚胎干细胞。

这是一个关键的发现,它激发出了山中对于干细胞和造就它们的"干性"的各种因子的兴趣。但他似乎是日本唯一一个看到 NAT1 潜力的研究人员。作为一个在美国成就的博士后,山中在科学上堪称高产,他每年至少发表一篇论文。但他提交的关于 NAT1 的论文被日本一家接一家的杂志拒绝。"回到日本之后,我认为会非常容易被接受,但我认识到这其实非常难。"他说。

论文被拒绝,专业受到孤立,这两者加在一起,摧毁了山中。文化的冲击也是压倒性的。在格拉德斯通,环绕着蓬勃成长的干细胞领域圈子,山中投身并贡献于其中,感到满足。但回到日本之后,他不再有任何同事培养和鼓舞他的热情。"我几乎感到压抑,"他承认,有几秒钟,他闭上眼睛,回忆着他的挫折感,"我几乎想要放弃科学。我认真考虑着回到整形外科诊所。"他睁开眼睛,补充说,"作为一个科学家,我几乎死了一次。"

然后,杰米·汤姆森带来了突破。

汤姆森和吉尔哈特在培养人类版的干细胞方面取得了成功,这也正是山中在研究的课题。这一消息对于绝望中的山中恰如雪中送炭。山中相信这些胚胎干细胞对于医学是非常重要的,山中重新焕发出生机,开始在日本寻找一个地方,任何地方,只要能找到志同道合的科学家,支持他的干细胞研究。

如果说他在大阪死过一次,那么奈良使他重生。在他向奈良科技研究所(Nara Institute of Science and Technology)提出申请之后,他向着正东方向驱车20英里,终于有机会第一次有了他自己领衔的实验室。在他的职业生涯中,有了这个新地盘,他不会浪费这个机会。"因为我作为一名科学家已经几乎死过一次,我想我应该做一些有难度、有风险的项目。"他说,脸上掠过一丝缓慢的微笑,"作为一名科学家,我随时都准备在任何时间再死一次。这就是我开始做这个项目的一个原因,我认识到这是一个非常有风险的项目。"

这个项目是一个非凡的实验,最终导致了 iPS 细胞的诞生。这项具有突破性的成就创造的 iPS 细胞是一种诱导性多能干细胞,其行为看起来像胚胎干细胞,但并非来自胚胎,而是来自成体的皮肤细胞。这一领域的大多数研究人员集中关注的是操控胚胎细胞,使之变成别的某种细胞。毕竟,这些生物学的万能奇迹的潜力就在于能成为机体受到损伤和发生病变的细胞恢复青春的源泉。医学的贡献就是要找到一种既可靠又安全的生成新细胞的途径,比如能生成心肌,取代那些有了疤痕的、丧失了功能,从而导致心脏病发作的心肌;或者生成 β 细胞,取代胰腺里那些不再能够生产胰岛素从而导致糖尿病的 β 细胞;再或者生成神经元,制造多巴胺,促使所联系到的肌肉活动。

山中却不以为然。

"在那个时候,许多人试图诱导人类或小鼠胚胎干细胞分化,"他解释说,"我认为我应该反其道而行,因为这一领域的竞争已经非常激烈。因此,我想我应该做去分化,而不是分化。我认为我应该从体细胞,从已经分化的细胞,生成胚胎干细胞,而不是分化胚胎干细胞。方向是完全相反的。"

他的逆向途径并非仅仅是固执已见。在汤姆森的实验之后,因为他的干细胞来源是人类胚胎,所以很明显,当涉及从人类胚胎生成病人专用的治疗药物时,这一过程就造成了几项重大的挑战。从生物学上说,因为它们都源自胚胎,胚胎干细胞不能在免疫学上匹配每一个潜在患者。就像各个器官一样,细胞包含免疫学的"身份证",会把其他所有人的细胞视作为异物,除非外来细胞与这些细胞来自同一供体。

再则,在伦理上,当然,总是存在利用人类胚胎做研究的问题。在日本,对胚胎做研究需要政府许可证,这只有在实验通过严格的双重审批流程之后才能被授予。山中清楚地看到发生在美国的激烈辩论,敏锐地意识到,政治对于胚胎研究的关切只会更加激烈。

他个人的经历也似乎加强了他的忧虑,也让他相信,还有另外的方式可以生成干细胞。有一次,他有机会拜访一个在生育诊所工作的朋友,山中坐在显微镜旁,窥视一个微小的人类胚胎。那时他已是有着两个女儿的父亲,他意识到每一个他的女儿起初也就是一个类似于显微镜头下的那种微小细胞球。"我想,'我们不能为了研究而破坏胚胎。'"他说。

所以在深思熟虑之后,山中带领他的实验室,一并扑上了他的职业前程,向他认为的下一代胚胎干细胞挺进。

让山中满怀信心,开足马力的是两项关键的研究。在他获得医学博士学位后不久,他偶尔读到一篇论文,描述发生在苍蝇身上的一个令人着迷的突变。这些苍蝇的主控基因——它决定其他基因的开启和关闭,就像一个乐队指挥在让他的乐手演奏和停止演奏一样——通常在胸部是开启的,而在头部是关闭的。但是,由于功能发生了异常,基因在头部被激活了。这样一来,苍蝇的眼部上方明显地开始长出两条腿,而不是正常的触须。这意味着,一个单一因子控制了发育过程——从生成腿需要的甲壳素,直到完全的腿部关节的一切,就像生成苍蝇的腿所需的复杂的全套步骤一样。

对于山中而言,他的新关注点在于扭转发育过程,这就是一条线索了。"从那个重大突变中,我知道只要一种转录因子就可以造成巨大的差异。"他说。

为了更加确证这一点,山中找到了另一个重写发育的有趣例子。1987 年,罗伯特·戴维斯(Robert Davis)和他在弗雷·德哈钦森癌症研究中心(Fred Hutchinson Cancer Research Center)的同事们报道了一个关于一种称为肌分化因子(MyoD)的蛋白质的令人震惊的发现。MyoD 调节肌肉发育,协调自由中胚层细胞转化为特定的纤维,从而构成不同类型的肌肉。编码 MyoD 的基因非常擅长这项工作。事实上,这使戴维斯可以简单地把这个基因拼接到小鼠胚胎

皮肤细胞的基因组里,并把它们转换成稳定的肌细胞前体群。MyoD
在新生小鼠组织中通常不存在,只是在骨骼肌有所表达,这是负责
运动时收缩和伸长的自主动作的纤维。当这些前体细胞单独留在
培养皿里时,称为成肌细胞,能逐渐形成肌细胞。在接下来的几年
里,其他团队对 MyoD 进行测试,并成功把从脂肪细胞和肝细胞到脑
细胞和骨肿瘤细胞的各种细胞转化为成肌细胞。

在对论文研究了将近十年之后,山中要做的就是证明他追求重
编程的决定是有理由的。他推断,过度表达成纤维细胞里的基因,
应该有可能把成纤维细胞转化成肌肉。"所以从这些先例,"他说,
"我想我们也许可以通过引入一种或几种转录因子,从体细胞诱导
出胚胎干细胞样的细胞。"

山中绝不会自欺欺人地认为他会弄明白这样的逆转是如何实
现的,他只是想要人们相信这在生物学上是可能的。"即使不知道
详细机制,知道只要一种基因就可以把触须转换成为腿就已经令人
惊讶了。"他解释道,"相信类似的事情可以在创造胚胎干细胞样的
细胞中发生,这对我来说已经足够好了。"

但是首先,他有几件相当平凡的实验工作要完成。作为他在奈
良的新职位的条件,他需要承担创建、繁殖和饲养一群转基因小鼠
的工作。研究所的领导把山中的小鼠饲养技术看得比他关于逆转
细胞发育的思想更有价值。20 世纪 80 年代早期,盖尔·马丁就曾
预测,她在建立小鼠干细胞系中的突破,最实际的应用就是用来生
成基因敲除小鼠。而这正是奈良的所有科学家希望山中为他们
做的。

鉴于他在格拉德斯通繁殖基因组里敲除了特定基因的小鼠的
经历,他现在被期望作为为研究所定制小鼠的人,提供研究所的科
学家需要的任何各种定制的转基因小鼠。

当然,这不是最迷人的工作,它消耗了许多山中早期在实验室

的时间。但就像他在格拉德斯通研究 NAT1 所花费的时间一样,回想起来,它将证明这是福音而不是坏事。

"这对我来说是好事。"他现在可以这样说。但他的微笑显示,当时他远非是同样的感觉。

为了熟练完成他同事的订单,山中需要尽可能多的经验来生成小鼠。他希望正如老话所说,熟能生巧。他决定利用他自己的实验室项目做试验,创建他以后可能会需要的基因敲除小鼠,同时他开始通过庞大的基因库,梳理可能参与成熟细胞重编程的基因。他的计划是确定每一种他认定为对于重编程可能是重要的基因,并加以删除,然后从中生成小鼠,观察它们是否能正常发育。

为了找出这些基因,山中断言,能保持小鼠胚胎干细胞处于未分化的、胚胎样状态的因子也能同样成功迫使已分化的细胞返回类似的未分化状态。"我们认为这些重要因子之中有许多应该在小鼠胚胎干细胞里有特异表达,"他解释说,"所以我们的工作就从胚胎干细胞开始。"山中的团队通过在小鼠胚胎干细胞中的基因库和其制造的蛋白质库里进行筛选,确定了一种似乎是有希望的基因——Fbx15。

这样,为了在奈良生成他们的第一只基因敲除小鼠,团队决定剪切 Fbx15,就基本上利用一种蛋白达到了双重目的。既为奈良的核心实验室获得创建敲除基因的经验,而同时也有潜在的可能达到深入了解 Fbx15 在使细胞停留在胚胎状态上起什么作用。

"这个实验很顺利。"山中说,他显然因为这个成就而仍然很兴奋,"我们在奈良获得了第一个基因敲除小鼠品系,对我来说,就是在日本的第一个。"

对于奈良的其他科学家,确实是一个好消息,因为现在山中的团队已经证明,他们可以创建转基因小鼠,研究人员可以期待稳定的供应,获得任何他们想研究的小鼠。

震动来自日本

　　然而,山中自己很少庆祝,因为小鼠似乎是完全正常的。他曾经认为 Fbx15 是维持小鼠胚胎细胞至关重要的因子——如果删除了这个基因,小鼠将无法发育。"我们认为胚胎应该(活不下去),"他说,"但小鼠恰恰是健康的。"

　　山中仍然不愿意接受失败,他对 Fbx15 再次测试,他以胚胎干细胞作为实验对象,从细胞的基因组里删除 Fbx15 基因。如果 Fbx15 在维持胚胎干细胞处于胚胎状态上有重要作用,那从基因组剪切了 Fbx15 之后,肯定会促使胚胎干细胞脱离未分化状态。

　　"再一次,我们没有看到任何东西。没有这个特异的基因,胚胎干细胞仍然是正常的。"山中说,"我们自然很失望。"

　　"所有的这些花了多长时间?"我问。

　　"大约三年。"他说。

　　当山中于 2009 年 9 月因为他在培育 iPS 细胞上的工作而获得拉斯克奖时,他被要求评论他从失败的外科医生到开拓性的干细胞科学家的历程。这一奖项通常是在科学家取得重大突破后几十年才颁发的。此时经过几年的客观观察,已经可能最终评估其对于医学的特定贡献。迈克尔·布朗(Michael Brown)和约瑟夫·戈尔茨坦(Joseph Goldstein)以他们在过去十年里对胆固醇分子机理的描述,于 1985 年获奖。艾蒂安-埃米尔·保利尔博士(Etienne-Emile Baulieu)在开发了避孕药 RU-486 后近十年获奖。哈罗德·瓦尔姆斯博士是在他确定导致癌症的癌基因的工作后将近 25 年才获得了他的奖项(以及诺贝尔奖)。

　　也许是因为山中清醒地意识到他是相对快速地在重编程体细胞方面取得成功,山中在他的论文中把他的科学事业比作一场接力马拉松赛跑,是由多个运动员而不是一个运动员完成的。从一开始,山中足够敏锐地意识到,尝试实现这样激进的重编程体细胞的工作可能不是一个人的单打独斗所能实现的。

所以他招募了一个热衷于此的研究生来当助手。他叫高桥和利(Kazutoshi Takahashi),同他做同一个关键性的实验。高桥来自附近的京都同志社大学(Doshisha University),专业是化学工程,但开始表现出对生物学比他选择的专业更多的兴趣。但是他又怀疑自己是否有能力在这样一个迟到的阶段改换专业。"我的背景是不同的。我很害怕我能否成功,非常害怕。"他用尚可凑合的英语说。

当高桥开始寻找地方完成他的博士学位时,山中在两个方面吸引着他。"对我来说,理解大多数教授的话都有困难。只有山中的话对我来说非常容易理解。"他说,山中也是奈良的一个新教授,刚刚建立起他的实验室。他认为,"山中的实验室没有历史,那么我可以成为他的第一个学生。这一点对我来说非常重要。"

因为山中企图从已经成熟的细胞生成胚胎干细胞样的细胞,他仍试图尽可能完全地确定在保持小鼠胚胎干细胞维持未分化状态中起作用的所有因子。

Fbx15实验刚失败,他就探索用新的方式来测试他的理论。在维持原始细胞状态的诸多因子之中,有些虽然需要,但不是关键的。他如何才能从中梳理出培育胚胎干细胞所需的真正关键的因子?他又如何评估潜在的几十种因子中哪些组合才是正确的?看来,他的重编程接力马拉松赛跑才刚刚开始。

山中和高桥扩大了筛选出Fbx15的最初工作。他们启动电脑,开始在全世界的基因数据库里进行大规模搜索。他们寻找维持小鼠细胞处于胚胎状态所必需的因子的编码基因的总清单。"通过分析网上现存的数据库,我们找到了非常非常强有力的基因。"山中用科学家为这样的数据库驱动型实验保留的术语告诉我。然后,他笑着说:"而且这非常便宜,所以,作为一个新实验室,对我们非常好。"

震动来自日本

这一策略既节约又有效,但是非常乏味。他们的主要资源是包含克隆的 DNA 片段的互补脱氧核糖核酸(称为互补 DNA,即 cDNA)数据库。这些基因片段之所以这样命名,是因为它们是通过读取细胞核里的信使核糖核酸(messenger RNA,简称 mRNA)而制得的;mRNA 只包含活跃的基因,即被细胞表达的基因,所以高桥的主要任务是梳理这些数据库,寻找胚胎细胞表达的任何和所有的互补脱氧核糖核酸。

第一张表包含 100 种基因。

当山中向同事们描述他的新项目时,他说:"我常常听到'祝你好运。'但你们知道,我没有那么傻。我认为第一步是确定在胚胎干细胞里扮演着重要角色的各个因子。我认为达成最终目标非常难,我们有非常非常长的路要走。但第一步可能是富有成效的,所以我可以每年发表至少几篇论文,我可以通过研究胚胎干细胞如何维持多能性而生存下来。"

山中为自己设下了一场漫长而且肯定是艰苦卓绝的接力马拉松赛跑。

★　　　★　　　★

在实验室的另一个角落,那位生成了 Fbx15 基因敲除小鼠的学生仍在哀悼她的实验的失败。通常,像这样的基因敲除小鼠,它们内部的基因构成的变化如果不显示出任何外在迹象,它们就报废(即将被处死)了,因为如果没有一种简单的方法可以检测出它们拥有任何基因变化,让这些动物活着就是浪费宝贵的资源和宝贵的时间。在本例中,小鼠仍旧能存活,这就签署了它们自己的死亡证书,因为删除 Fbx15 本该是一个致命的基因改变。

但是,山中表现出一个科学家令人吃惊的多愁善感。他说他不能简单地处死这群小鼠,"因为那些小鼠实在是我们的第一个(基因敲除小鼠品系),简单地处死所有这些小鼠对我们来说有点困难。所以我努力思考着其他方法,想让这些小鼠得到利用。"

他终于找到了一种方法,这里既有命运的偶然性,又有现实的必要性,两者碰巧结合在一起,就可以利用这些小鼠。

虽然 Fbx15 没有被证明是他们所希望的那样的必不可少的重编程因子,但是它显然仍然是构成胚胎细胞存活所需的良好环境的许多重要因子之一。

于是,山中赋予了他的宝贵的 Fbx15 小鼠一个完美的角色:它们成为测试他和高桥累积的胚胎因子的活的实验室。这是连接这个实验室里两条研究道路的理想方式,也实现了对一个他起初以为已是无用的小鼠品系的最有效应用。他需要一种快速方法测试他和高桥想到的因子。这样做的唯一方法是将每一个因子插入这个基因,再一个接一个地插入小鼠细胞中,然后等着看这个细胞是否成为多能的、自我更新的,并且对于任何意图和目的,都能再次表现出类似胚胎干细胞那样的作用。

但是他需要一个有效的方法,用来证明这个逆向发育实际上已经发生了。在这一点上,Fbx15 被证明是无价之宝。他决定在 Fbx15 的同一位置,插入一个编码能造成对新霉素———一种抗生素——具有耐药性的基因,这次是插入而不是敲除基因。因为 Fbx15 对于胚胎干细胞很重要,山中估计,如果他的任何一个因子能使细胞回到胚胎状态,这个细胞就会开始再次表达 Fbx15。通过把这个基因的活动与对新霉素有耐药性的那个基因连锁在一起,他可以轻松地挑出已经重编程的细胞,只需把它们置于抗生素之中,就只有干细胞能够存活。这既是巧妙的构思,也是运气的突至——没有 Fbx15 小鼠,山中可能将不得不从头做起,培育一个具有类似特性的小鼠品系。

这条使用计算机搜索的途径走在了时代的前面。通过为他们

震动来自日本

要寻找的基因设定特定的参数,如只有在胚胎细胞里,而不是在其他任何类型的细胞里才开启的基因,山中列出了似乎是保持干细胞处于未分化状态的关键的 24 种因子。"当他想到这条途径时,他就遥遥领先于其他所有人了。"埃根说,对山中使用的策略仍然深感惊叹。

山中知道下一步必须做什么:必须使用 Fbx15 -新霉素试验测定这 24 种因子的每一个。这意味着要取得 Fbx15 小鼠(亏得山中对动物的慈悲,实验室现在有超过 100 只),并让它们繁殖以获得胚胎,并培养一堆它们的皮肤细胞。然后他们就可以利用逆转录病毒把每一个基因送入他们想研究的那些皮肤细胞,看发生了什么情况。

"很难说服美国的研究生或博士后去做这项工作,但他做了。"哥伦比亚大学的托马斯·杰塞尔博士说。"这工作就是混合搭配这些基因,并把它们置入成纤维细胞中,希望那些成纤维细胞重编程成为胚胎干细胞。如果要我试图说服一名研究生做这件工作,那必定会遭遇到反对。因为作为研究生毕生的事业,做这种工作成功的机会相当低。"

再一次,山中有幸,他找到了人。当 2000 年,山中启动实验时,高桥急切想要加入实验室。但作为一个化学工程师,他仍有点不确定他是否有分子生物学家的技能。测试这 24 种化合物的任务,对其他任何人都是乏味的,但对于这位工程师却是一个受欢迎的不错的机会。

当我问高桥(他的同事叫他和利),当山中把这个项目交给他时,他如何回应山中。他回答得很快,或许还带有意想不到的幽默。"非常感谢。"他说,"我想要一个有刺激性的项目,所以当山中博士问到我关于重编程的事的时候,我只是说'好的'。"

他承认,山中确保他完全明白这可能是一个毕生的项目,甚至可能是直到高桥准备退休都不产生结果的项目。但至少他有工作保障。"山中博士说，也许这将需要 10 年或 20 年，"高桥回忆说，"但他答应我如果我花费超过 20 年，他就不解雇我。"

此时，山中又准备再次改投门庭，这次是到京都大学。他带着他的 Fbx15 小鼠，也许最重要的是，带着高桥和他的实验室的许多原班人马，他们还带着 24 种最初的因子的清单。

"一开始，我们以为我们必须筛选更多的基因，"山中说，"高桥和我实验室里的另一位成员正在准备所谓的小鼠胚胎干细胞互补脱氧核糖核酸库。这些库，至少在理论上，包含着所有在小鼠胚胎干细胞里表达的基因。所以我们认为这 24 种因子并不足够。但在实际测试这些大型互补脱氧核糖核酸库前，我们想：'嘿，为什么我们不测试这个包含 24 种因子的库？'我们真的认为它只是一种预演性的练习。"

没想到，这次预演变成了实验室小团队的开演之夜。"令人惊讶的是，成功了。"山中说，带着典型的低调沉着，"当我们把这 24 种因子混合在一起投入逆转录病毒之中，我们看到一些对新霉素有耐药性的集落。"

"这非常令人吃惊，"高桥说，"我们认为也许会需要做超过 100 万次实验才能发现（正确的）重编程因子。但是第一次实验就成功了。这是一个奇迹。"

实验结果告诉欣喜若狂的研究人员，在 24 种因子的混合物里，有着魔力搭配，能把成体细胞回转到胚胎状态。这种混合物可能需要所有 24 种成分，或者只需要最低数量的因子组合，就可以完成这一壮举。高桥从这个列表出发进行研究，提出有 4 种因子，对于皮肤细胞脱离它们的分化状态，再次成为多能状态是绝对必需的——只有 4 种因子[①]。

---

① 这 4 种因子就是 Oct3/4、Sox2、c-Myc 和 Klf4，属于转录因子。——译者注

震动来自日本

就那么简单,可能吗? 奇迹不会发生在科学里——至少不是经常。所以山中请高桥再次进行实验。一次又一次。山中如坐针毡,在长达 6 个月的时间里,他取消了常规的实验室会议,让高桥确认结果。"在最初的 6 个月里,我重复同样的实验超过 20 次或 30 次,"高桥说,"因为它太过简单,简单得令人不能相信其真实性。一种可能性是污染到了胚胎干细胞。所以我重复了很多次。"

2006 年 2 月,山中看到了第一株耐新霉素的细胞集落在成长——的确是第一批从特化状态经过重编程再次转化回胚胎状态的细胞。但是他的时机糟透了。在日本海的另一头,在首尔,黄禹锡刚刚被揭露是欺诈;他的从健康人和病人的细胞克隆出的干细胞,说是创造了历史,其实根本不存在。这惊人的揭露对于这一领域尤为敏感。山中痛苦地意识到,他的成果很可能会受到更多的怀疑,而不是惊叹。

"我们立刻知道我们会很难发表论文,"他说,"因为许多人应该会怀疑结果,因为它太简单了。我们都有点害怕发表我们的第一篇论文。"

山中意识到这项技术太简单了,不像核移植方法那么复杂。核移植产生了多利,并且黄禹锡也声称他是使用了核移植技术生成他的人类胚胎干细胞的。细胞重编程的方法简单得令人觉得荒谬可笑。"你需要的一切就是一个细胞培养系统以及分子生物学和转基因的基本技术,"山中说,"任何科学研究所的常规实验室都可以这样做。"

它是如此容易,事实上,山中直到他在人类细胞身上完成了同样的壮举之后,才公布了小鼠数据,以免他的方法一旦公开,别人会抢先于他们达到更令人梦寐以求的里程碑——把人类细胞回转到胚胎状态。重编程人类细胞会踢开通向全新的基于干细胞的疾病治疗方法的大门,当然会在医学史上永久占据首创发现者的地位。

然而,作为一个学术科学家,隐而不宣这样一个爆炸性的发现也非明智。在两个关键的会议上,他隐蔽地透露了他的结果。一个会议是基士顿分子和细胞生物学专题讨论会(Keystone Symposia on Molecular and Cellular Biology),另一个是2006年国际干细胞研究学会(ISSCR)年会。在山中做报告时,埃根坐在基士顿会议的听众席上,他对听到的内容感到震惊。埃根刚刚获得克隆人类细胞制造干细胞的批准,像这一领域的其他人一样,他相信核移植是最直接和最可行的从病人生成干细胞的方法。

当时,山中站起身来发言。"我们对自己感觉良好,这真是令人大吃一惊!"埃根说,"当伸弥站在那里并开始谈论这个问题时,很多人不相信它。但我在心里感觉到……我知道这是真的。因为基本上已有了太多的数据。他并没有完全掌握它,但是他有这些数据。"

到这年夏天末的时候,他的研究结果在《细胞》上发表,山中已经把一种新类型的干细胞引入了世界,并创造了一个新名称。这个名称将主导科学和临床期刊几十年。他把他的细胞称作诱导性多能干细胞,即 iPSC,以便不惜一切代价避免任何从政治上和伦理上牵连到胚胎。"我认为如果我们起一个类似胚胎干细胞的名称,那么政府可能认为这些细胞太类似于胚胎,这样他们可能会决定对这些新的干细胞实行某种监管,"他说,"所以我决定不用这类名称。"

★   ★   ★

对干细胞科学家来说,这情形就像是他们一直乘坐的燃煤火车换成了超音速火车。他们本来优哉游哉地理解着发育,现在原计划停止,要去认识和学习他们遇到的新发现。老的路上的里程标记风驰电掣般地飞驰过去,瞬间不见。他们面对这壮丽的景象,头晕目眩,迷失了方向,而仍然难以置信。

对于像埃根和汤姆森那样的研究人员,山中的惊人成就像是一个科学的嘲讽。在人类细胞上会成功吗?谁将会是第一个发现者?

在京都,山中已经准备好利用从组织银行获得的细胞,把他的团队的工作从小鼠细胞转向人类皮肤细胞。汤姆森,对这个世界的另一角的日本还不太了解,依然波澜不惊,用他自己的重编程实验继续他自己的干细胞研究。六年来,他的实验室始终在追求从人类成体细胞制造干细胞的同样的转化因子。他告诉我,山中在基士顿会议上的演讲还"不到喝彩的时刻。这是一个催人绝地而起、勇猛精进的时刻"。因为山中在报告中没有透露他的所有 4 种秘密成分,汤姆森没有办法知道他和日本人的团队是否碰巧发现了相同的因子。

在波士顿,埃根接受了挑战,虽然太迟了。"对于 iPS 技术,我可能比大多数人更合作,"他说,"我拼命想让我的实验室尽可能多地(拷贝)各种不同的胚胎干细胞基因的人类等价基因。这还不够,但我知道我们必须马上推进这种技术。我对我们做的工作感到很高兴。"

2007 年 11 月,山中和汤姆森同时宣布他们成功制造出人类 iPS 细胞。两个团队使用不同的因子实现了他们的壮举,但 4 种因子中有 2 种是共同的①。然而,他们两人已经迈出了关键的一步。现在看来,干细胞支持者们所有的理论上的期望可能都已实际实现。任何人都可以从任何——健康的或患病的——成体细胞制造出干细胞。不需要胚胎,不涉及政治,也没有争议。由于制造 iPS 细胞简单

---

① 汤姆森的 4 种因子是 Oct4、Sox2 加 Nanog 和 Lin28,也是转录因子,但可以看出后 2 种与山中的因子不同。——译者注

253

易行,研究人员正梦想在疾病发生时,在培养皿里观察疾病,这在以前是绝对不可能的。不到一年,埃根第一个把这一想法付诸实验,把来自两名老年病人的皮肤细胞转化成了运动神经元,即肌萎缩性侧索硬化症病人损毁了的神经细胞。"对我们大家来说,"他说,"这都是新的一天。"

第 *12* 章

展 望 未 来

　　道格拉斯·梅尔顿完全是一副教授的样子——手里拿着粉笔，精神矍铄——他只是为我一个人上课，但这似乎并不重要。他站在办公室的小黑板（似乎是临时架起的，就为这一堂课）前，侃侃而谈，言辞之间，各种各样的想法、思想、实验和科学解释奔泻而出。

　　他为我勾画出他的实验室所发生的研究重点的巨大转变，其烈度之大，堪比一场地震。这是秋季的一天，晴空万里，在主持完实验室每周的例会之后，梅尔顿请我去听一堂小型科学报告会。今天上午的报告，主讲是他的一个博士生西尼萨·哈瓦汀，主题是分泌胰岛素的 β 细胞的生长机制。尽管梅尔顿的名字几乎已成为干细胞研究的同义词，但越来越多的他的实验室的最新成员并不研究干细胞本身，而是研究 β 细胞"快乐"之谜——什么样的外部环境，包括生长因子、营养和其他未知因素，能维持 β 细胞健康，能够再生和分泌胰岛素。这反映出过去几年里科学的迅速发展。梅尔顿把更多怀着不同兴趣的博士生糅合在一起，他们的工作乍看起来，似乎离开干细胞科学或者糖尿病很远。

　　但是，他让我相信，有一个方向似乎令他分心。这几乎直接来自山中的突破。像这样的里程碑类似于大坝上掘开了一个洞——

255

干细胞的希望——干细胞如何改变我们的生活

你意想不到在决口之前,累积的压抑力有多大,而一旦决口,哪怕只是个小洞,其冲决而出、一泻千里之势又有多大。科学被证明有其固有的稳定性,突破需要等待时机。一旦山中证明人类细胞可以重编程,有机会获得第二次生命,在iPS技术的鼓舞下,研究不断有进展,思想不断有新亮点,两者汇合在一起,孕育出一股创造和创新的洪流。

由于iPS细胞,科学的和政治的障碍,曾经在像梅尔顿那样的研究者面前挡道长达8年,现在开始冰化雪消。因为iPS技术使用成体细胞,其生成绝不需要卵子或胚胎,这就轻易地避开了伦理的障碍,而正是这一重障碍让胚胎干细胞研究如此长久地一直处于停滞状态。事实上,那些最持强烈反对态度的反胚胎研究的代表人物甚至企图以iPS技术证明他们的抗争是正确的,他们赞同iPS代替破坏胚胎。然而,最终结果对干细胞科学家是利好的。尽管美国国家卫生研究院继续把资助人类胚胎干细胞研究限制在2001年布什批准的范围内,到2007年后,该研究院就允许拨款研究人类iPS细胞了。

并且在科学上,因为这一技术只需要最基本的基因操作技能,iPS细胞成了干细胞的大众版。iPS细胞不像胚胎干细胞那样,要求有一定的处理卵子、胚胎和一些操纵显微设备的经验,以及无止境的耐心,实际上任何分子生物学学生都可以从一份皮肤样本弄出一批iPS细胞。准入的门槛如此之低,这就成为各种新的思想和新的力量涌进这一停滞不前的领域的关键原因。"我想,年轻人认为这事儿挺酷,我的皮肤细胞有潜力可以返老还童,可以制造我的完整副本。"梅尔顿说。

人类胚胎干细胞有两个最大的制约因素,一是缺乏人卵来生成它们,二是胚胎是胚胎干细胞的唯一来源,由此引起对伦理和道德的挑战。而iPS技术的优势正是在这里。

对梅尔顿而言,这项技术意味着最终将使他有机会面对令他的家人如此长久地蒙上阴影的敌人。有了 iPS 细胞,他已可实现在培养皿里观察糖尿病的目标。梅尔顿承认,这是一条漫长的道路,他走了一段弯路,但最终,他希望这是一条值得期待的路。

梅尔顿听到山中在基士顿和国际干细胞研究学会所做的报告后,他几乎立即就想到了要赶上去,他立即筹划这一可能性。他在诱导胚胎干细胞沿着从干细胞到内胚层,到胰腺前体,再到外分泌细胞,并最终到分泌胰岛素的 β 细胞的道路上步步为营地取得进展。用这种方法,他希望首次明确正常的、分泌胰岛素的细胞是如何形成的,然后,利用核移植从糖尿病人那里生成 β 细胞并加以比较。只有这样,他才能挑出两组之间作用不同的基因,并可能弄明白该如何治愈疾病。

然而,由于黄禹锡的失败,仍然没有办法利用核移植培育出这样的病人特异的干细胞。但是,iPS 技术让他能直接制造出患病细胞。他现在可以从糖尿病病人身上提取皮肤样本,在实验室里培育,直到它变成 β 细胞,自始至终仔细监测其发育过程,暴露过程中的任何畸变或偏差,这就能为药物治疗提供良好的目标。这种"在培养皿里观察疾病"的模式,第一次吸引梅尔顿转向干细胞。事实上,科学家正是把这个特性看作是 iPS 技术的第一个真正的和实际的用途,而不是移植从干细胞培育的组织,后者成为政治辩论的焦点,但离常规地进行人体试验,也许至少还有 10 年,或许更长时间。尤其是对于像 I 型糖尿病、帕金森病和阿尔茨海默病这样的疾病,iPS 细胞提供了一个理想的、用以观察病理发展过程的立体模型,因为可能不只一个基因促发疾病的进程,并且基因几乎可以肯定与环境因素(饮食、压力等)会全方位互动。

科学界没过多久就把这件新工具付诸使用。政治和监管的限制已经太久,他们抓住机会,终于使干细胞摆脱了监管和政治的包袱。在山中的论文发表后不到几个月,埃根的团队就利用 iPS 技术从病人那里培养出第一批细胞。埃根从两个 ALS 病人那里取得皮肤细胞,成功地用 4 种山中因子浇淋①这些细胞,让它们重编程,返回到多能胚胎状态。然后他刺激这些细胞发育成运动神经元,也就是在 ALS 里渐渐失去了功能的神经细胞。同年,梅尔顿的团队对于糖尿病进行了同样的实验,培育出第一株源于两个患有 I 型糖尿病的男孩的干细胞。

山中的突破对于干细胞研究是一座分水岭,他强有力地证明了一条全新的研究和梳理疾病原因的途径。"如果我们可以观察到疾病过程,那么我们就不仅是打开了一扇门,而且是一扇大门,由此通向理解细胞被破坏的原因,以及出了什么问题。我们还可以做药物筛选,并研究这些细胞的基因表达。"梅尔顿解释道,"在人身上,我们不能做这些事情中的任何一件。我们不能找一个帕金森病病人,进入他的大脑。即使可以进入,我们还得在这个人从出生起到 65 岁发生第一个症状期间,每 10 分钟进入 1 次,因为我们不知道问题会在什么时候发生。"

作为这一思想的威力的证明,国际干细胞研究学会在第八届年会发表了来自全国的实验室的 230 篇论文,这些实验室都创建了自己的疾病模型,包括长 QT 综合征,一种影响心脏电信号的疾病;家

---

① 这里原文用了"douse"一词,意思是用这 4 种因子"淋"这些细胞,也许是为了"科普"的原因才这样说。实际上,为了建立 iPS 细胞,需要以下步骤:(1)分离和培养宿主细胞,即本文说的皮肤细胞;(2)通过病毒介导或者其他的方式将若干个多能性相关的基因导入宿主细胞,即这里所说的 4 种因子;(3)将病毒感染后的细胞种植于滋养层细胞上,并置于胚胎干细胞专用培养体系中培养,同时在培养中根据需要加入相应的小分子物质以促进重编程;(4)出现 ES 样克隆后进行 iPS 细胞的鉴定(细胞形态、表观遗传学、体外分化潜能等方面);(5)非致死性外界刺激(如物理压缩),去除细胞膜上细菌毒素等。——译者注

族性自主神经功能异常症,一种影响神经发育的先天性疾病;豹综合征,影响到一系列器官,包括皮肤、心脏、脸和生殖器的基因异常;脊髓性肌肉萎缩症;脆性 X 症;先天性角化不良,一种罕见的骨髓疾病,导致早衰。

没有人认为 iPS 细胞已可用于临床;它们也不会很快取代受损的心脏细胞或补充减少的 β 细胞。还有太多的问题难以预测。研究人员仍在努力评估有关重编程过程的一些关键问题的答案。重编程细胞的胚胎状态在多大程度上忠实地等同于作为真正的胚胎干细胞的状态;iPS 细胞是否确实能生成体内超过 200 种不同类型的细胞的每一种?但是他们已经朝着这个目标走出了决定性的第一步。

山中依靠病毒和基因重编程他的细胞,但即使是他也意识到,虽然制造 iPS 细胞作为研究目的之用在技术上是成熟的,但用于生成移植用的组织就太不安全了。病毒有在细胞的基因组的任何地方随机整合的倾向,这对于用于移植的组织的分子结构有危害性,因为它们可以中断关键的代谢和发育过程。并且已知这些基因本身能促发癌症。全世界各个团队都在争相寻找山中因子的替代因子,例如,寻找致病性较弱的基因载体,或者,甚至寻找更具安全性的化合物分子用以取代整个病毒-基因组合。山中自己设法为一串更惰性的 DNA 清除了病毒,而梅尔顿用更为安全的分子取代了 4 种重编程因子的基因中的 2 种。

但直到 2010 年末,才出现了一个真正可行的选择。而且,就像许多科学里的头脑风暴一样,回想起来,似乎又是如此之明显。

这个问题,从本质上讲,是一个技术问题:如何用足够的山中因子让细胞达到饱和,推动它们重编程它们自己。基因做这件事太不稳定,但在基因里的 DNA 经过细胞处理成为另一种基因编程的形式,称为 RNA。RNA 不是细胞基因组的一部分,但悬浮在细胞内部,直到它绑定到特定的结构,把 RNA 转变为最终产物——蛋白质。干细胞科学家们争相寻找小分子来取代这些蛋白质,或寻找更安全的方法来整合这些为它们编程的基因,但就不能简单地把这些细胞用山中因子的适当的 RNA 版浇淋,实现重编程吗?

令人惊讶的是,没有多少研究人员碰巧发现这种方法。但是波士顿儿童医院和哈佛干细胞研究所网络的成员、免疫学家德里克·罗西(Derrick Rossi)认为,这听起来像一个有前途的策略。"令人惊讶的是,在人们试图重编程 iPS 细胞的所有途径里,我们在文献中从未见过任何人建议这么做。"他说。他很快就找到了原因。原来,细胞有天然防御机制对抗大量 RNA 沉积在它们内部;毕竟,病毒包有紧密缠绕的 RNA 链。在将山中因子对应的 RNA 注入一些小鼠细胞后的几小时内,罗西很失望地看到,细胞开始分泌出一种抗病毒剂——干扰素——作为响应,破坏了 RNA。

罗西没有被吓倒,他认为他有一个变通方法。他把一系列保护性的化学物质附加到 RNA 片段上,作为分子伪装,使细胞免疫哨兵看不见 RNA,以免被毁灭。令他惊讶的是,这一策略不仅有效,而且明显更加好,比山中最初把小鼠皮肤细胞转变成 iPS 细胞的方法好。事实上,RNA 策略把这一过程的效率提高了百倍。

对梅尔顿而言,有了一种潜在安全并且稳定的制造干细胞供作人类测试的方法,实现他的设想的可能性越来越触之可及。随着 iPS 技术的成熟,以及糖尿病患者如何失去制造胰岛素的能力更多地被揭露出来,作为两个糖尿病患儿的父亲,他几乎可以体验到发生的变化。实际上,这一突破已足以鼓励他的实验室又一次大转身,转向他在他的办公室给我讲解的主题。

★   ★   ★

梅尔顿的宏伟计划已经酝酿了一年多,但是与 17 年前他转入这一专业时制定的计划相比,这次转向只是稍加修正,并无根本性的改变。他所做的一切,一如既往,就是追求治愈方法,而这,却是至今仍然令人难以捉摸的。

这个计划归结起来就是:在确定了他自己和他的实验室作为干细胞研究中心之一之后,梅尔顿现在把他的注意力集中到解决他所认为的 I 型糖尿病的另一半问题——自身免疫。"I 型糖尿病有两个问题,"他解释说,并在黑板上勾画着这场挑战,"第一,是没有 β 细胞;第二,是自身免疫性攻击。如果你只解决其中的一个问题,那对于治愈病人是不够的。如果你阻止了免疫攻击,因为病人体内没有任何 β 细胞,仍然不能分泌胰岛素;如果你提供了 β 细胞,它们仍然会被免疫攻击消灭。"

他停顿了一下,倚在黑板旁边的靠墙书架上。"我在开始这项工作的头 5 年到头 10 年里所犯的错误,"他承认,"就是,我因为复杂的原因没有研究自身免疫。第一,我并没有真正理解它;第二,我认为制造 β 细胞本身是一个具有不朽功勋的课题;第三,我假定有许多免疫学家在充分专注于这个问题,这个问题现在会得到解决。但所有这些都被证明是错了。"

将近 20 年来,梅尔顿不屈不挠,专注于 β 细胞,或许已成痴迷。他只研究 β 细胞缺乏的问题。最初,他寻找 β 细胞的储存库("蓄水库"),即存在于胰腺某处的多能细胞的母细胞池,于此可生成体内制造胰岛素的细胞——β 细胞——的成体干细胞。

当时,大多数科学家相信机体的每种类型的组织都有某种形式的干细胞源。毕竟,整个免疫系统起源于造血干细胞,可以再生所有白细胞、巨噬细胞、淋巴细胞、T 细胞和 B 细胞,这些都是机体需要用来抵抗感染的。数以百万计的白血病患者可以证实这一点,在基本上清了病变的免疫系统,重新培育来自骨髓的几种健康的干细胞并回输给病人后,整个免疫系统的细胞得以一种接一种地重新建立。

　　"人人都认为有一种专门生成 β 细胞的成体干细胞。"他说。但梅尔顿没有太多的期待。如果这样一种细胞确实存在，那也不会容易找到。胰腺不像皮肤或骨髓，后两种组织的细胞的再生速度惊人，不断补充垂死的细胞。而胰腺则尽可能维持它的细胞得到长期使用，只有当它的细胞完全失效或再继续维持使用的代价太大时才放弃它们。即使胰腺确实存在这样一个 β 细胞储存库，它也不会很活跃，因为胰腺细胞并不经常更换。

　　但是在寻找了将近 10 年，一次接一次的实验未能分离出 β 干细胞之后，梅尔顿最终有了令人震惊的发现：β 细胞没有成体干细胞。相反，他发现全部胰腺 β 细胞来自先前存在的 β 细胞继续分裂，产生更多的后代新细胞。这对糖尿病患者不是好消息，因为它们的细胞被免疫系统消灭的速度快于它们可以自我补充的速度。

　　"这改变了一切。"他说，"这就是说，如果一个病人失去了他的 β 细胞，并没有干细胞，那他可有大麻烦了。"

　　这样一来，β 细胞就成了一件有价值的商品，相当于身体的贵金属，因为全部 β 细胞都是来源于胚胎。但是越来越多的证据表明，即使在 I 型糖尿病患者体内，推测其 β 细胞的总数接近于零，但残留的损坏的细胞可能仍在尽量分泌胰岛素，虽然已绝对不足以满足需要。这可由葡萄糖水平持续不断的波动得到反映。事实上，在对因其他原因，如交通事故，死亡的糖尿病患者的尸体解剖中发现，许多人仍留有 β 细胞。"在你还在幼年时，你得到一团 β 细胞，从现在起直到你死亡为止，这团 β 细胞是所有新的 β 细胞的源泉。"梅尔顿说。虽然确认这一点看起来可能像是纯学术问题，但梅尔顿强调并非如此。因为科学家对问题的判断决定着像糖尿病这类疾病的研究方向，并最终决定这些疾病能否迅速实现治愈。例如，美国国家卫生研究院是美国科学研究的最大的资助者。"美国国家卫生研究院花费了数千万美元,我敢说数亿美元,寻找 β 细胞的成体干细胞。"他说,"但是从来没有找到过。但因为他们这么做,就没有人研究关键问题了。我说的关键问题是:是什么使 β 细胞分裂。"

如果没有 β 细胞的干细胞,那么最初的那些个 β 细胞如何终身保持分泌胰岛素的细胞,就成为理解 I 型糖尿病的关键问题。理解了这一点,就可以开始分析这些病人的问题出在哪里。

所有这一切促使梅尔顿试图解决 β 细胞丢失的问题。在他看来,现在有 3 种制造更多的 β 细胞的方法——促使现有的细胞复制;从干细胞生成新的 β 细胞;或者诱导其他胰腺细胞转变为 β 细胞。他承认,在当时,没有一种方法是非常有效的。

但梅尔顿证明,扩大最初的那批 β 细胞的数量可能实际上治愈动物。他做了一个他称之为简单的实验,实验材料是一种非常复杂的转基因小鼠。梅尔顿向着他追求的梦想——观察 I 型糖尿病在人类身上的发展过程——迈开了第一步。这种小鼠是现代遗传学的一个奇迹,他可以有选择地杀灭小鼠的 β 细胞,让他提出并有希望回答一些关键的问题,诸如要摧毁多少 β 细胞才可以导致疾病?为了避免这种疾病,有没有一个 β 细胞的最小需要数量? 这个阈值在所有病人都是相同的吗? 如果是,那么达到了这个阈值,能足以治疗或治愈病人吗?

"这是一个相当聪明的设计。"他说,回到黑板上勾勒着动物复杂的基因组成。表面上,这种小鼠的外观和行为像是正常的动物,这不是糖尿病鼠,可以恰当地调控自己的血糖。但是,在小鼠的饮用水里掺入强力霉素这种抗生素后,小鼠的胰腺就会发生显著的改变。那是因为小鼠包含有一小段 DNA 片段,把它的胰岛素基因拼接到了负责激活四环素①的基因组的某一位置上,这就间接导致了 β

---

① 强力霉素属于四环素族。——译者注

细胞死亡。如果小鼠从饮用水里吞下强力霉素,药物会结合到四环素活化剂上,导致产生白喉毒素,毒素杀死 β 细胞。水里的强力霉素越多,小鼠的 β 细胞破坏越多。这就是制造糖尿病鼠的方法,病情还可轻可重。

用这种方法,梅尔顿在一系列小鼠里诱导出糖尿病。然后,梅尔顿停止给它们喂食强力霉素,观察发生了什么事。令他惊喜的是,小鼠最终不再患有糖尿病,糖代谢恢复了正常。"如果你杀死了所有的 β 细胞,小鼠维持高血糖,就死了,"他说,"但是如果你只杀灭 80% 的 β 细胞,还残留 20%,那真的是很酷,"他说着,显得很兴奋,"血糖水平在增高了 6 个星期后就回到正常。动物治愈了自身。我们猜想,这一方法确实促进了残余 β 细胞的复制。"

所以从梅尔顿的角度来看,这点残余的 β 细胞类似于 β 细胞的种子库,要是他能得到就好了。如果这些数量很少的细胞可以扩增,那么至少部分 I 型糖尿病可以得到减轻。如果病人自身的更多的 β 细胞能承担起辨识和监控葡萄糖水平的正常功能,那么也许,仅仅是也许,这些病人可以减少对注射胰岛素的依赖。

梅尔顿已经把理解这个过程的任务分配给了他自己的庞塞·德·莱昂(Ponce de León)①——贾斯汀·安尼(Justin Annes)。安尼拥有医学博士和哲学博士双学位,这就允许他去了解疾病的两个方面——受到影响的病人和使他们患病的分子机制。作为附近的波士顿布莱汉姆妇女医院(Brigham and Women's Hospital)②的内科专家,他主要诊治 II 型糖尿病患者,但是他对搞清楚把 I 型和 II 型糖尿病关联在一起的基本机制感兴趣。安尼现在专注于分析这个 β 细胞团。"如果你检查糖尿病患者,或者甚至是空腹葡萄糖检测结

---

① 庞塞·德·莱昂是第一个到达佛罗里达的西班牙探险家。此处喻贾斯汀·安尼勇于探索。——译者注

② 这是美国最好的医院之一。——译者注

果异常的人,他们的 β 细胞团都减少了。"他说,"如果你检查看起来健康的、非肥胖体型的 Ⅱ 型糖尿病患者及其兄弟姐妹,让他们摄入葡萄糖,并测定他们分泌了多少胰岛素,他们往往也有 β 细胞团减少。这就提示有内在的,可能是遗传的缺陷,这种缺陷关系到体内有多少 β 细胞。所以我和道格最终都对如何增加 β 细胞有兴趣。我们的目标相同,只是视角不同。我的兴趣在于治疗 Ⅱ 型糖尿病,而他想了解如何增加 β 细胞团。所以我们最终都可能移植 β 细胞,并且为了增加我们获得的捐赠者的 β 细胞的数量,我们可以在体外让细胞生长,努力(首先在培养皿中)扩增细胞的数量。"

从梅尔顿的角度来看,这个想法是要更好地理解促使 Ⅰ 型糖尿病患者健康的、为数不多的剩余 β 细胞分裂的信号。他说,一种可能性是,血液葡萄糖水平的升高可以推动 β 细胞加快分裂。随着血糖升高,β 细胞努力维持血糖水平。像一家工厂减少了一半员工,而努力保持相同的产量一样,员工必须努力生产。当 β 细胞开始减少,少到无法维持正常血糖水平时,它们就通过细胞分裂增加 β 细胞的数量。然而,在大多数情况下,β 细胞太少,分裂太迟了,虽然尽快分裂,它们还是落后于身体对胰岛素越来越多的需要。这种可能性提示存在一个系统性的、基于机体的 β 细胞复制信号。

但也有另一种同样合理的驱动机制,与血糖无关。"如果这些细胞就像人一样,它们想要周围有一个小社区,那又会如何?"梅尔顿若有所思地说,"在大多数的 β 细胞被杀死之后,剩余的细胞看着它们周围的邻居们说:'嘿,大家都在哪里?我们那么大一个人丁兴旺的胰岛,现在只剩下 20 个细胞了,让我们生育吧。'"在这种情况下,信号就不是一个代谢过程,而是生理过程。并且它也不是系统性的,是局部性的。

然而,哪一种机制是正确的?为什么这个问题很重要?主要是问题的答案决定了哪一种治疗策略最有意义。如果细胞对全身性的信号做出响应并疯狂分裂,那么仅仅向胰腺倾倒更多的 β 细胞未必能解决问题。调控 β 细胞活性的信号才是我们应该瞄准的目标。

但如果,仅仅只要增加 β 细胞的邻居就可以诱导 β 细胞分裂,那么输入一批新的这样的细胞到胰腺就有意义了。

答案就是梅尔顿期待解开的谜。他仍然站在黑板旁,简要介绍了另一个非常简单的实验,实验材料还是那些复杂的转基因小鼠。这一次,他移植健康小鼠的胰岛细胞(这是 β 细胞的所在地)到转基因的糖尿病小鼠的肾被囊里。这个过程立即使小鼠的血糖水平下降,因为供体的胰岛细胞接替了病鼠原有的少数残余的、艰难工作着的 β 细胞。如果使 β 细胞复制的信号是系统性的,由血糖水平控制的,那么糖尿病小鼠里残留的 β 细胞不会进一步分裂,因为现在血糖水平稳定,没有紧急情况。而如果是局部性的信号,梅尔顿说,"它们的邻居仍然没有增加",这意味着它们仍然会感觉缺乏 β 细胞,它们会开始分裂,以自我增殖。

随着研究的继续,梅尔顿不再把 β 细胞如何生成这一基本问题放在首要位置上。他同时研究如何能大量生成能分泌胰岛素的细胞的问题,起初是从胚胎干细胞,现在是从 iPS 细胞,甚至最近,是从其他胰腺细胞生成。在过去 10 年里,这项研究已令他获得了科学界和有关公众的最大关注。

如果胚胎是人的整个一生的 β 细胞的供应源泉,那么就不难理解为什么梅尔顿投入了将近 20 年时间,研究从早期发育中诱导分泌胰岛素的细胞,以及为什么他成了人类胚胎干细胞研究的公开支持者。在这个过程中,他很早就做了关键的决定,只研究人类细胞,而绕过先用小鼠模型测试并验证他的理论和实验的传统步骤。"如果我有错误、有偏见,那就是我坚定不移地盯住了人类细胞。"他承认,"回顾过去,有人可能会说,我不应该在过去 10 年里同人类胚胎干细胞的政治搞在一起,而应该用小鼠研究。但这是一种偏见,不管是好还是坏,我们想要治愈人类。我不相信如果我们用小鼠做实验,它将能立即用到人类身上。所以我们尽量每次都是在人身上研究。"

这就是"气球"图诞生的缘由。梅尔顿自从他的儿子被确诊为 I 型糖尿病后不久,他开始登上糖尿病研究的舞台以来,就以此作为一种工具,用来帮助他自己和他的实验室成员直观地看到重建人类 β 细胞的逐步过程,梅尔顿把在科学会议上提出的几乎每一步更新都标注在这张图上。这张图详细列出了从人类胚胎干细胞到 β 细胞的五步过程,每一步都描绘成一个彩色的圆形细胞。当他第一次在他的报告中使用这张图时,梅尔顿只有如何从细胞到细胞的理论。他所列出的第一步是推动胚胎干细胞成为内胚层细胞(这是三个胚层之一,最终形成体内其余细胞和组织)。然后,需要诱导内胚层成为胰腺前体,即胰腺细胞之父。这些胰腺细胞不仅形成生产胰岛素的 β 细胞,而且形成胰腺的其他细胞,如制造消化酶的外分泌细胞。前体之后发育成为亚型细胞,后者已注定要生成特化的 β 细胞,对葡萄糖做出响应并分泌胰岛素。

在将近十年之后,梅尔顿最终梳理出这五步中的两步。他坚称这两步并不像听起来那么坏。"这个想法的实现没有我想的那么快,"他承认,"但我们已经学会的一切告诉我这是可能的,(并且)我想我们在这个问题上尽了最大努力。我认为这五步是会实现的,它可能还要花费十年,但如果我们在一年内做到了,也不会让我感到吃惊。这是一个可以解决的问题。"

正如梅尔顿看到的,现在,这是技术问题,是评估的问题,是通过仔细筛选确定哪些化学物质和化合物对于直接引导每一步分化是必需的。这个难题现在靠陈水平(Shuibing Chen)和西尼萨·哈瓦汀两人解决。他们慢慢地,但肯定会寻找出从干细胞到 β 细胞的完全过程所必需的化学步骤。

　　然而,山中的 iPS 细胞突破,使气球图里象征的艰难步骤显得过时了。有了山中的 4 种因子,梅尔顿突然有了一个相对简单的方法,可以一下子弄清楚各个基因之间以及基因和其他因子之间所有复杂的相互作用,他努力弄清楚如何正确地组合各种因子。他所要做的一切就是培育出一株糖尿病人的干细胞系,这样他就不需要猜测糖尿病是否会发生,因为那是一定会发生的。

　　梅尔顿迄今为止都在做分离出驱使 β 细胞形成的因子的工作。他利用从这项工作获得的因子,把这些同样的因子应用到来自两个患有糖尿病男孩的一些皮肤细胞。仅仅几个月后,培养皿里就包含了 iPS 细胞。这些所谓的 DiPS 细胞,即糖尿病(diabetes) iPS 细胞,现在是梅尔顿实验里的关键角色。

　　但这并不意味着梅尔顿放弃了他的气球图,或者放弃了气球图描绘的胚胎干细胞途径。梅尔顿像大多数研究人员一样,觉得由胚胎干细胞和 iPS 细胞生成的细胞对于充分了解人类发育和疾病都是至关重要的。例如,仍然不清楚这 4 种转录因子经由 iPS 细胞方法重编程细胞有多大的忠实性;并且基于对两种干细胞系的基因活动的研究,很明显两种方法存在差异,只是这些差异有多重要尚不明显。

★　　　★　　　★

　　即使梅尔顿继续努力于更直接地重编程 β 细胞,而其时山中的重编程确实证明了它的开创性成就,梅尔顿由此受到鼓励,想另辟蹊径探索 β 细胞的发育——他希望这条路会是他的 β 细胞之旅的一条捷径。他想,如果重编程成体细胞是可能的,为什么要从胚胎细胞开始,并促使它跳过无数的发育环节,从内胚层到胰腺前体再到外分泌细胞并最终成为胰岛细胞?

　　"山中方法的亮点是,我们可以让来自病人的细胞返回成为干细胞,"梅尔顿说,"但仍留下了一个难题,'如何让这些细胞成为心脏细胞或胰腺 β 细胞。'所以我们问,'为什么我们应该走完全程返回到起点?为什么不取已分化的细胞,如皮肤细胞,直接重编程,使之成为另一种细胞?'"换句话说,为什么重编程的细胞必须通过胚胎阶段才能开始其第二次生命?为什么不半途起跑,或者几乎跳过全程,如从胰腺前体开始,对它加以诱导,使它只经历极少几个步骤就成为 β 细胞?

在生物学上,这样做是有意义的。山中已经证明了让细胞返回到它的起点是可能的,并且约翰·格登的蛙实验也证明所有细胞都保留了完整的基因备份,只是关闭了那些不再使用的基因。事实上,在 2008 年,梅尔顿回答了他自己的问题。他使用一组 9 个基因,这些基因都涉及生成 β 细胞,让一种通常负责分泌消化酶的胰腺细胞,成功地转而分泌出胰岛素,就像 β 细胞一样。这是用途的改变,梅尔顿喜欢称之为"细胞极端改造",并且他说,"也许我们不需要生成干细胞,可以直接引领它们走过分化的全程。也许未来我们可以直接重编程我们需要的细胞。"

这当然更有效率,并且是麻烦更少而可生成新细胞的途径。但它粉碎了另一个先前存在于生物学上的根深蒂固的发育观念。"这挑战了人们认为重编程很难的偏见,"梅尔顿说,"也挑战了关于已分化状态的稳定性的偏见。但是我希望人们会重新思考他们的整体战略,并利用这条途径制造在病人身上可能缺失的细胞。"

梅尔顿无须担心。这个想法已经流行起来,并且斯坦福大学的研究人员已提取皮肤细胞,直接用山中因子把它们转化成为神经细胞。在格拉德斯通研究所,一位心脏研究人员迪帕克·斯利瓦斯塔瓦完成了类似的壮举,将人类皮肤细胞直接转化为心肌细胞,从而可能有朝一日取代心脏病发作后受损的组织。梅尔顿希望其他细胞不会落后。

这就要求他对他的实验室的重点做根本的转变。在收集他所需要的同糖尿病有关的因子以完成他的糖尿病模型的过程中,梅尔顿意识到,β细胞是唯一引起糖尿病的细胞,虽然他现在认为这是一个多因子模型,只是β细胞是其中的主要因子。他意识到,如果一切顺利,用不了多久,他就会获得他一直在寻找的β细胞。下一个问题是:他将如何处理这些细胞?

把β细胞移植给糖尿病患者似乎是一个合乎逻辑的举动。但是,他也明白注入新的β细胞仍然不能解决这个问题。因为如果疾病表现为既缺乏β细胞又存在咄咄逼人的自身免疫攻击,那么有什么办法能阻止机体就像对待原来的细胞一样对待新的β细胞,也就是说,要如何设法阻止机体有选择地识别这些移植细胞并破坏它们?

为了寻找这个答案,梅尔顿把目光从胰腺转移到了胸腺,这是人体免疫细胞,包括称为"杀手"的T细胞,在体内流动并寻找目标前、分化并发育成熟的地方。所以正是在胸腺里,这些细胞之中有部分不知怎么就获得了错误的指令,错误识别并破坏机体自身的β细胞。梅尔顿计划用iPS技术从糖尿病病人那里生成这些胸腺细胞,并将它们与经过胸腺加工过的未成熟的免疫细胞结合在一起,再连同一团来自Ⅰ型糖尿病病人的β细胞,一起输入小鼠。他等待着,希望小鼠患上糖尿病,这样他就能精确地看到发生了什么。"我们将把所有这些东西注入我喜欢称之为活试管的小鼠之中。"他说。"我知道我是把一笔巨大的赌注押到了一件非常危险的事情上。有人认为这样做是头脑太简单了,他们说免疫学太复杂,我不是一个免疫学家。这两者都是事实。没有理由认为这是可行的。但他们忘记了科学的进步经常来自于真的不知道自己在做什么而只问一个简单问题的人。"他停顿了一下,考虑着,"如果失败了,我不会枪毙自己,但会非常非常失望。"

展望未来

★　　　　★　　　　★

即使梅尔顿的宏伟计划被证明是过分雄心勃勃了,糖尿病模型不像是他所预计的那样,他的努力也可能不是完全徒劳的。因为糖尿病 iPS 细胞本身可以鉴别出一大批新的化合物,可以减轻或减缓疾病的进展。

事实上,这正是生物技术专家和神经生物学家李·鲁宾所指望的。当时,他同梅尔顿只隔开一层楼面,是哈佛干细胞研究所的药品沙皇。他把大部分时间都花在一间宽敞的地下室实验室里,这是许多小型生物技术公司所羡慕的实验室。这里拥有可同时测试数千种化合物的最新检测机器人。在这间实验室里,研究所的科学家们最早预感到会开展治疗疾病的测试。

鲁宾精力充沛,快人快语,是土生土长的纽约人。这与梅尔顿的性格正好相反。梅尔顿总是安之若素,不动声色,甚至在提出某种看法时也几乎不把声音提高一点儿。鲁宾伶牙俐齿,感情洋溢。但正是这种活力,对梅尔顿来说正是恰到好处,他想要在尽可能多的不同的方向上推动干细胞技术。

因为这是鲁宾的工作,而且像他那样的实验在全世界类似的新兴生物技术公司和制药实验室的筛查中心里都在进行,这就很可能生产出第一批真正的干细胞科学的产品,让病人可以看到,用到,并从中获益。

然而,要让世界上的其他人接受鲁宾的想法还需要一段时间。在布什政府的早期,仅存的干细胞研究濒临消亡,这一领域的许多研究人员发现自己不愿做细胞移植。也就是说,他们开始更多地谈论关于干细胞生成新的健康细胞以取代患病的细胞的前景,尽管这种应用需要漫长的时间,十年或更长时间里可能不会产生任何承诺的结果。"关于干细胞临床应用领域,当时人人都痴迷于细胞替换治疗,而我一开始就非常担心这样的治疗'什么时候'才能实现的问题,"鲁宾加快了语速说,"我担心的是,它不会很快发生,而如果要花费50年才能从所谓的具有魔力的干细胞获得任何效益,公众,包括资助机构,会失去勇气。"

"所以我是以完全不同的方式思考它们,就是,从干细胞制造出与疾病相关的细胞,用这些细胞作为疾病模型做研究。非此就不能做得好,或者根本就做不成。"

他说,比如把患病细胞投入一批潜在的药物,看看这些药物对于延缓甚至逆转任何导致细胞行为不正常的过程会有什么作用。在他的哈佛中心,鲁宾有一个药物库,包括了3万种这样的化合物,用以开展工作。这些化合物都是精心挑选出来的,包括了那些涉及体内最基础和最重要的分子机制。

例如,他将从ALS病人身上提取的细胞生成的运动神经元投入实验。这些细胞是在凯文·埃根的实验室生成的。他在寻找一种化合物,要求能让用iPS技术生成的运动神经元免于死亡。埃根实验室的工作表明,神经胶质细胞可能会慢慢地杀死ALS病人体内的这些神经元。基于此,鲁宾正在寻找药物,以抵消毒性作用,保护运动神经元不受破坏。

"这一切意味着一种全新的模式,在这种模式下,基本上首先是利用干细胞更好地理解疾病,然后是在实际的垂死的细胞身上试验潜在的疗法,而不是在未受影响的细胞身上进行实验。这个,"他说,"是一个真正的大变化。这并不是一件小事。"

他认为,在经济上它甚至可以节省数百万美元的药物研究费用。为了证明这一点,在美国另一边的iPierian生物技术公司——鲁宾和哈佛干细胞研究所的成员梅尔顿和乔治·戴利共同成立的公司,科学家们利用iPS技术将从脊髓性肌萎缩症病人身上提取的细胞生成运动神经元,然后测试15种到20种已获得批准可用于人体试验的化合物对这种病的有效性。所有这些化合物都通过严格的动物测试,但只有一株对人体细胞无毒性作用。

这类信息表明:iPS 技术现在可用于药物开发过程的合理化和改进。这当然是制药公司所希望的。随着新药试验的成本飞涨,以及所谓的大规模试验渠道的骤减,高管们都在准备迎接行业剧烈的重组,这几乎肯定会在某些方面涉及干细胞。例如,辉瑞在再生医学部正投资 1 亿美元,历时 3 年到 5 年。其他公司,包括默克和葛兰素史克公司,也加入进来,都在利用自己的基于干细胞的渠道开发新药。

但大型制药巨头似乎并不急于跳上干细胞快车。毕竟,像梅尔顿这样的科学家在谈论的是治愈疾病,例如糖尿病。这在本质上就意味着切断需要治疗的病人流,而这是行业的命脉。但同时,随着干细胞技术不可避免地潜入一切领域,从新药开发到药物治疗,药品制造商又害怕落伍。"对于再生医学,我们和其他所有人一样都不知道要花上多少代价。"辉瑞的露丝·麦凯南(Ruth McKernan)说。他的实验室在马萨诸塞州的剑桥,从哈佛大学沿查尔斯河(Charles River)到那里只有几英里。"但是如果我们不开始学习,以后我们将不得不花上大笔的钱财,并且我们可能会发现自己完全不能在制药行业立足以贡献于医学。吝啬投资,甘当旁观者,到头来就只好说'我们只是等人家做,然后我们去买进来',因为你可能会犯代价非常非常大的错误。"麦凯南说。

干细胞科学家都熟悉一个著名的视频,显示大鼠在四肢着地行走。画面开始时,一只大鼠只有两条前肢着地,像海豹那样,拖曳着身子,包括尾巴和后肢,在爬行。视频的第二段显示类似的另一只大鼠,看上去正常一些,能像它的同类一样抽动着鼻子作嗅嗅之状,并正常行走,或许不是那么自信,但至少似乎是有目的地在窥探它周围的空间。

表面上,这个视频并不显得与众不同,只是视频里的那两只大鼠显示出后腿瘫痪,有类似的脊髓损伤。但是,第二只大鼠接受了干细胞溶液注射,成功恢复了其四肢着地行走的能力。

这个视频被称为"跑鼠",曾在21世纪早期,在国会山的干细胞辩论的全盛时期到处播放,对于确保加州人通过第71号提议,在他们的州里资助胚胎干细胞研究发挥了极为重要的作用。在这个过程中,这个视频让有关的生物学家成了媒体的宠儿。

汉斯·科斯泰特,热切、口齿伶俐,具有孩子般的魅力,更像是演员迈克尔·J.福克斯①。他棕色的波浪式头发滑过脸部,在镜头面前显得很是优雅。他举手投足之间,都显示出一股诚挚的热情和可亲的态度,足以令那些主播和干细胞研究的支持者得尽人气。随着他的视频拍摄完成,科斯泰特很快发现自己成了宣传干细胞万能的"海报科学家"。"每个人都想让我来展示我的跑鼠视频。"他诉说着自己怎样陷入了关于干细胞研究的政治和伦理的辩论之中。

在国会作证,在投资者会议上做主题报告,以及面对数以百计的生物伦理学家做演讲,这些都不是大多数学术科学家一旦获得博士学位后期望的活动。但科斯泰特天性合群,欣然担当了这样的角色,并期待既受到关注又承担由此而带来的责任。就像坐到了前排的小孩子看他最喜欢的节目那样,他几乎很难不激动和得意,甚至在十年后,他发现自己处于现代医学最重要的革命的前沿时,他也是那样得意非凡。

这是因为2009年1月,科斯泰特对瘫痪的大鼠施行的脊髓注射疗法,成了批准第一例基于胚胎干细胞疗法的人体试验的基础。

———————

① 迈克尔·J.福克斯,加拿大-美国著名演员、作家,曾五次获得艾美奖,四次获得金球奖。——译者注

展望未来

★　　　★　　　★

　　如果说制药行业风险高,那么对于美国食品药品监督管理局(FDA)和对于杰隆公司来说,实施第一批人类胚胎干细胞治疗试验的风险就更是天文数字了。没有任何先例作为指导,FDA 和杰隆白手起家,尽他们之所知,设置起安全门槛和效果标准。但是因为没有任何先前的经验,他们真的不知道门径所在。

　　科斯泰特办公室里挂着一个镜框,里边是一封信,对着这封信,他现在可以笑了。这封信来自一家科学期刊的一位评审人,他给了科斯泰特的论文一个残酷而坦率的评价。在这篇论文里,这位年轻的研究者描述了他成功从胚胎干细胞里培育出一批能恢复神经的细胞。"如果这些发现是真的,这将是干细胞领域里最有意义的发现,"那位评审人嘲笑道,他是神经学方面的专家,"但是我完全不相信。"

　　脊髓研究界的其余人中也有许多人不相信他。直到 20 世纪 90 年代,科斯泰特已加入加州大学尔湾分校当教师,开始他的修复脊髓损伤的研究时,研究人员才开始接受这一观点。许多由损伤引起的损害是机体自身引起的对损伤的反应。在大多数情况下,损伤本身并不切断神经通路。主要的破坏是由人体自身对于创伤的警觉反应引起的。免疫细胞、毒性因子,以及在受伤部位释放出的炎性化合物破坏微细神经连接网络,最终造成的损害比最初的损伤大 4 倍到 5 倍。"脊髓损伤是非常复杂的,各种因素混杂在一起。"科斯泰特说,"脊髓受损后各种组织、细胞和化学物质争相做出反应,一片混乱。这一领域的大多数专家把重点放在寻找重新连接这些失去的神经纤维的方法,搭桥恢复连接神经细胞的指状的突起。这些突起称为轴突,它从脊髓延伸出来,一直延伸到最远端的四肢。"

　　但科斯泰特另有想法。经过在剑桥大学研究称为少突胶质细

干细胞的希望——干细胞如何改变我们的生活

胞的神经细胞达四年之后,他确信有另一种对付发生在脊髓受到损伤后的几分钟和几小时里的乱象造成的破坏的方式。为了传递信息,神经细胞依靠一种称为髓鞘(髓磷脂)的绝缘因子。完全就像是导线里的电流被屏蔽在细管橡胶里的那种方式,神经细胞被包裹在髓鞘里,这一层覆盖物可以提高它们传导电脉冲的能力。电脉冲就是指示神经行为的,例如收缩或伸展肌肉。在脊髓受到损伤并继而造成一系列严重后果之后,机体的免疫细胞开始融化这层覆盖物,于是就剥夺了神经细胞正常传递信息和执行功能的能力。没有髓鞘,指示肌肉运动的信号就此中止,不再沿神经通路传导,结果就是瘫痪。而产生这种髓鞘的细胞就是少突胶质细胞,科斯泰特对于这种组织已非常有经验。他相信,如果有办法把生成髓鞘的细胞在最需要的时间精确地输送到受损脊髓的确切位置,一些失去的正常功能可以恢复。

"在这个领域里,每个人都在尽力让脊髓轴突再生。"他解释道,"我想做的不是再生脊髓,而是修补脊髓。"2000 年,即杰米·汤姆森分离出第一株人类胚胎干细胞的两年后,科斯泰特懂得了如何培育少突胶质细胞——他将从胚胎干细胞生成少突胶质细胞。

争取到帮助来做这项细胞实验,比之于做他建议的这项实验,同样具有挑战性,同样是一项了不起的成就。当时,除了汤姆森,只有少数研究人员能生成人类胚胎干细胞——《迪基-威克修正案》保证了只有那些非常富有的人才能投资于这项新兴技术。因为他想要最终在人身上测试他的想法,科斯泰特知道他需要他所能找到的最高质量的胚胎干细胞。

这样,他敲响了杰隆生物科技公司的大门。在当时,杰隆是令人馋涎欲滴的汤姆森干细胞株主要的许可持有人。或者说,他是求得了他在剑桥时的一位老同事开了后门,请她把他介绍给杰隆公司,可以是作为演讲嘉宾或电视讨论会的成员,或任何只要能让他向杰隆的高管提出自己想法的机会。事情终于成功,科斯泰特得到邀请去阐明自己的论点。他充分利用时间向杰隆的高管说明他的意图。"我说,'给我一些细胞和资金来制造世界上第一种高纯度的基于干细胞的治疗药品,一种商业上有利可图,在临床上切实可行的治疗方式。'"

杰隆居然接受了科斯泰特的想法,加入了这场冒险的计划,而这位年轻的科学家还只刚刚在尔湾市有了他自己的实验室,准备大干一场。

从杰隆的角度来看,科斯泰特的治疗方法真是好得难以拒绝。这家公司已经资助汤姆森和吉尔哈特努力生成了第一株人类胚胎干细胞,公司渴望通过第一个把基于干细胞的疗法带给病人,在干细胞领域确立自己在业界的领袖地位。自从 1998 年第一次国会听证会以来,杰隆公司始终在为开展干细胞研究呼喊,似乎只有这家公司适合第一个怀着干细胞研究潜在的应该大有前景的证据,向着 FDA 挺进。

从生物学上说,脊髓疗法也是有意义的。"哦,当然,我们决定做脊髓损伤的治疗试验还有很多考虑。"简·莱勃科维奇(Jane Lebkowski)说,他是这家公司的首席科学官。"当我们第一次开始考虑尝试开发胚胎干细胞疗法时,我们希望有人告诉我们,应该从哪里注入细胞才可以使注入量相对较少。我们可不想我们第一次做干细胞治疗的临床试验就必须培育出 10 亿个干细胞。"

科斯泰特的治疗方法很适合这个要求。他的疗法是利用胚胎干细胞,并将这些细胞转换为少突胶质细胞的前体细胞,然后注入脊髓的受损部位。它们在那里会很快适应新环境,开始与别的细胞融合,并大量产生神经细胞极度需要的髓鞘。"我们并不要求脊髓里的所有通路都得到重建。我们看着这些细胞在两个方面发挥作用——生成神经生长因子和为神经元重建髓鞘,"莱勃科维奇解释道,"这些在某种程度上都是养护性的活动。我们观察到这些细胞所起的作用是保护原已存在的神经元,所以我们认为这些细胞的作用机制可能稍容易实现。"

不仅在科斯泰特的跑鼠那里,而且在杰隆公司为了确定和改进结果而自己进行的额外动物研究中,都显示出很有前景。

然而,在涉及理解真正在人类病人身上会发生什么时,科斯泰特和杰隆公司被证明是有点天真了。在他们经历了所有的曲折,并满足了 FDA 关于确保治疗安全,并且可合理地期望有助于病人的所有要求之后,科斯泰特仍然摇着头,对实验的结果茫然无知。"天哪,这是一条漫长的路,比人们意识到的难得多。"他提到基于胚胎干细胞的治疗第一次从实验室进入临床时,如此说。

有 6 年的时间,杰隆公司召开了多次会议,与 FDA 一起为确保基于干细胞的疗法的安全性确立标准并确保符合标准。这是没有人做过的事情。第一个挑战就涉及科斯泰特激进的论文本身——没有人证明过为脊髓神经元重建髓鞘可以减少损伤的影响。当然,这在大鼠身上是有效的,但同一个过程能适用于更大并且更复杂的人类脊髓吗? FDA 的人员邀请神经学家到贝塞斯达,与其他国家卫生研究院的政府专家一起商议,得到的答案是……也许。

还有胚胎干细胞的问题。"这是世界上任何类型的干细胞中第一株高纯度干细胞衍生物。"科斯泰特说。胚胎干细胞有其鲜明特征,其中之一就是它能形成肿瘤,这实际上是确定多能干细胞作为干细胞的一个标准——这些细胞必须有能力形成畸胎瘤,一种包含所有三个胚层(内胚层、中胚层和外胚层)的肿瘤。然而,在细胞疗法中,畸胎瘤是最不想要的东西。尽管杰隆配制的少突胶质细胞不是干细胞本身,它总还是有机会——一个或两个未分化的干细胞可能长成一批。事情就是这样,一个多能细胞就能成为畸胎瘤的种子。"没有一个科学家或医生以其正常的思维会想过把一个未分化的、能形成畸胎瘤的干细胞送入人体。"科斯泰特说。他认为少突胶质细胞制剂包含任何这样的未分化干细胞的风险是非常小的,而在现实中,从这一混合物中形成肿瘤的概率很可能仅仅等同于机体内的少突胶质细胞正常情况下也会形成肿瘤的概率,也就是接近于零。"因为这些细胞来自一群可以形成肿瘤的细胞并不意味着这些已分化的各类细胞也维持这种能力。"他说。

但是,对于 FDA,这是不够的。没有先前的数据,又没有对来自胚胎干细胞的细胞做过实验,可以理解,即使干细胞形成肿瘤的倾向的概率很低,FDA 的人员对肿瘤的再次出现仍感到紧张。

对杰隆公司来说,这意味着要谨慎地输入带有未分化细胞的少突胶质细胞溶液,并观察这些引入者是否会发育出畸胎瘤。

这样的谨慎被证明是完全有理由的。

试验获得批准的八个月后,新数据显示,注射细胞的动物在注射部位生出高于预期数量的奇怪的玫瑰花图案。这些囊性细胞不分裂,他们没有从脊髓区域转移到身体的其他部位,莱勃科维奇说。他们也不是畸胎瘤,表明他们不是 FDA 和公司所担心的溜进制剂的未分化干细胞。不过,这些囊性物还是令人担心,超出了正常之外,所以 FDA 暂停了试验。FDA 要求杰隆公司进行更多的研究来确定囊性物是什么,它们是否会影响移植细胞的功能。

将近两年后,在令 FDA 满意的无数次额外试验之后,FDA 取消了暂停,允许杰隆公司继续原来的计划,对第一例由干细胞生成的神经细胞进行人体试验。

几乎普遍地,干细胞专家都怀疑杰隆公司的试验有多大用途。他们承认,需要有人迈出第一步。杰隆公司这么做了,就为后继的团队奠定了至关重要的基础。他们将准备试验他们的基于胚胎干细胞,甚至是基于 iPS 细胞治疗的人体试验。但作为开创者,随着科学的进展,杰隆公司陷入了"第 22 条军规"①之中——随着这一领域的飞速进展,并且这些进展几乎能同样迅速地在科学期刊上发表,该公司的细胞制备方法,已经历了 6 年,这就显得过时了。例如,FDA 批准的疗法是基于詹姆斯·汤姆森原创的人类胚胎干细胞株之一——这在当时是杰隆公司和科斯泰特唯一可以获取的细胞。这意味着细胞是生长在小鼠皮肤细胞组成的滋养层上的,正如马丁·埃文斯和盖尔·马丁在 1981 年所做的那样。小鼠细胞提供营养和培养因子,帮助干细胞茁壮成长,但也可以把潜在的动物病原体引入人体细胞液。虽然小鼠细胞的制备是在严格监管下,确保无菌生产要求和安全,但大多数研究人员,包括科斯泰特,现在已不使用滋养层方法生产人类干细胞。然而,要对杰隆公司的原始协议做任何变化,就要求公司递交载明新方法的新申请。

还有,随着美国食品药品监督管理局对试验的每一次评审,对于设定的标准和历次的先例都越来越放心了。马萨诸塞州马尔伯勒的先进细胞技术公司(ACT),也在用他们自己的干细胞试验做开发。ACT 的疗法是 FDA 唯一批准的第二例这样的治疗试验,首席科学官罗伯特·莱查(Robert Lanza)说,ACT 已经从杰隆公司提出申请以来取得的进展中获益。例如,利用更加先进的成像技术,ACT 的科学家可以在 100 万之多的细胞中找到一个个未分化细胞。

并且,为了确保干细胞疗法尽可能安全,ACT 选择了开发治疗视网膜疾病,诸如黄斑变性和色素性视网膜炎等的方法。这些病的患者的视网膜感光细胞开始损坏。视网膜是一个试验新型治疗的

---

① "第 22 条军规"出自长篇小说《第 22 条军规》(Catch－22)是美国作家约瑟夫·海勒(Joseph Heller)的代表作。故事里的第 22 条军规是:疯子可以免于飞行,但必须由自己提出申请。但事实上,能自己提出申请就证明了自己头脑清楚,并非疯子,比喻陷于无法摆脱的矛盾之中。——译者注

理想位置,因为它的空腔是一个封闭的空间,细胞很少转移,就像一堵墙与免疫系统隔离,所以与受体在免疫性上不匹配的移植细胞是安全的,不会遭遇机体细胞防御机制的攻击。ACT 疗法就是注入来自人类胚胎干细胞的视网膜色素上皮细胞。莱查说,在治疗动物中,患眼变薄的视网膜细胞恢复到正常的 5 层到 7 层细胞的厚度。

"不论谁第一个走进来,都有令人难以置信的责任。"他提到与基于干细胞人体试验相关的压力时说,"我不能告诉你有多少个不眠之夜,我在思考:'我们哪里做错了?'"

无论杰隆或 ACT 公司的试验结果如何,进行人体试验的研究还是必要和有价值的。"我们已经学会了很多,也提出了很多问题,"莱勃科维奇说到迄今为止的进程,"没有一项研究能说,我们对这些细胞在动物模型上能做的研究,在人类身上是百分之一百安全的。在进入临床之前,我们不能这么说。除非进行人体试验,否则我们绝对不能肯定。"

无论结果如何,这一领域里的人都希望研究继续并进一步发展。"这个领域发展的速度比我们希望的快,"梅尔顿说,"因为这是一个非常丰富的生物学分支。它将改变生物医学。"

尾　声

2009 年 3 月 9 日，大约正午时分，美国总统巴拉克·奥巴马（Barack Obama）签署了一项人们期待已久的行政命令，解除了美国长达 8 年的对干细胞研究的束缚。在白宫见证这一时刻的，是那些在这场干细胞争论中的熟悉面孔——病人倡导者、部分最坚定的科学名家，以及一些正在升起的新星——哈罗德·瓦尔姆斯、詹姆斯·汤姆森、约翰·吉尔哈特、山中伸弥、欧文·魏斯曼、苏珊·所罗门和扎克·霍尔。

在解释他签署这一命令的原因时，奥巴马总统指出，将近十年来的干细胞政策令他非常担心，政治和意识形态阻碍了科学的进步。"近年来，一旦涉及干细胞研究，我们的政府不是进一步探索，而是强制我们在纯科学和道德价值之间做虚伪的选择，我认为这是错误的。"他说，"在这个问题上，我认为两者并不矛盾。我相信我们生而有能力和决心进行这项研究，并且会合乎人道和良知地、负责任地去做。"

道格·梅尔顿不在华盛顿，而是选择在这一时刻和他的学生一起在波士顿，在实验室里。"我买了一个蛋糕和一些巧克力蛋，我们同 30 个人在一起举行了一场大型庆祝活动。"当我在奥巴马的讲话结束后几小时打电话给他时，他告诉我，"我绝对是觉得很高兴和欣慰。"

梅尔顿提到他首先想到的事情之一是他现在感觉到了从监管

的笼子里放出来的自由。"回想从前,我意识到上届政府强迫我们在狭窄的空间里做研究是多么受限制和压抑。"他说,"科学要有开放的思想、试剂和数据交流,才能做到最好。而以往我们都被隔离了,无法交流。"

他说,他收到大量的邮件,请求获得几瓶人类胚胎干细胞,他这里共有70株,最终都将包含入国家卫生研究院的注册目录中。很多写信人已等待了8年,想提出这些请求。有很多问题要回答,有很多科研课题要做。

2011年7月12日,加州大学洛杉矶分校朱尔斯·施泰因眼科研究所的成员半夜里被电话叫醒。凌晨4:30,天还没亮,他们就出发赶到地处洛杉矶韦斯特伍德(Westwood)的一家研究所的特殊组织部,准备一套独特的细胞,供给一台创造历史的手术之用。

病人要到9点钟才按预定计划被送进手术室,此前还有许多工作要做。因为为了要把细胞移植到病人的眼睛里,他们必须确保无菌,以免导致并发症和死亡。没有人知道一旦注入细胞,会发生什么情况。这正是他们希望发现的。

几个小时后,苏·弗里曼(Sue Freeman)到达研究所。她和她的丈夫从拉古纳海滩(Laguna Beach)驱车赶到这里。再过一个小时,她将成为第一个接受莱查以及他在先进细胞技术公司的团队从人类胚胎干细胞生成的视网膜细胞的人。对弗里曼来说,这次手术是拯救她的视力,使她免于进入渐渐变得黑暗的世界的最后一项努力。

1998年,她被诊断为老年性黄斑变性。她越来越担心失明。"我意识到我在满房间参加派对的人里看不到我认识的人,"她说,"后来,每况愈下,我再也不能看电脑了,我原来每天都在电脑上工作,突然之间我不能看了。我不能看到手机上的数字,我不能读书。我看电视也模糊了,电影也不能看了。一件接一件的东西都看不见了。"

她确信必须要找出办法来阻止视力恶化。弗里曼和她的女儿上网研究胚胎干细胞疗法,并听说了加州大学洛杉矶分校的试验。她打电话给首席研究员史蒂芬·施瓦茨医师,打听更多关于他正在试验的干细胞疗法的信息。她想报名参加,但是试验助理起先劝阻她。"她不鼓励我,基本上她告诉我不是每个人都可以参加,批准参加涉及一个长期的过程,可能会令我气馁,"弗里曼说,"但我不会气馁。"

参加任何临床试验都有风险,病人要意识到医生没有办法预测治疗将带来什么结果。在某些情况下,如果他们幸运,参加者将不会遭遇任何副作用,不会受到新疗法的伤害。如果他们足够幸运,他们甚至可以得到一些疗效,有几天或几周看得见他们的亲人,或有几个月不出现疾病的症状。

"我确保让病人理解这是一次安全的试验,让他们知道,从本质上说,这次试验是先驱性的。这种疗法可能帮助他们,或者也可能伤害他们。我们确实不知道。"施瓦茨说。他是教授,是朱尔斯·施泰因眼科研究所视网膜部的主任。

理想情况下,莱查和他的团队从人类胚胎干细胞生成的细胞会在弗里曼的视网膜下空间里找到一个新家,帮助剩余的视网膜细胞发挥作用。老年性黄斑变性已经慢慢地杀死了视网膜色素内皮细胞,这层细胞形成一层接收光线的光感受器(感光细胞)的支持组织。没有视网膜色素内皮细胞的支持,光感受器会缺乏营养而死亡,逐渐地,像弗里曼那样的病人就失去了光感。但有了一批新生的视网膜色素内皮细胞,任何感光细胞,仍然可能有机会恢复他们的视觉功能。

尾 声

在她被注入了开创历史的细胞的几个小时后,第二例病人罗斯玛丽(Rosemary,不是她的真名)也被推进手术室进行试验治疗。她51岁,在三十多岁时就被诊断患有称为斯特格(Stargardt)病①的视网膜相关疾病,已经逐渐失去了中心视力。我在手术后2个月见到这位平面设计艺术家时,她说,她没有太多关心在7月的那一天成为一个先驱病例,但是关注这种治疗可能的前景。如果不是对她有效,也会对其他像她这样的人,包括她的两个兄弟有效。他们也患上了这种遗传性疾病。"当我听说有(这种试验),对于患着重病的人来说,什么都是无所谓了,"她说,"所以我认为如果这种疗法有潜力,我应该参加。"

作为一名平面设计艺术家,视力对于罗斯玛丽的工作至关重要。多年来,她已经找到办法来适应视力下降导致的不断扩大的黑暗世界。为了直接看到在她面前的人像,她把头稍稍侧向一边,这样,人像才可进入她的外周视野②。"我的盲区在中央,我只是把人像移到我的盲区之外。"她说。手术后2个月,由于我们在眼科研究所的一个房间里是彼此面对面坐着,她仍然微侧着头看我。但她的视力在改善。"手术后几个星期,我工作时发现视力有了一点进步,"她说,"看东西似乎清晰点了。有一天早上醒来的时候,我睁开做过手术的那只眼睛,我发现视力提高了很多,中央盲区似乎变小了。"

弗里曼也注意到她的视力小有进步。几个月来,她第一次向丈夫提出让她独自上百货店。虽然商品上的标签仍然模糊,但她觉得能够自己购物了。字体放大后,她又能看电脑了。她可以自己做早

---

① 斯特格病是指黄斑萎缩性损害合并视网膜黄色斑点沉着。本病具有两种特殊征候:黄斑椭圆形萎缩区及其周围视网膜的黄色斑点。大多在恒齿生长期开始发病,是一种原发于视网膜色素上皮层的常染色体隐性遗传病。——译者注

② 那是因为患者中央视野缺失,只能看见外周视野的影像。——译者注

餐而不会烧着任何东西。"我积极靠自己去做更多的事情。"她说。

还需要几个月,或许是几年的时间,罗斯玛丽或者弗里曼才能知道这些进步是否是真实的、持久的,他们获得的干细胞是否确实在治疗他们的疾病。但到目前为止,这两名病人都是乐观的。她们两人都没有显现出排异的征象。仅仅是为了安全,施瓦茨还是开始给她们两人使用了免疫抑制药物,但他在考虑撤除。因为从理论上说,视网膜空间与免疫系统是隔开的,给弗里曼或者罗斯玛丽注入免疫不匹配的细胞不会遭受排异。但是先进细胞技术公司和 FDA 都不想冒任何风险,所以还是使用了一系列本来是给器官移植患者服用的药物作为预防措施。

施瓦茨强调,试验的目标纯粹是确定干细胞治疗是否安全,但如果能证明病情有任何进展或病人有获益,那都将会获得医学奖。"如果疗效非常完美,患者视力能大大恢复,那是超出我们最大胆的梦想,"他说,"那将是惊人的。"

先进细胞技术公司和施瓦茨要等 18 个月再注射下一组由干细胞生成的视网膜细胞,以确保这项治疗的安全和良好的耐受性。与此同时,证明干细胞治疗安全、值得试验的担子也将完全落到这次试验上。这是因为 2011 年末,杰隆公司宣布公司正在终止它的干细胞项目,不再在这一领域进一步开展研究。杰隆公司决定把注意力向抗癌药物倾斜。但公司承诺仍坚持追踪已经加入研究之中的患者,并正在寻找合作者共同承担未来的研究费用和研究责任。科斯泰特感到失望,但确信会有新的投资者来支持这项富有前景的试验。"新型的、在经济上也是可行的治疗方法现在将引领这个领域走向下一个阶段。"他说。

★　　　　★　　　　★

现在,萨姆·梅尔顿、乔丹·克莱恩和凯蒂·佐克都已是 20 岁出头的青年人了。他们强烈地感受到,奥巴马总统的行动对于他们意味着什么。对他们来说,他们见证了这次讲话,这是国家最高领导人第二次发表关于干细胞的讲话。他们活过了政治的拔河赛式的辩论以及监管的跷跷板。干细胞研究所发生的一切对他们的影响,比对任何科学家或立法者都来得巨大。他们在本质上是在依靠着并伴随着科学而长大、成熟和发展的。

不管以何种方式,他们将首先获益于研究者们今天开始的工作。这可能是以发明药物的形式实现。研究人员利用从胚胎干细胞生成的 β 细胞,研究细胞制造胰岛素的能力是如何失去的,由此开发出的新药,可能使他们获益。他们可能被作为后备志愿者参加试验某种潜在有毒性的调控胰岛素的化合物,因为这种化合物经过由 iPS 生成的细胞筛选,被认为进一步开发不安全。也许,仅仅是也许,他们可能成为第一批受试者,接受注射在实验室里由干细胞生成的 β 细胞。

他们充分现实,不期望太多,也不期望不久就能实现。但他们也一直在密切追踪这项研究,以便充分了解必须改变什么。

萨姆看起来像他父亲的年轻版。与同龄人不同,他习惯规划在前。他必须这么做,以便确保他依据身体的反应调节胰岛素水平。他告诉我,"如果我生病或者不想吃,或者如果一个朋友问我们是不是打场篮球,额外活动就会导致胰岛素调节混乱。"他习惯于在口袋里塞满巧克力棒和盒装果汁,以防他的血糖水平下降。

他知道他的父亲为了治愈他做出了什么牺牲。他知道他的母亲为了确保他的生活正常,不受疾病可能发生的影响(除了血液检查和胰岛素注射之外)而做出了多大的努力。他知道他的父亲受到的折辱和批评,也知道他们怎样看待他父亲在干细胞方面做的工作。他知道这些,因为当那些反对胚胎研究的人说他的父亲令人憎恶时,他就在场,在房间的后面。他说:"这当然使我生气。对我来说,没有什么比他的研究更好的了。"

凯蒂也是一样,她刚从纽约大学毕业。带着糖尿病生活了这么久,她无法想象没有糖尿病的生活会是怎么样的,也无法想象为了有可能治愈糖尿病所做的研究的斗争,要经历那么长的时间。当她的父母召集加州领先的干细胞科学家们在他们家里环绕着联邦政府的政策想方设法时,她在房间里,蜷缩在沙发上,或坐在餐桌旁。八年级的时候,老师让全班画一幅政治卡通画。她勾画了一个巨大的垃圾箱,桶缘上坐着一个小干细胞,标题写着:"我本来可以治愈癌症。"

12岁那年,凯蒂前往华盛顿向国会议员描述得了糖尿病是什么样的生活。那时候她还不能领会她这些话的意义,但她是在那里同一项法案斗争。正是这项法案,宣告胚胎干细胞研究为非法,而正是干细胞有可能让她不必随身携带一袋针头、胰岛素和血糖监测仪。她神情紧张,直到一位议员开始告诉她的父母是如何一定要保留胚胎的生命,她才敢张口说话。她感到困惑,但终于说了起来。"那我的生命呢?"她问,"无关紧要吗?"

乔丹·克莱恩也在那里与同一个法案作斗争。他告诉参议员约翰·克里,要是他疏忽了监测自己的血糖水平,将会发生什么后果。他描述了肾衰竭、失明、截肢,要是他忘了做血液检查或没有在需要时给自己注射胰岛素,他就会感到身体撕裂般的疼痛。罗伯特·克莱恩听完儿子叙述的一切,想过要第二次带乔丹上国会山。他告诉他的儿子,也许,那是他多事了。也许他不应该这么做。"别担心,"乔丹告诉他的爸爸,"生命就是生活。每个人都会死,我只是早一点儿。"

乔丹身材瘦长,一头蓬乱的棕色头发。每天早晨,他感觉到他的身体组织仿佛变成了一块石头,一晚上蓄积起来的酮体在他的身体里汹涌澎湃。夜间,生长激素分泌更旺盛,让他的血糖水平飙升,使早晨成了一场挑战。有一段时间,他晚上不敢睡觉,害怕他第二天不会醒来。

"小时候,真的希望快点治愈,"他承认,"但现在……如果治愈了,我只会狂喜,但我不会祈求这好运或做任何别的。"

对于如此年轻的人,他们在还是那么短暂的人生里就已经看到了那么多的希望,从实验室取得的突破,到虽然没有喜剧性的大变化,但不可否认还是有了进步的政策。然而,他们还是很谨慎,这似乎显得古怪。但这是来自经验的深思熟虑,来自他们认识到,胜利经常是需要付出代价的。

随着奥巴马总统解除禁令,把干细胞研究的合法性推向全美国,乔丹、凯蒂和萨姆再次想到,对于一门仍然是有争议的科学来说,这样的大获全胜可能会转瞬即逝,原因即在于干细胞的来源问题。2010 年的一场诉讼令人回想起十年前的那件诉讼①。小夜灯基督教收养院伙同一些注意干细胞的研究者宣称,任何政府向胚胎干细胞研究拨款就是违反《迪基-威克修正案》,指控奥巴马政府有类似的违法行为。干细胞界一片震动。但美国联邦法官判决原告胜诉,迫使国家卫生研究院暂停对干细胞研究拨款。更为令人震惊的是,法院的判决似乎是要阻止政府支持所有干细胞研究,包括布什总统在 2001 年的行政命令里允许的那些研究。白宫提出上诉,但上诉法院裁定继续维持这一禁令。这件诉讼案可能会需要一年才能在法庭上解决,这导致胚胎研究的合法地位不能稳定。

这就提醒下一代的科学家和病人,即使有了 iPS 细胞,干细胞之战并未结束。在 iPS 细胞被证明等同于甚至更优于胚胎干细胞之前,iPS 细胞这一新成果还得与胚胎干细胞共存、比较。这意味着至少就目前而言,胚胎细胞将继续成为干细胞研究的必要组成部分,

---

① 本书第五章叙述过的 2001 年小夜灯基督教收养院诉讼案。——译者注

这就势必仍然带着全部的政治的和法律的不确定性,造成紧张局面。解决政策摇摆不定的唯一办法是制定与《迪基-威克修正案》有同样权威的法律。哈罗德·瓦尔姆斯曾要求卫生和公众服务部的律师确定:尽管《迪基-威克修正案》禁止政府资助创建人类胚胎干细胞系,但并不妨碍美国国家卫生研究院资助那些想研究现存的人类胚胎干细胞系的人。这样的立法在众议院里提出过好几次,但就像提交国会的任何提案一样,通过这个提案既是一个政治议程和动机的问题,又是价值和紧迫性的问题。

与此同时,像任何慢性疾病病人一样,萨姆,也在考虑着治愈。"我记得问过我的父母什么时候能治愈。"他说,他承认这对于他曾经是一个抽象的概念,但直到近来才变得诱人和具体。现在,他已领会到为了找到永久治愈糖尿病的解决方案应该做什么。他像他的父亲一样,相信干细胞即使不能使他免于日常的胰岛素注射,也能在改变疾病影响他的生活方面发挥一定的作用。"我真的认为干细胞会做出贡献。"他说。

他,同世界上的其他人一样,在等待着能看到什么。

单能性（unipotent） 只能发育成为单一类型的细胞。

多能性（pluripotent） 能发育生成机体几乎所有的不同的类型的细胞。胚胎干细胞因为能生成除了胚胎的胎盘细胞以外的所有细胞而是多能性的。

分化（differentiate） 发育并分化成特定类型的细胞。

干细胞（stem cell） 一种具有发育成各种不同类型的细胞的能力的细胞。

核移植，或体细胞核移植（nuclear transfer, or somatic cell nuclear transfer） 把成体细胞的核植入已摘除了核的卵子之中的过程。第一头克隆哺乳动物多利即通过这一过程诞生。

囊胚（blastocyst） 处于发育的第4天到第5天阶段的胚胎，包含内细胞团和滋养层，后者继续发育即成为胎盘。

内胚层（endoderm） 胚胎细胞的三个原始层之一，发育生成咽鼓管、气管、肺、肠道、膀胱和阴道的内皮。

内细胞团（inner cell mass，简称ICM） 囊胚内部形成的细胞团，胚胎干细胞即由此生成。

胚癌细胞（embryonic carcinoma cell，简称EC cell，即EC细胞） 一种来自胚胎的异常生长的癌细胞，可无限地分裂。

胚胎干细胞（embryonic stem cell，简称ES cell，即ES细胞） 一种从胚胎获得的干细胞，能生成三个胚层（内胚层、外胚层和中胚层),三个胚层生成人体超过 200 种不同类型的细胞。又见干细胞(stem cell)。

外胚层(ectoderm)　胚胎细胞的三个原始层之一,发育生成皮肤、毛发、指甲、上皮、感觉器官、口和神经组织。

诱导性多能干细胞(induced pluripotent stem cell,简称 iPS cell,即 iPS 细胞)　一种利用四种转录因子(基因)对成体细胞(通常来自于皮肤)或其 RNA 等价物进行重编程而得的干细胞。又见干细胞(stem cell)。

治疗性克隆(therapeutic cloning)　克隆病人的细胞,纯粹是为了生成病人特异的干细胞而进行的核转移。

中胚层(mesoderm)　胚胎细胞的三个原始层之一,发育生成肌肉、软骨、骨骼、骨髓、血管、肾脏、性器官和其他组织。

专能性(multipotent)　能发育生成有限种不同类型的机体细胞,如骨髓,能生成血细胞和免疫细胞。

滋养层(trophectoderm)　囊胚的外层细胞,进一步将生成胎盘。

The Stem Cell Hope: How Stem Cell Medicine Can Change Our Lives　Alice Park

图书在版编目（CIP）数据

干细胞的希望：干细胞如何改变我们的生活 /（美）爱丽丝·帕
克（Alice Park）著；杨利民，杨学文译. —2版. — 上海：上海
教育出版社, 2017.12（2022.9重印）
（"科学的力量"科普译丛. 第二辑）
ISBN 978-7-5444-8030-7

Ⅰ.①干… Ⅱ.①爱… ②杨… ③杨…Ⅲ.①干细胞—普及读物
Ⅳ.①Q24-49

中国版本图书馆CIP数据核字（2017）第312068号

责任编辑　沈明玥
封面设计　陆　弦

"科学的力量"科普译丛　第二辑
干细胞的希望
——干细胞如何改变我们的生活
[美] 爱丽丝·帕克　著
杨利民　杨学文　译

出版发行　上海教育出版社有限公司
官　　网　www.seph.com.cn
地　　址　上海市闵行区号景路159弄C座
邮　　编　201101
印　　刷　常熟华顺印刷有限公司
开　　本　890×1240　1/32　印张 10.375　插页 2
字　　数　260 千字
版　　次　2017年12月第2版
印　　次　2022年9月第2次印刷
书　　号　ISBN 978-7-5444-8030-7/Q·0018
定　　价　39.00 元

如发现质量问题，读者可向本社调换　电话：021-64373213